“创新设计思维”
数字媒体与艺术设计类新形态丛书

Premiere+AIGC
数字视频编辑与制作 | 微课版 |

朱强 张翼 主编
王贇 李彬 副主编

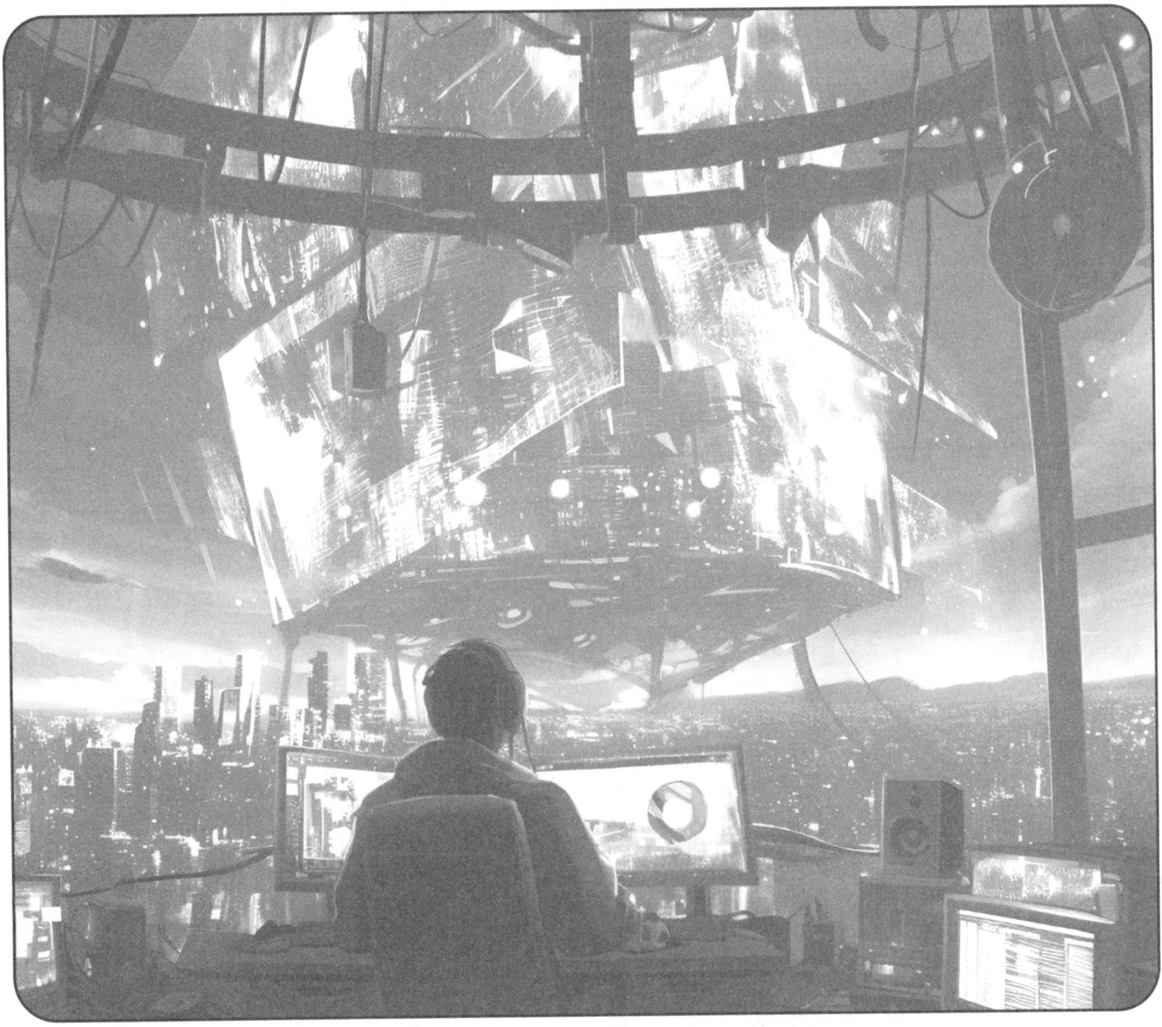

人民邮电出版社
北京

图书在版编目（CIP）数据

Premiere+AIGC 数字视频编辑与制作 : 微课版 / 朱强，张翼主编. -- 北京 : 人民邮电出版社，2025.
（“创新设计思维”数字媒体与艺术设计类新形态丛书）.
ISBN 978-7-115-65675-9

Ⅰ. TP317.53

中国国家版本馆 CIP 数据核字第 2024ZA5992 号

内 容 提 要

随着计算机技术的普及和高速发展，数字视频广泛应用于广告营销、短视频宣传、影视制作、教育培训等多个领域。在此背景下，Adobe Premiere Pro 作为一款专业的视频编辑软件，成为无数视频创作者的首选。本书以 Adobe Premiere Pro 2023 为蓝本，讲解 Premiere 在数字视频编辑与制作中的各种应用，主要内容包括数字视频与 Premiere 的基础知识，Premiere 中常用的功能和工具，AIGC 视频辅助工具的应用，以及如何使用 AIGC 工具与 Premiere 创作不同领域、不同类型的视频。

本书将理论与实践紧密结合，先以课前预习帮助读者理解课堂内容、培养学习兴趣；再以课堂案例带动知识点的讲解，并且每个案例都配有详细的图文操作说明及操作视频，能够全方位展示使用 Premiere 编辑与制作数字视频的具体过程。同时，本书还提供“提示”“行业知识”“知识拓展”“资源链接”等小栏目辅助学习，帮助读者高效理解知识与快速解决问题。

本书不仅可作为高等院校数字媒体技术、数字媒体艺术、视觉传达设计等专业的软件应用基础课程教材，还可供 Premiere 学习者自学，或作为相关行业工作人员的学习和参考用书。

◆ 主　　编　朱　强　张　翼
　副 主 编　王　赟　李　彬
　责任编辑　许金霞
　责任印制　陈　犇

◆ 人民邮电出版社出版发行　　北京市丰台区成寿寺路 11 号
　邮编　100164　　电子邮件　315@ptpress.com.cn
　网址　https://www.ptpress.com.cn
　三河市中晟雅豪印务有限公司印刷

◆ 开本：787×1092　1/16
　印张：15.75　　2025 年 2 月第 1 版
　字数：421 千字　　2025 年 2 月河北第 1 次印刷

定价：69.80 元

读者服务热线：(010)81055256　印装质量热线：(010)81055316
反盗版热线：(010)81055315

前言 PREFACE

数字视频作为当下现代文化传播的关键载体，其价值和意义不言而喻，在此背景下，我们认真总结以往的教材编写经验，深入调研各地、各类院校的教学需求，在践行党的二十大提出的"实施科教兴国战略，强化现代化建设人才支撑"重要思想的前提下写作本书，围绕强大的视频编辑工具Premiere展开，结合AIGC技术，旨在培养符合市场需求的高技能人才。

教学方法

本书精心设计"学习引导→扫码阅读→课堂案例→知识讲解→综合实训→课后练习"6段教学法，细致而巧妙地讲解理论知识，制作商业性较强的案例，激发学生的学习兴趣，培养学生的动手能力，提高学生的实际应用能力。

学习引导	扫码阅读	课堂案例	知识讲解	综合实训	课后练习
素养目标 学习要点	案例欣赏 课前预习	制作要求 操作要点 案例效果图 操作讲解 微课视频教学	融入 AIGC 应用 理论体系完善 知识讲解深入 强调实际应用	案例背景 制作要求 设计思路 关键步骤提示 微课视频教学	制作要求 操作提示 练习参考效果图 提供素材效果文件

本书特色

本书以案例制作带动知识点的方式，结合AIGC知识，全面讲解Premiere数字视频编辑与制作的相关知识，其特色可以归纳为以下4点。

- 紧跟时代，拥抱AI：本书聚焦人工智能生成内容（AIGC），介绍了宣传片、栏目包装、公益短片等视频领域的AI应用。通过精选课堂案例，本书不仅介绍了AIGC的重要工具，还展示了如何在实际项目中运用这些工具，提升视频编辑与制作的效率。在综合案例中，本书也融入了前沿的AIGC工具，旨在帮助读者掌握AI技能，为未来的职业发展奠定坚实基础。

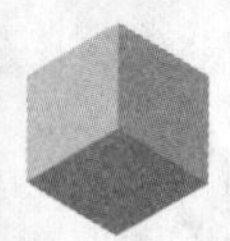

- 理实结合，技能提升：本书围绕Premiere数字视频编辑与制作知识展开，以课堂案例引导知识点讲解，在案例的制作与学习过程中融入软件操作，并结合AI工具进行视频作品的编辑与制作，理实一体，提高读者实操与独立完成能力。
- 结构明晰，模块丰富：本书从数字视频编辑与制作基础知识展开，涵盖了宣传片、短视频、工艺品等视频类型，并设计了课堂案例、综合实训、课后练习和行业知识等模块，帮助读者构建立体全面的知识体系。
- 商业案例，配套微课：本书精选商业设计案例，由常年深耕教学一线、富有教学经验的教师，以及设计经验丰富的设计师共同开发。同时，本书配备教学微课视频等丰富资源，读者可以利用计算机和移动终端学习。

教学资源

本书提供立体化教学资源，从而丰富教师教学手段。本书教学资源的下载地址为 www.ryjiaoyu.com。本书的教学资源主要包括以下6个方面。

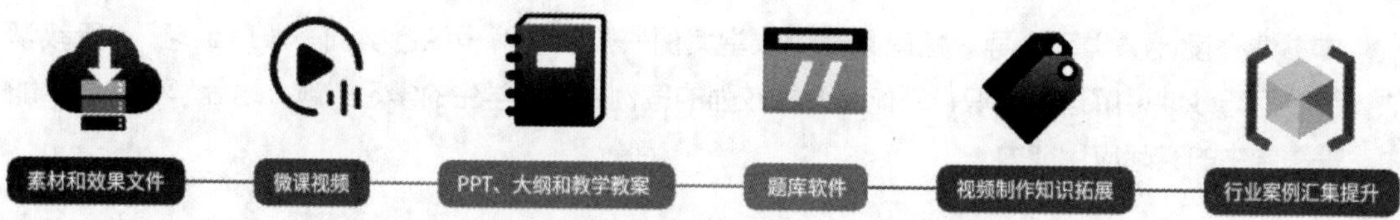

编者

2025年1月

目录 CONTENTS

第1章 数字视频编辑与制作基础

第2章 视频剪辑

第3章 视频过渡

第4章 视频调色

第5章 视频动效

第9章 视频文件渲染与导出

第10章 AIGC视频辅助工具

第11章 综合案例

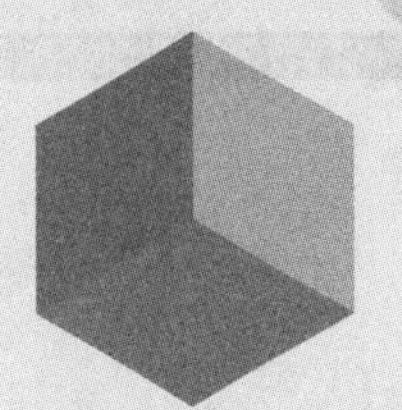

第1章 数字视频编辑与制作基础

近年来，随着数字技术的飞速发展，数字视频已经成为人们日常生活中不可分割的一部分，同时影响着各行各业的发展。因此，数字视频的编辑与制作越来越重要，而想要熟练掌握数字视频编辑与制作技能，就需要了解数字视频编辑与制作的基本概念和基础知识，从而为后面的学习奠定坚实的基础。

学习要点

◎ 熟悉数字视频的基础知识。

◎ 熟悉非线性编辑的概念。

◎ 掌握Premiere的基本操作。

素养目标

◎ 增强对视频的基本认知和理解。

◎ 培养对视频编辑与制作的兴趣和热情。

扫码阅读

案例欣赏

课前预习

数字视频基础

数字视频以数字信号为媒介，将视频信息和声音数字化，具有数据容量大、便于编辑加工、存储可靠性高、传输效率高等特点，能充分体现视频创作者的创意，为观众带来丰富多样的视觉体验。视频创作者在进行编辑与制作数字视频前，需要先了解数字视频的基础知识。

1.1.1 认识数字视频

视频有模拟视频和数字视频之分。模拟视频是一种用于传输图像和声音，且随时间连续变化的电信号。数字视频是对模拟视频信号进行数字化处理后得到的数字信号。模拟视频需要使用专门的模拟设备来处理和转换信号，存在信号损失和降质的问题；而数字视频是以数字形式记录的视频，可以克服模拟视频存在的信号损失和降质问题，比模拟视频更加稳定和清晰。

数字视频有两种记录方式：一种是先用摄像机等视频捕捉设备将外界影像的颜色和亮度等信息转变为模拟视频信号，再运用数字技术将模拟视频信号记录到储存介质中（如硬盘）；另一种是使用能直接产生数字视频信号的数字摄像机拍摄外界影像，此时拍摄的内容将直接作为数字视频信号存储在数字录像带或磁盘中。数字视频可以不失真地进行无数次复制，并且便于长时间存放。

1.1.2 数字视频常用术语

数字视频的编辑与制作过程涉及帧与帧速率、像素与分辨率、像素长宽比与画面长宽比、时间码、视频扫描方式、视频制式等专业术语。读者只有熟练掌握它们与数字视频的关系，才能制作出符合要求的视频。

1. 帧与帧速率

帧是指视频中最小单位的单幅影像画面，相当于电影胶片上的每一格镜头。一帧就是一个静止的画面，而播放连续的多帧就能形成动态效果。

帧速率是指画面每秒传输的帧数，即视频的画面数以fps（Frames Per Second，帧/秒）为单位，例如，帧速率24fps代表在一秒钟内播放24个画面。一般来说，帧速率越大，视频画面会越流畅，视频播放速度也会越快，但同时视频文件也会越大，进而影响到视频的后期编辑、渲染，以及输出等环节。视频编辑中常见的帧速率主要有23.976fps、24fps、25fps、29.97fps和30fps。

2. 像素与分辨率

像素是指构成视频画面的最小单位。分辨率是指视频画面在单位长度内包含的像素数量，其表示方法为：画面横向的像素数量×纵向的像素数量。例如，1920像素（宽）×1080像素（高）的分辨率就表示画面中共有1080条水平线，且每一条水平线上都包含了1920个像素。

知识拓展

随着数字媒体技术的不断发展，视频画面的清晰度和质量也经历了从标清、高清到4K超高清、8K超高清的发展过程，而其画质效果主要取决于分辨率的大小。

（1）标清（Standard Definition，SD）：指分辨率低于1280像素 ×720像素的视频。

（2）高清（High Definition，HD）：指分辨率高于或等于1280像素 ×720像素的视频。

（3）超高清（Ultra High Definition，UHD）：目前超高清可分为4K超高清和8K超高清，其中1K=1024像素。因此，4K超高清通常是指分辨率为4096像素 ×2160像素的视频；8K超高清通常是指分辨率为7680像素 ×4320像素的视频。

3. 像素长宽比与画面长宽比

像素长宽比是指视频画面中每个像素的宽度与高度之间的比例关系。常见的像素长宽比有比例为1：1的方形像素和矩形像素。视频创作者了解和掌握像素长宽比，可以更容易理解和处理不同分辨率的视频素材，保持画面的比例和纵横比。

画面长宽比是指视频画面的宽度和高度之比。目前常见的画面长宽比有4：3、16：9、1.85：1和2.39：1等，其中4：3和16：9常用于大多数视频编辑中，而1.85：1和2.39：1则常用于电影制作中。

4. 时间码

时间码是指摄像机在记录图像信号时，为每一幅图像出现的时间设置的时间编码。时间码以“小时：分钟：秒钟：帧数”的形式确定每一帧的位置，以数字表示小时、分钟、秒钟和帧数。

5. 视频扫描方式

视频扫描方式是指视频显示设备（如电视机、计算机显示器等）在显示视频画面时，电子束按照一定的顺序和规律在屏幕上进行扫描的方式。视频扫描方式决定了视频画面的稳定性和清晰度。视频扫描方式主要有隔行扫描和逐行扫描两种类型。

（1）隔行扫描

隔行扫描的每一帧都由两个场组成，一个是奇场，指扫描帧的全部奇数场，又称为上场；另一个是偶场，指扫描帧的全部偶数场，又称为下场。场以水平分隔线的方式隔行保存帧的内容，显示视频画面时会先显示第1个场的交错间隔内容，再显示第2个场，并让第2个场的内容填充第1个场留下的缝隙，如图1-1所示。隔行扫描可以减少传输的数据量，但可能造成画面闪烁，或画面中的移动物体出现残影。

+

=

图1-1

（2）逐行扫描

逐行扫描是从显示屏的左上角一行接一行地扫描到右下角，扫描一遍能够显示一幅完整的图像，也就是能同时显示视频画面中每帧的所有像素，即无场。逐行扫描的优点是画面清晰、稳定，没有闪烁感，特别适合展示快速移动的画面。

6. 视频制式

视频制式是指一个国家或地区播放节目时，用来显示电视图像或声音信号所采用的一种技术标准。视频制式主要有NTSC、PAL和SECAM 3种，不同的视频制式具有不同的分辨率、帧速率等标准。

- NTSC（National Television System Committee，国家电视制式委员会）制式：北美、日本等地使用的一种视频制式。它使用60Hz的交流电作为基准频率，帧速率为30fps。
- PAL（Phase Alteration Line，改变线路）制式：欧洲、澳大利亚、中国等地使用的一种视频制式。它使用50Hz的交流电作为基准频率，帧速率为25fps。
- SECAM（Sequential Color and Memory System，按顺序传送彩色与存储）制式：法国、俄罗斯等地使用的一种视频制式。它使用50Hz的交流电作为基准频率，帧速率为25fps。

1.1.3 数字视频压缩标准

由于数字视频占用的空间较大，存储不便，因此可在遵循数字视频压缩标准的前提下将其压缩，以降低视频的码流，从而方便传播和存储。压缩视频可分为无损压缩和有损压缩两种方式。

（1）无损压缩

无损意为“不丢失数据”，即一个文件以无损格式压缩时，视频文件大小会变小，但解压之后全部数据仍然存在，因此可以反复压缩而不会丢失任何数据。

（2）有损压缩

采用有损压缩会丢失一些人眼和人耳所不敏感的图像或音频信息，而且丢失的这些信息不能恢复。有损压缩的结果是文件变小，同时包含的数据量也更少。

提示

数字视频被压缩后并不影响其最终视觉效果，因为压缩只会影响人类不能感受到的那部分。例如，有数十亿种颜色，但是人类只能辨别大约1024种，因为人眼一般很难察觉到一种颜色与其邻近颜色的细微差别，所以通常不需要将每一种颜色都保留下来。

1.1.4 常见的数字视频格式

在视频的编辑与制作中可能会使用到各种格式的文件，常见的数字视频格式如下。

（1）MP4格式

MP4格式是一种标准的数字多媒体容器格式，文件的后缀名为“.mp4”。该格式常用于存储数字音频及数字视频，也可以存储字幕和静态图像。

（2）AVI格式

AVI格式是一种音频和视频交错的视频文件格式，文件的后缀名为“.avi”。该格式将音频和视频数据包含在一个文件容器中，并允许音、视频同步回放，常用于保存电视、电影等各种影像信息。

（3）MPEG格式

MPEG格式是包含MPEG-1、MPEG-2和MPEG-4在内的多种视频格式的统一标准，文件的后缀名为“.mpeg”。其中，MPEG-1和MPEG-2属于早期使用的第一代数据压缩编码技术，MPEG-4则是基于第二代压缩编码技术制定的国际标准，以视听媒体对象为基本单元，采用基于内容的压缩编码，以实现数字音视频、图形合成应用，以及交互式多媒体的集成。

（4）WMV格式

WMV格式是Microsoft公司开发的一系列视频编解码及其相关视频编码格式的统称，文件的后缀名为“.wmv”。该格式是一种视频压缩格式，可以将视频文件大小压缩至原来的二分之一。

（5）MOV格式

MOV格式是由Apple公司开发的QuickTime播放器生成的视频格式，文件的后缀名为“.mov”。该格式支持25位彩色，具有领先的集成压缩技术，其画面效果比AVI格式的画面效果更好。

（6）FLV格式

FLV格式是一种网络视频格式，文件的后缀名为“.flv”，主要用作流媒体格式，可以有效解决视频文件导入Flash后，再导出的SWF文件过大，导致文件无法在网络中使用的问题。该格式具有文件极小，加载速度极快，方便在网络上传播的优点。

资源链接：
常见的图像格式
和音频格式

（7）MKV格式

MKV格式是一种多媒体封装格式，可以将多种不同编码的视频，以及16条或以上不同格式的音频和语言不同的字幕封装到一个Matroska Media文档内，文件的后缀名为“.mkv”。该格式具有可提供较好交互功能的优点。

1.2 非线性编辑系统

非线性编辑系统是一种基于计算机技术的视频编辑系统，可以对视频、音频和图像等不同种类的素材进行编辑、处理等操作。相比于传统的线性编辑系统，非线性编辑系统具有更强的灵活性。

1.2.1 线性编辑与非线性编辑

过去，人们常使用线性编辑来处理视频。但是由于线性编辑存在所需设备较多、素材不能随机存取等缺点，造成使用不便，于是非线性编辑应运而生。

1. 线性编辑

线性编辑是一种传统的视频编辑方式，它按照时间轴顺序逐步处理视频素材和音频素材。一旦需要移动或删除这些素材的某些内容，其后面的内容就会随之改变，导致无法随意修改已经添加的素材。这就意味着，重新剪辑或替换某些素材内容会非常耗费时间。

2. 非线性编辑

非线性编辑是针对传统的以时间轴顺序编辑视频的线性编辑而言的，是指在计算机上应用计算机图形和图像技术，以帧或文件的方式对各种视频素材进行编辑，并将最终结果输出到计算机硬盘、光盘等记录设备中的一系列操作。几乎所有的非线性编辑工作都能通过计算机来完成，而不再需要太多的外部设备，从而大大节省了设备和人力资源，提高了工作效率。

非线性编辑需要结合软件（如动画软件、图像处理软件、视频处理软件和音频处理软件等）和硬件

（如计算机、声卡、硬盘、专用板卡和外围设备等）来进行操作。这些软件和硬件共同构成了非线性编辑系统。随着非线性编辑系统的发展和计算机硬件性能的提升，视频编辑操作变得更加简单。经过多年的发展，现有的非线性编辑系统已经完全实现了数字化，并且能与模拟视频信号高度兼容。

1.2.2 非线性编辑的工作流程

非线性编辑的工作流程大致可以分为导入、编辑、导出3个步骤。基于不同软件的功能差异，以及不同类型视频的需求，非线性编辑的工作流程还可以进一步细化为以下步骤。

1. 确定剪辑思路

视频创作者在制作视频之前，通常需要明确视频的制作目的和受众群体，了解视频的用途、主题、风格以及所传达的信息，以便获得清晰的剪辑思路。这既是视频编辑的关键步骤，也是影响视频质量的重要因素之一。

2. 收集和整理素材

在视频编辑中，常见的素材主要有文本、图像、音频和视频等类型。视频创作者可以通过客户提供、网络收集、拍摄与录制等方式收集素材，然后按照不同类型进行分类管理。

- 客户提供：从客户处获得视频编辑中需要的文本、图像、音频和视频等素材。
- 网络收集：在互联网上通过各种资源网站，收集一些图像、音频、视频等素材，但使用时要注意版权问题。
- 拍摄与录制：为制作出内容更符合客户实际需求的视频，视频创作者还可以根据实际情况自行拍摄图像、视频或录制音频等。

3. 剪辑视频

剪辑视频是指将整理后的视频素材按照剪辑思路归纳，进行剪切、拼接、删除等操作，重新组合视频内容，使其更符合实际需求。

4. 优化视频效果

在剪辑视频的基础上，通过为视频添加过渡、特效效果，以及调整视频色彩等操作，提升画面的美观度；同时通过添加字幕、图形等，丰富视频内容。另外还可以通过添加背景音乐和音效，增强视频画面的表现力。

5. 导出视频

完成前面的操作后，一个完整的视频基本上就制作完成了。此时，通常需要导出视频，使视频能通过多媒体设备进行传播与播放，从而让更多观众看到。需要注意的是，在导出视频前应先保存视频源文件，以便后续再度使用或修改内容。

1.3 数字视频编辑与制作软件

随着多媒体技术的不断发展，非线性编辑软件也层出不穷。在众多非线性编辑软件中，Adobe Premiere（以下简称Premiere）作为一款专业的视频编辑软件，可以满足不同视频创作者的大部分需求，可以帮助视频创作者实现其创意和视觉想象力。

1.3.1 熟悉 Premiere 界面

图1-2所示为Premiere Pro 2023的界面，主要由菜单栏、界面切换栏、快捷按钮组和工作区中的各个面板组成。

图 1-2

1. 菜单栏

菜单栏中包括Premiere的所有菜单命令，用户选择需要的菜单命令，可在弹出的子菜单中选择需要执行的命令。

- “文件”菜单命令：用于新建文件，进行打开、关闭、保存、导入、导出项目等操作。
- “编辑”菜单命令：用于进行一些基本的文件操作，如撤销、重做、剪切、查找等。
- “剪辑”菜单命令：用于剪辑视频、替换素材等操作。
- “序列”菜单命令：用于设置序列等操作。
- “标记”菜单命令：用于标记入点、标记出点、标记剪辑等操作。
- “图形和标题”菜单命令：用于从Adobe Fonts添加字体、安装动态图形模板、新建图层等操作。
- “视图”菜单命令：用于显示标尺和参考线，锁定、添加和清除参考线等操作。
- “窗口”菜单命令：用于显示和隐藏Premiere工作区中的各个面板。
- “帮助”菜单命令：用于快速访问Premiere帮助手册和相关教程，了解Premiere的相关法律声明和系统信息。

2. 界面切换栏

在界面切换栏中，单击“主页”按钮可切换到Premiere的主页界面，该界面用于新建项目或打开项目；单击“导入”选项卡，可切换到用于导入素材的界面；单击“编辑”选项卡，可切换到视频编辑界面，即工作界面；单击“导出”选项卡，可切换到用于导出媒体文件的界面。

3. 快捷按钮组

单击快捷按钮组中的“工作区”按钮，可在弹出的下拉菜单中选择不同类型的工作区进行切换，或调整工作区的相关设置等；单击“快速导出”按钮，可在弹出的面板中选择某种预设快速导出媒体文件；单击“打开进度仪表盘”按钮，可在弹出的面板中查看后台进程；单击“全屏视频”按钮，可将视频画面放大至全屏，以便观看。

4. 工作区

工作区是用于编辑与制作视频的主要区域，由具备不同作用的多个面板组成。用户在工作区操作时，若对其中部分面板的大小、位置，或界面的亮度和颜色不太满意，可以自行调整。

（1）调整面板大小

在Premiere中，每个面板的大小并不是固定不变的。用户若需要改变某个面板的大小，可将鼠标指针放置于和其他面板相邻的分割线处，当鼠标指针变为形状时，按住鼠标左键不放，拖曳到合适位置后，再释放鼠标左键，如图1-3所示。

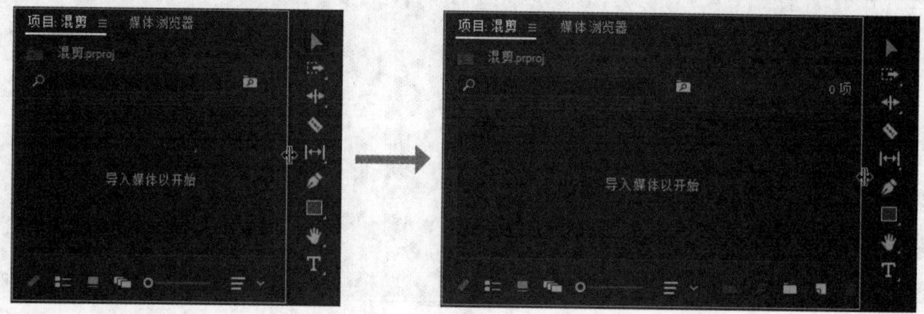

图1-3

（2）拆分与组合面板组

在Premiere中，将两个及两个以上的面板组合在一起可形成面板组，而将面板组中的某个面板拖曳到其他面板组中可拆分面板组。具体操作方法为：单击选中想要组合或拆分的面板，按住鼠标左键不放，将其拖曳到目标面板的顶部、底部、左侧或右侧，当目标面板中出现暗色后，释放鼠标左键。图1-4所示为拖曳右侧的“效果”面板到左侧的“项目”面板顶部，然后组合面板的效果。

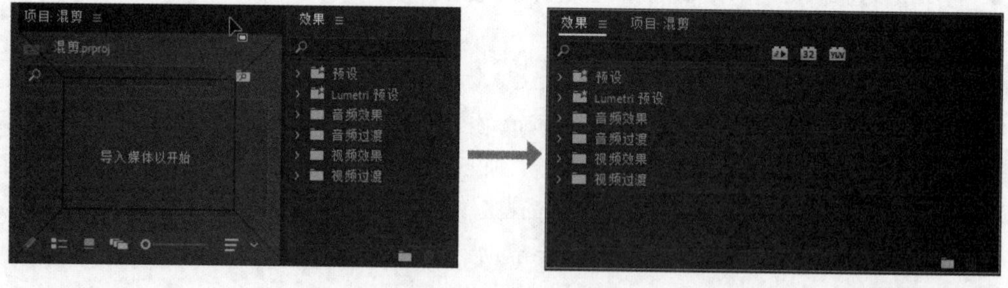

图1-4

（3）创建浮动面板

在Premiere中，将面板设置为浮动状态，可使其变为独立的窗口浮动在工作界面上方，并保持置顶状态。具体操作方法为：单击面板上方的按钮，在弹出的下拉菜单中选择“浮动面板”命令，使该面板浮动在界面之上，单击右上角的按钮则关闭该面板。

提示

调整工作区后，通过选择【窗口】/【工作区】/【另存为新工作区】命令可以保存当前对工作区的设置。另外，通过选择【窗口】/【工作区】/【重置为保存的布局】命令可以返回工作区的初始设置。

（4）调整工作区的亮度和颜色

Premiere工作区默认的亮度较暗，用户可以选择【编辑】/【首选项】/【外观】命令，打开“首选项”对话框，在其中的“外观”选项卡中通过拖曳不同的参数滑块来调整亮度。另外，还可以在“首选项”对话框的“标签”选项卡中调整标签的颜色，以及视频、音频等素材在“时间轴”面板中所呈现的颜色。

1.3.2 课堂案例——制作传统乐器展示视频

【制作要求】为某艺术教育机构制作一个分辨率为“1920像素×1080像素”的传统乐器展示视频，要求在片头处展示机构名称及视频主题，并在展示不同乐器时添加说明文本。

【操作要点】导入相关素材并进行分类管理，先根据素材制作片头效果，然后依次添加视频素材到轨道上，最后根据画面内容添加说明文本。参考效果如图1-5所示。

【素材位置】配套资源:\素材文件\第1章\课堂案例\片头背景.jpg、说明文本.psd、“视频”文件夹、“片头文本”文件夹

【效果位置】配套资源:\效果文件\第1章\课堂案例\传统乐器展示视频.prproj

图1-5

具体操作如下。

视频教学：制作传统乐器展示视频

STEP 01 启动Premiere，在主页中单击按钮，或按【Ctrl+Alt+N】组合键打开“导入”界面，设置项目名称为“传统乐器展示视频”，然后单击“项目位置”下拉列表右侧的按钮，在打开的下拉列表中选择“选择位置”选项，打开“项目位置”对话框，设置好项目的存储位置后，单击按钮。

STEP 02 在“导入”界面左侧选择存储素材的磁盘或文件夹，在中间区域打开素材所在文件夹，选择其中的5个乐器视频。在右侧的“导入设置”栏中单击“新建素材箱”功能栏右侧的按钮，使其呈激活状态，并在下方设置名称为“视频素材”，如图1-6所示。

图1-6

STEP 03 单击按钮创建项目，此时会进入“编辑”界面，并且在“项目”面板中自动创建名称为“视频素材”的素材箱，双击该素材箱，可在其中查看到相应的素材，如图1-7所示。

STEP 04 单击按钮返回到上一层级，选择【文件】/【导入】命令，或按【Ctrl+I】组合键，打开“导入”对话框，在按住【Shift】键的同时，单击选中“片头背景.jpg”“说明文本.psd”素材，然后单击按钮，如图1-8所示。

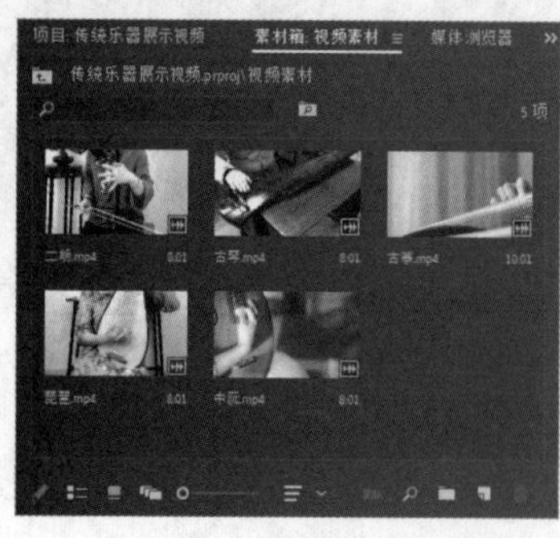

图1-7

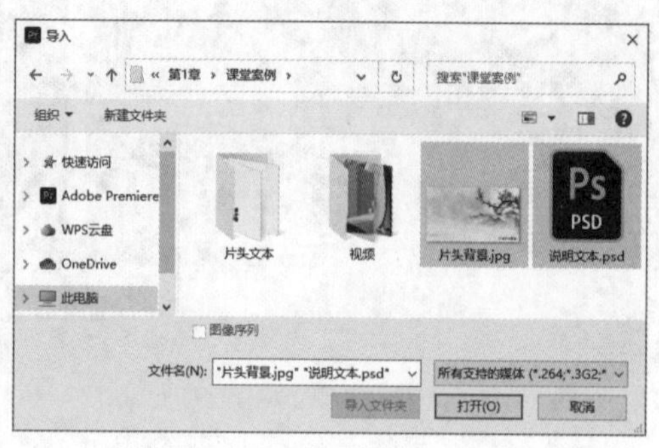

图1-8

STEP 05 由于导入的素材中有PSD文件，因此将打开“导入分层文件：说明文本”对话框，此处设置“导入为”为“各个图层”、“素材尺寸”为“文档大小”，然后单击确定按钮，如图1-9所示。“项目”面板中将新建一个名为“说明文本”的素材箱，其中包含“说明文本.psd”素材中的所有图层。

STEP 06 按【Ctrl+I】组合键，打开“导入”对话框，然后打开“片头文本”文件夹，选中“片头文本_000.png”素材，勾选“图像序列”复选框，然后单击打开(O)按钮，“项目”面板中将出现一个名为“片头文本_000.png”的素材，如图1-10所示。单击该素材的名称，激活文本框，将其重命名为“片头文本”，按【Enter】键确认。

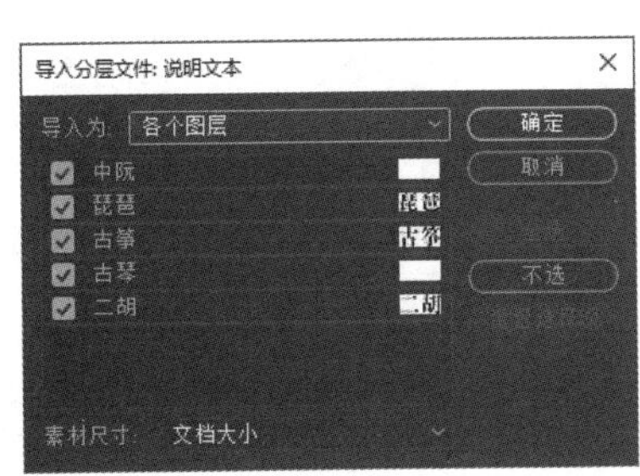

图1-9

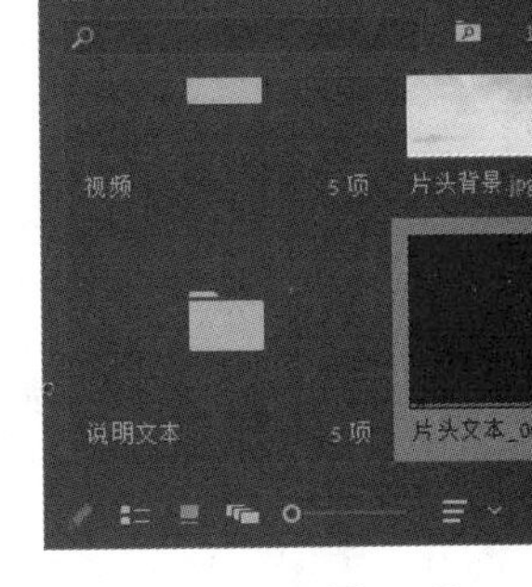

图1-10

STEP 07 将鼠标指针移至“片头背景.jpg”素材上方，按住鼠标左键不放并将其拖曳至“时间轴”面板中，此时会自动新建名为“片头背景”的序列，如图1-11所示。保持该序列为选中状态，在“项目”面板中单击该序列的名称，激活文本框，将其重命名为“传统乐器展示视频”，按【Enter】键确认。

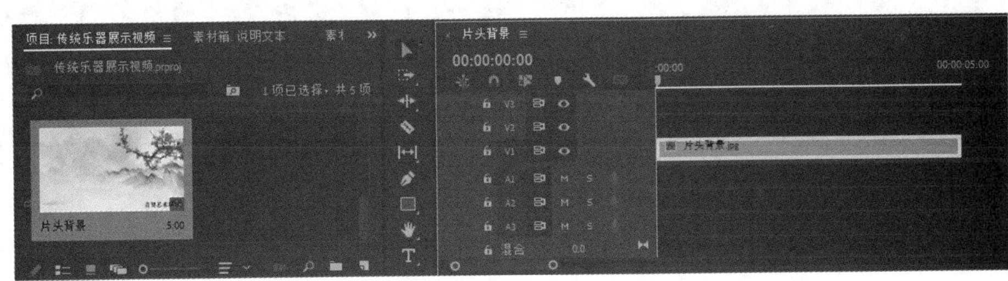

图1-11

STEP 08 使用与步骤07相同的方法，拖曳“片头文本”素材到“时间轴”面板中的V2轨道上，并使其与“片头背景.jpg”素材左右对齐，如图1-12所示。

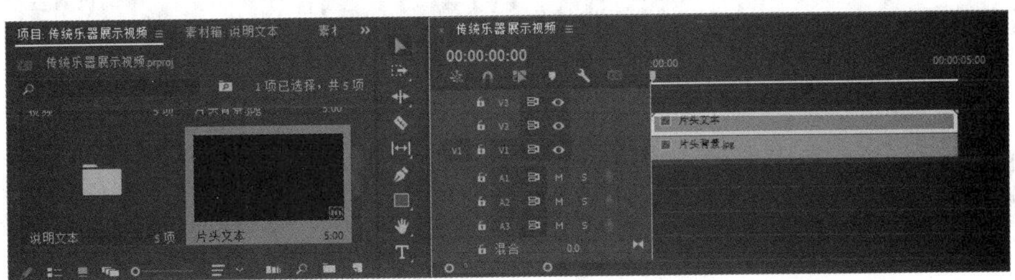

图1-12

STEP 09 将鼠标指针移至“时间轴”面板中时间指示器的上方，按住鼠标左键不放并向右拖曳，可在“节目”面板中预览视频画面，效果如图1-13所示。

图1-13

提示

若用户需要预览视频素材的画面效果，除了可以通过拖曳时间指示器改变时间点来查看外，也可以直接按【空格】键，Premiere将自动从当前时间指示器所在的时间点进行播放，再次按【空格】键将停止播放。

STEP 10 使用与步骤07相同的方法，先拖曳“视频素材”素材箱中的5个视频素材到“时间轴”面板中的V1轨道上，并依次排列；然后拖曳“说明文本”素材箱中的5个文本素材到V2轨道上，拖曳时注意文字内容应与视频素材相对应，如图1-14所示。

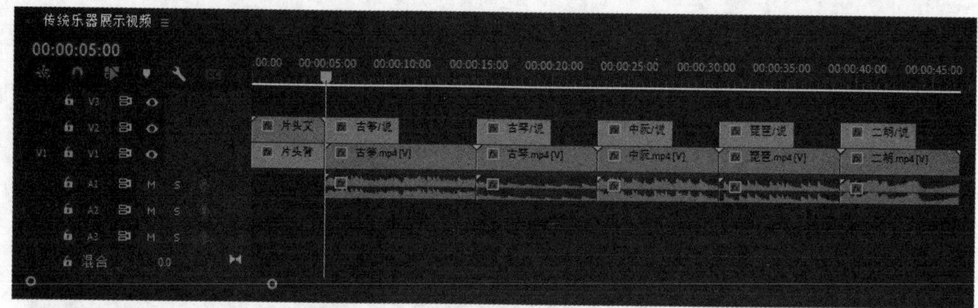

图1-14

STEP 11 预览视频画面效果，如图1-15所示。最后按【Ctrl+S】组合键保存项目。

图1-15

1.3.3 Premiere 常用面板

在Premiere中编辑与制作视频时，需要结合多个面板进行操作，以实现各种功能和效果。掌握Premiere常用面板的相关知识，可使视频编辑更加简便。

1. “源”面板

“源”面板主要用于查看素材的原画面效果，如图1-16所示。在“项目”面板中双击素材，“源”面板中将显示该素材的画面，在面板下方的工具栏中可以对源素材进行编辑、预览等操作。

图1-16

（1）添加标记

在“源”面板中单击“添加标记”按钮，可以依据当前时间指示器所在位置在该面板中添加一个没有编号的标记。

（2）应用入点和出点

单击“标记入点”按钮或“标记出点”按钮，可分别将当前时间指示器所在位置设置为入点或出点。

单击“转到入点”按钮或“转到出点”按钮，可分别将当前时间指示器快速跳转到入点位置或出点位置，以节省手动跳转的时间。

（3）预览视频画面

单击“播放-停止切换”按钮（也可以按【空格】键），可预览视频素材的画面效果。“后退一帧”按钮和“前进一帧”按钮分别用于跳转到上一帧位置和下一帧位置。若用户需要将某一帧的画面作为封面或单独的素材等，可单击“导出帧”按钮，将其快速导出。

（4）编辑视频

在编辑视频时，单击“插入”按钮可将正在查看的素材插入“时间轴”面板当前时间指示器所在位置，时间指示器之后的素材都将向后推移；而单击“覆盖”按钮可将正在查看的素材覆盖到“时间轴”面板当前时间指示器所在位置，时间指示器之后的素材与添加素材所重叠的部分会被覆盖。

提示

若编辑视频时计算机较为卡顿，可单击“源”面板中的“切换代理”按钮，将使用低分辨率的代理文件来进行编辑，而不是直接使用高分辨率的原始素材，以减少对计算机系统资源的需求，提高整体的编辑流畅度。

2. “节目”面板

“节目”面板主要用于预览“时间轴”面板中当前时间指示器所在位置帧的序列效果，也是预览视频最终输出效果的面板。在该面板中可以设置序列标记，并指定序列的入点和出点，还可通过单击“比较视图”按钮来对比素材中的两个画面。该面板的工具栏中各个按钮的作用与“源”面板类似，此处不再赘述。

3. “项目”面板

“项目”面板（见图1-17）主要用于存放和管理导入的素材文件（包括视频、音频、图像等），以及在Premiere中创建的序列文件等。另外，单击左下角的“项目可写”按钮，可以在“只读”（不能编辑项目）与“读/写”（可以编辑项目）之间切换项目文件的读取模式，以防止项目文件的内容被意外修改或编辑。

图1-17

（1）查看文件

用户可以根据个人的使用习惯，为文件选择不同的显示方式。单击“列表视图”按钮，或按【Ctrl+Page Up】组合键，文件将以列表的形式显示，并显示素材的详细信息；单击“图标视图”按钮，或按【Ctrl+Page Down】组合键，文件将以图标的形式显示，并显示素材的画面内容（即缩览图）。

另外，左右拖曳“调整图标和缩览图的大小”滑块，可放大或缩小面板中文件图标和缩览图的显示比例。

（2）管理文件

为了更加方便地调用文件，单击“自由变换视图”按钮，以自由地调整和排列面板中的文件；或单击“排序图标”按钮，以不同的方式对文件进行排序。

若“项目”面板中的文件较多，单击“新建素材箱”按钮，可通过新建素材箱来分类管理文件；而单击“查找”按钮，可在打开的“查找”对话框中通过名称、标记等关键信息快速查找对应的文件。对于多余的文件，可将其选中后单击“清除”按钮进行删除。

（3）新建和添加文件

若需要新建序列文件、Premiere自带素材等文件，可单击“新建项”按钮，在弹出的快捷菜单中选择相应命令。

若需要一次性将多个素材添加到“时间轴”面板中，可在按住【Ctrl】键的同时选中多个素材，然后单击“自动匹配序列”按钮，在打开的“自动序列化”对话框中将所有素材自动添加到“时间轴”面板中。

知识拓展

在“项目”面板中，若素材右下角带有图标，表示该素材自带音频；若素材右下角带有图标，表示该素材已被添加到序列中使用；若文件右下角带有图标，表示该文件为序列。另外，在图标视图模式下，将鼠标指针从视频素材的左侧移至右侧，可直接在“项目”面板中预览画面效果。

4. “工具”面板

“工具”面板主要用于存放Premiere提供的所有工具，如图1-18所示。这些工具主要用于编辑“时间轴”面板中的素材，单击需要的工具可将其激活。另外，有些工具右下角有一个小三角图标，表示该工具位于工具组中。工具组中还隐藏有其他工具，在该工具组上按住鼠标左键不放，可显示隐藏的工具。

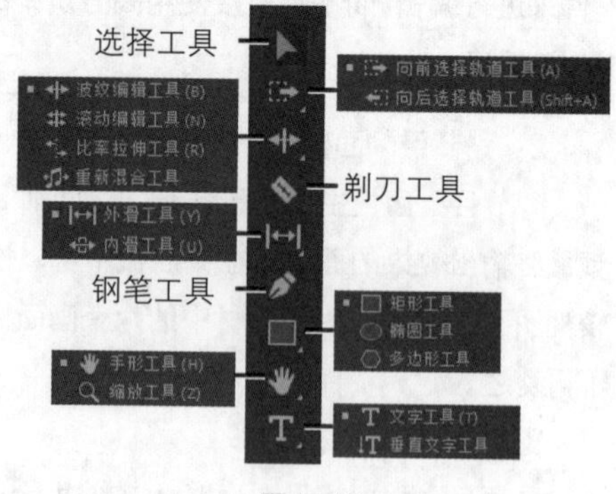

图1-18

5. “时间轴”面板

使用Premiere编辑视频的大部分操作都在“时间轴”面板中进行，例如用户可以轻松地执行素材的剪辑、插入、复制与粘贴等操作。图1-19所示为“时间轴”面板。

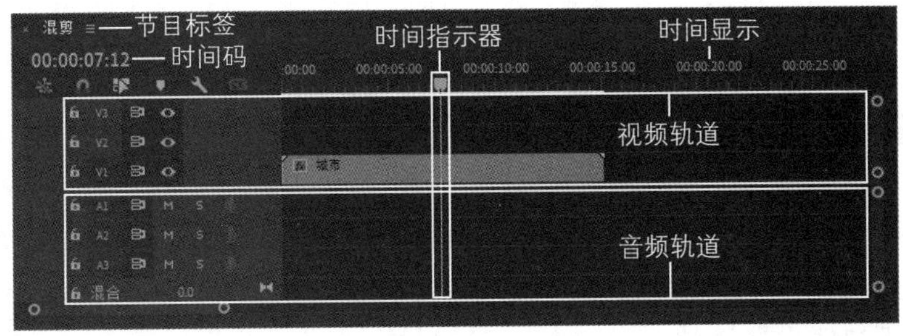

图1-19

- 节目标签：用于显示当前正在编辑的序列名称。如果项目文件中有多个序列，则可单击标签进行切换。
- 时间码：用于显示当前时间指示器所在的帧。
- 时间指示器：用于调整时间码。按住【Shift】键并拖曳时间指示器，将素材自动吸附到邻近的素材边缘（需保证“在时间轴中对齐”按钮为选中状态）。按【←】键可将时间指示器移至当前帧的上一帧，按【→】键可将时间指示器移至当前帧的下一帧；按【Home】键可将时间指示器移至第一帧，按【End】键可将时间指示器移至最后一帧。
- 时间显示：用于显示当前素材的时间位置。在时间显示上单击鼠标右键，在弹出的快捷菜单中可选择时间的显示方式。
- 视频轨道：用于编辑视频。默认有3个轨道（V1、V2、V3）。
- 音频轨道：用于编辑音频。默认有4个轨道（A1、A2、A3和混合）。

另外，在时间码下方以及轨道的左侧位置还有多个按钮，用于素材和轨道的相关设置，作用如下。

- “将序列作为嵌套或个别剪辑插入并覆盖”按钮：该按钮默认为选中状态，可将序列作为一个整体的素材插入另一个序列中，且显示为绿色；若该按钮为未选中状态，则可将序列中的多个素材依次插入另一个序列中，即多个素材独立存在。
- “在时间轴中对齐”按钮：该按钮默认为选中状态，此时会启动吸附功能，如果在“时间轴”面板中拖曳素材，则素材会自动粘合到邻近的素材边缘处。
- “链接选择项”按钮：该按钮默认为选中状态，此时添加到“时间轴”面板中的视频素材包含的视频和音频会自动连接。
- “添加标记”按钮：单击该按钮，将在当前帧处添加一个标记。
- “时间轴显示设置”按钮：单击该按钮，在弹出的下拉菜单中，可选择在“时间轴”面板中显示的内容，如视频缩览图、视频关键帧、视频名称等。
- “字幕轨道选项”按钮：单击该按钮，在弹出的下拉菜单中，可选择字幕轨道的显示内容。
- “切换轨道锁定”按钮：默认状态下呈显示，单击后变为。此时轨道处于锁定状态，不能进行编辑。
- “切换同步锁定”按钮：单击该按钮，可控制时间轴上的音频和视频轨道之间的同步关系。
- “切换轨道输出”按钮：在视频轨道上单击对应轨道前的该按钮，使其变为，在“节目”面板中将不显示该轨道上的内容。
- “静音轨道”按钮：单击该按钮，相应的音频轨道将会静音。

- “独奏轨道”按钮S：单击该按钮，可以只独奏当前音频轨道，静音其他音频轨道。
- “画外音录制”按钮：单击该按钮，可以录制声音。
- 按钮混合：用于控制序列中所有音频轨道的合成输出。

1.3.4 Premiere 基础操作

熟悉了Premiere中各个面板的功能后，我们就可以着手进行一些视频编辑的基础操作了。

1. 新建项目文件

启动Premiere，单击新建项目按钮，或选择【文件】/【新建】/【项目】命令，或按【Ctrl+Alt+N】组合键，打开“导入”界面，如图1-20所示。在其中进行设置后，单击创建按钮，可进入“编辑”界面。

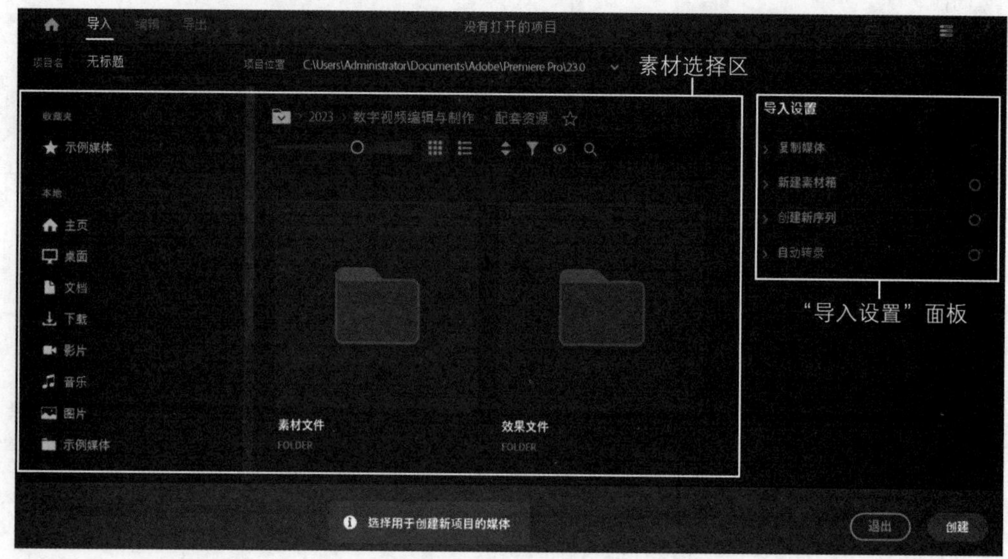

图1-20

（1）项目名和项目位置

“项目名”文本框用于设置项目名称，“项目位置”下拉列表框用于设置项目的存储位置。

（2）素材选择区

在Premiere中用于创建新项目的媒体即为素材，在左侧可选择本地磁盘或文件夹，在右侧双击可进入素材所在文件夹，单击可选中素材，选中的素材将在最下方展示。

（3）“导入设置”栏

该栏中包含4个功能栏，单击功能栏右侧的按钮，使其呈激活状态，可进行相关设置。

- 复制媒体：开启该功能，可复制所选素材到项目文件所在的文件夹中，以避免原素材文件丢失。
- 新建素材箱：开启该功能，可新建一个素材箱，并将所选素材添加到其中。
- 创建新序列：开启该功能，可基于所选素材创建一个序列。
- 自动转录：开启该功能，可在后台将所选素材中的对话转录为文本。

知识拓展

在 Premiere 中，有关项目的详细设置参数将不会出现在“导入”界面。若是需要修改项目文件的详细设置，可选择【文件】/【项目设置】命令，在打开的子菜单中选择对应的命令。图 1-21 所示为选择“常规”命令后，打开的“项目设置”对话框。

资源链接：“项目设置”对话框详解

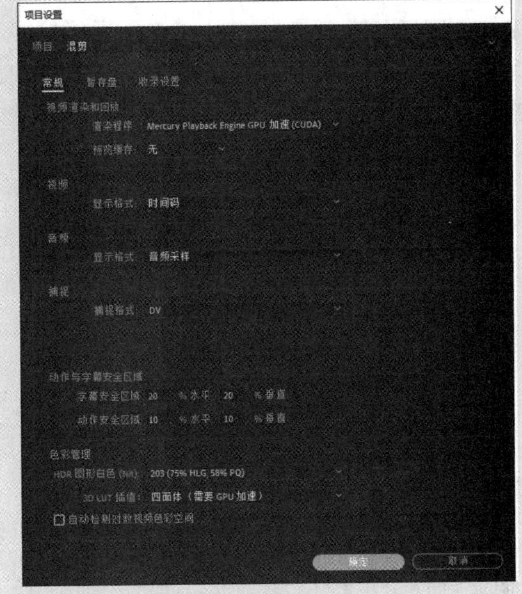

图 1-21

2. 导入素材

新建项目文件后，若需要继续导入外部素材，除了可以返回“导入”界面选择素材外，还可以直接在“编辑”界面进行导入操作。不同类型素材的导入方法有所区别，用户应结合素材自身特点来选择合适的导入方法。

（1）导入常用素材

在导入MP4、AVI、JPEG、MP3等常用格式的素材时，可直接选择【文件】/【导入】/【文件】命令，或在“项目”面板的空白区域双击，或在“项目”面板的空白区域单击鼠标右键，在弹出的快捷菜单中选择“导入”命令，或直接按【Ctrl+I】组合键，都可打开“导入”对话框，在其中选择需要导入的一个或多个常用素材文件后，单击 打开(O) 按钮，如图1-22所示。

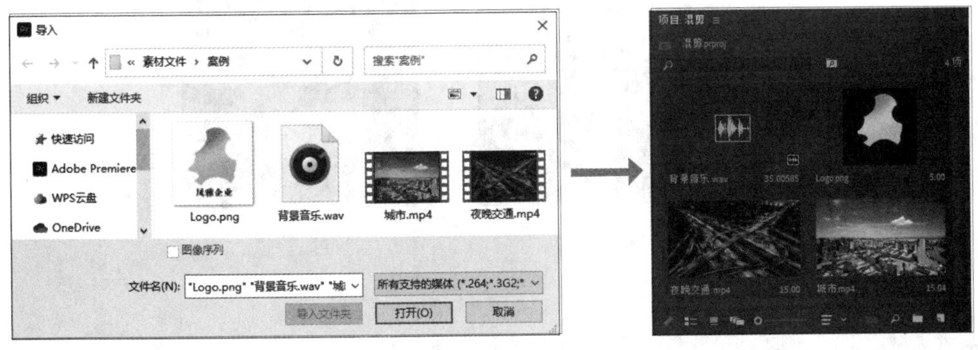

图 1-22

（2）导入序列素材

序列是指一组名称连续且后缀名相同的素材文件，如“流星000.jpg”“流星001.jpg”“流星002.

jpg”。使用与导入常用素材相同的方式打开“导入”对话框后，选中“流星000.jpg”文件，勾选对话框中的“图像序列”复选框，然后单击打开(O)按钮，将自动导入所有名称连续且后缀名相同的素材文件，并在“项目”面板中显示为单个文件，在“源”面板中可预览图像序列的播放效果，每一帧都对应一张图像，如图1-23所示。

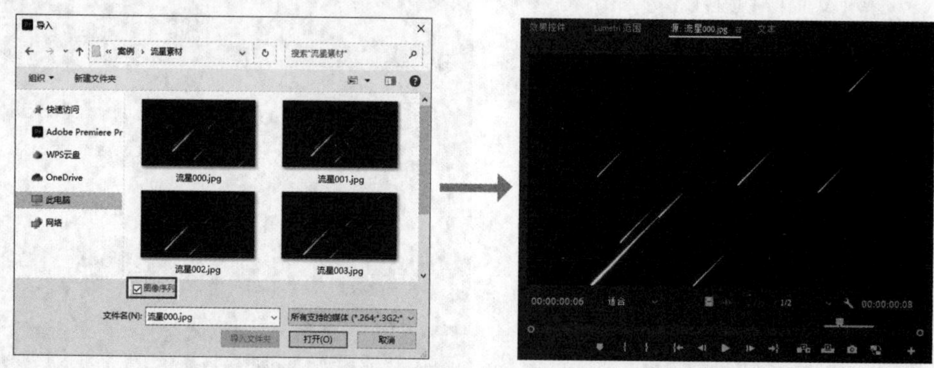

图1-23

（3）导入分层素材

当导入含有图层信息的素材文件时，可以通过设置保留素材文件中的图层信息。例如，在“导入”对话框中选中PSD文件后，单击打开(O)按钮，将打开“导入分层文件”对话框，打开其中的“导入为”下拉列表（见图1-24）。若选择“合并所有图层”选项，可将素材文件中的所有图层合并为一个图层后导入；若选择“合并的图层”选项，可勾选部分图层左侧的复选框，然后将所选图层合并为一个图层后导入；若选择“各个图层”选项，可将各个图层单独导入，且“项目”面板中会新建一个与素材文件同名的文件夹，展开可查看素材文件中所有的图层内容，如图1-25所示；若选择“序列”选项，可根据PSD文件的尺寸创建一个与之匹配的新序列，并在“时间轴”面板中按照素材文件中图层的顺序排列在每个轨道上。

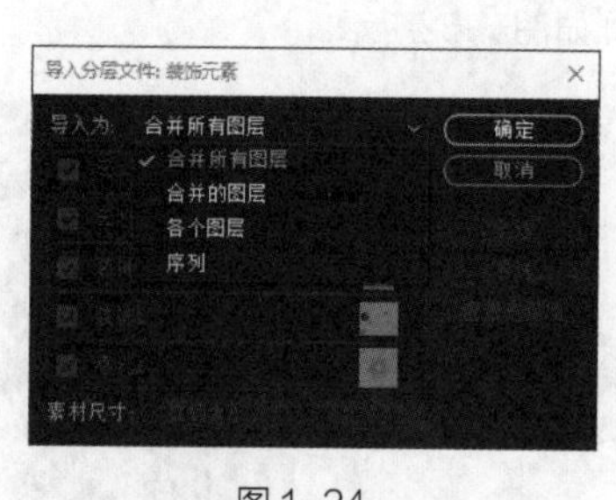

图1-24

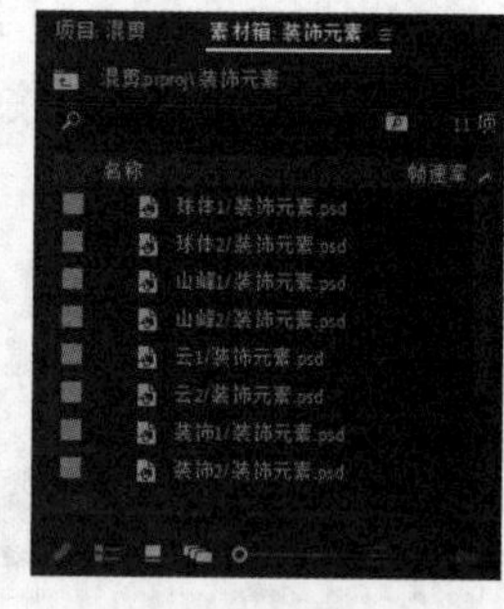

图1-25

3. 调整素材

导入素材后，可通过以下4种调整素材的方法来提高制作效率。

（1）重命名素材

为了便于区分导入的素材，可根据需要重命名素材。具体操作方法为：在需重命名的素材上单击鼠标右键，在弹出的快捷菜单中选择“重命名”命令，此时素材名称呈可编辑状态，输入新名称后，按【Enter】键确认；或者在“项目”面板中选择需要重命名的素材，再单击素材的名称，或按【Enter】

键，素材名称同样呈可编辑状态。

（2）分类管理素材

当“项目”面板中的素材过多时，就需要进行分类管理，以便编辑视频时更好地调用。具体操作方法为：单击“项目”面板中的“新建素材箱”按钮▆，设置好素材箱名称后，将需要分类的素材拖曳到素材箱中，如图1-26所示。

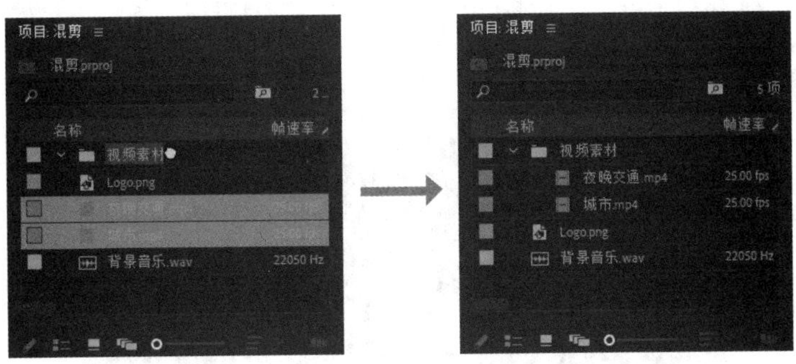

图1-26

（3）复制与粘贴素材

若编辑视频时需要重复利用某个素材，可在“项目”面板中选择素材后，按【Ctrl+C】组合键复制，按【Ctrl+V】组合键粘贴，将生成与原素材名称一致的复制文件；也可以在选择需要复制的素材后，选择【编辑】/【重复】命令，该素材的一个副本文件将出现在“项目”面板中。

（4）链接脱机素材

若“项目”面板中的素材存储位置发生了改变，素材的源文件名称被修改或源文件被删除，就会导致素材丢失，同时会打开“链接媒体”对话框，如图1-27所示。此时可单击 查找 按钮，在打开的对话框中重新链接对应的素材。

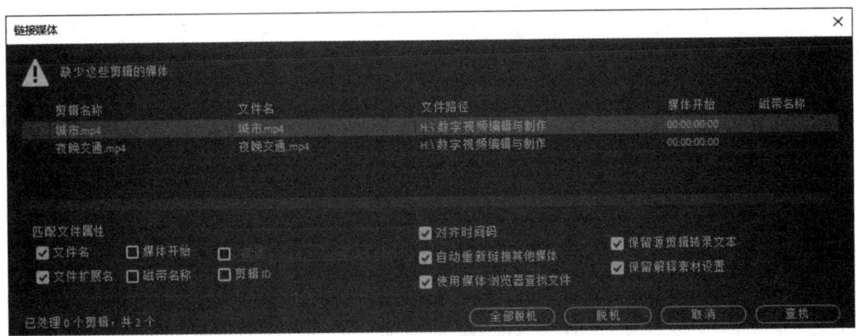

图1-27

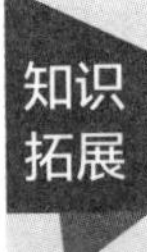

知识拓展

在Premiere中不仅可以导入外部素材，还能创建Premiere自带素材。例如，在进行调整图层、彩条、黑场视频、颜色遮罩、通用倒计时片头、透明视频等操作时，创建的Premiere自带素材将自动位于“项目”面板中，编辑视频时可直接将其拖曳到“时间轴”面板中进行使用。Premiere不同类型的自带素材具有不同的作用。

资源链接：
Premiere自带素材详解

4. 新建序列

序列是视频编辑的基础，Premiere中的大部分编辑工作都是通过序列完成的。因此在编辑视频前，需要先新建序列。

（1）新建空白序列

在“项目”面板右下角单击“新建项”按钮，在弹出的下拉菜单中选择“序列”命令，或选择【文件】/【新建】/【序列】命令，都能打开“新建序列”对话框，其中的“设置”选项卡参数如图1-28所示。设置完参数后，单击 确定 按钮，便可创建一个空白序列。

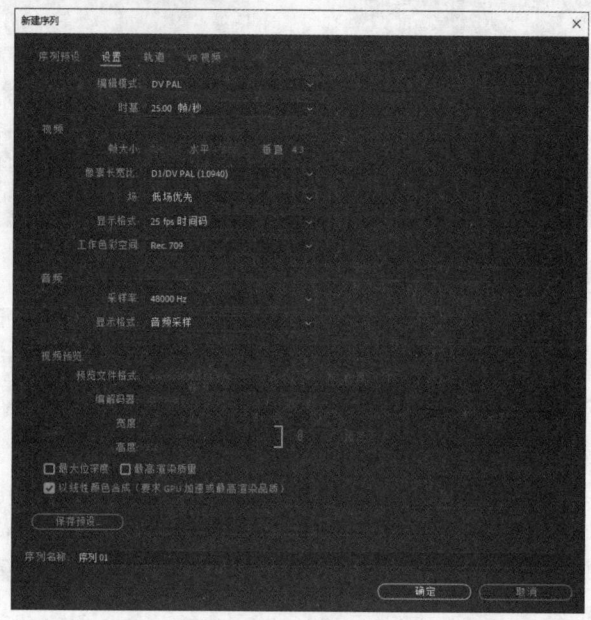

图1-28

- 编辑模式：用于设置预览文件和播放的视频格式。该模式由“序列预设”选项卡中所选的预设决定。
- 时基：时基是指时间基准，用于决定Premiere的视频帧数。帧数越高，在Premiere中的渲染效果越好。在大多数项目中，时基都应该匹配视频的帧速率。通常来说，24帧/秒用于编辑电影胶片，25帧/秒用于编辑PAL制式和SECAM制式视频，29.97帧/秒用于编辑NTSC制式视频，15帧/秒用于编辑移动设备视频。时基设置不仅决定了“显示格式”区域中的哪个选项可用，也决定了“时间轴”面板中的标尺和标记的位置。
- 帧大小：项目的帧大小是指以像素为单位的宽度和高度。第一个数值框中的数值代表画面的宽度，第二个数值框中的数值代表画面的高度。帧大小可用于设置指定播放序列时帧的尺寸（以像素为单位）。大多数情况下，项目的帧大小与源文件的帧大小保持一致。

资源链接：“新建序列”对话框详解

- 像素长宽比：用于设置各个像素的长宽比。
- 场：用于设置指定帧的场序，包括“无场（逐行扫描）”“高场优先”“低场优先”3个选项。
- “视频”栏中的“显示格式”：用于设置多种时间码格式。对“显示格式”选项进行更改并不会改变剪辑或序列的帧速率，只会改变其时间码的显示方式。其下拉列表中的各个选项与新建项目时“视频显示格式”栏中的选项基本相同。

- 工作色彩空间：用于设置视频的颜色范围。
- 按钮：单击该按钮，打开“保存序列预设”对话框，可在其中进行命名、描述序列操作，并保存当前序列的相关设置。
- 序列名称：用于设置序列的名称。

在“新建序列”对话框的“序列预设”选项卡中，可以直接选择已经设置好参数的选项，设置好序列名称后，直接单击按钮以创建空白序列；在“轨道”选项卡中，可以选择需要的视频和音频轨道数量，并设置音频轨道的属性和布局；在“VR视频”选项卡中，可以创建用于虚拟现实（Virtual Reality，VR）视频的序列，并设置与VR视频处理相关的参数。

（2）基于素材新建序列

除了新建空白序列外，直接将“项目”面板中的素材拖曳到“时间轴”面板中，或在“项目”面板中选择素材，单击鼠标右键，在弹出的快捷菜单中选择“从剪辑新建序列”命令，都可基于选择的素材来创建一个与该素材名称相同的序列。

5. 优化序列的基本操作

在使用序列时，若素材较多或较为杂乱，导致序列的显示效果不佳，可以通过以下3种基本操作进行序列优化。

（1）重构序列

在Premiere中调整视频大小时，如果需要调整的视频素材数量较多，则手动调整会非常耽误时间。此时，可以使用“自动重构序列”功能自动调整视频大小。该功能可智能识别视频中的动作，并针对不同的画面长宽比进行重构剪辑。

选择需要调整的视频素材，然后选择【序列】/【自动重构序列】命令，打开“自动重构序列”对话框，如图1-29所示。在“目标长宽比”下拉列表中选择指定的长宽比（也可以自定义）选项，然后单击按钮，Premiere将自动生成一个调整好的新序列，并放置到“时间轴”面板中，如图1-30所示。

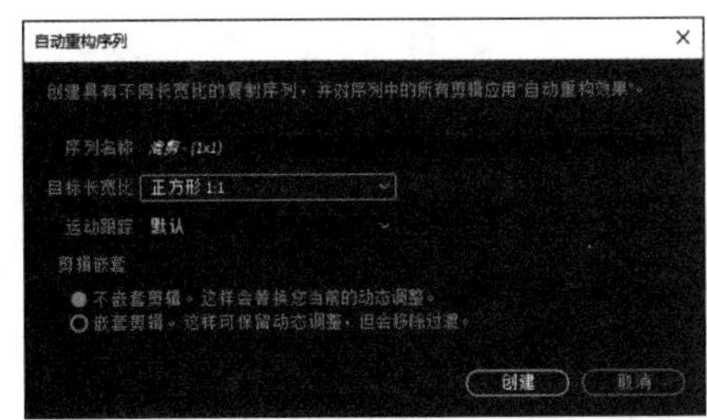

图1-29

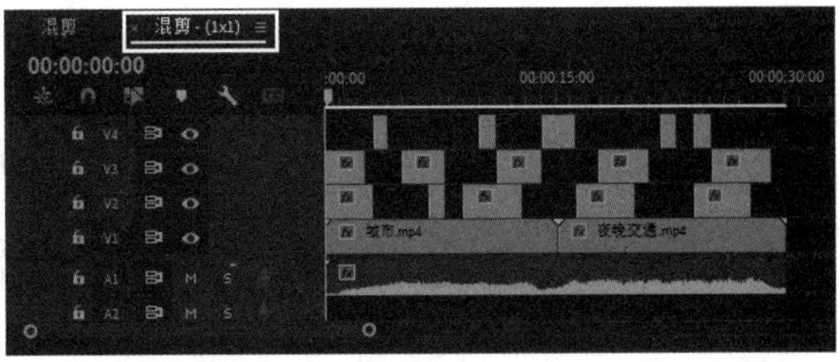

图1-30

（2）简化序列

简化序列操作能够自动删除不需要的轨道，以及序列上的标记等，让序列看上去更加简洁美观。

选择需要简化的序列，然后选择【序列】/【简化序列】命令，打开“简化序列”对话框，如图

1-31所示。进行相应设置后单击 简化 按钮，将会新建一个简化后的序列副本。简化序列前后的对比效果如图1-32所示。

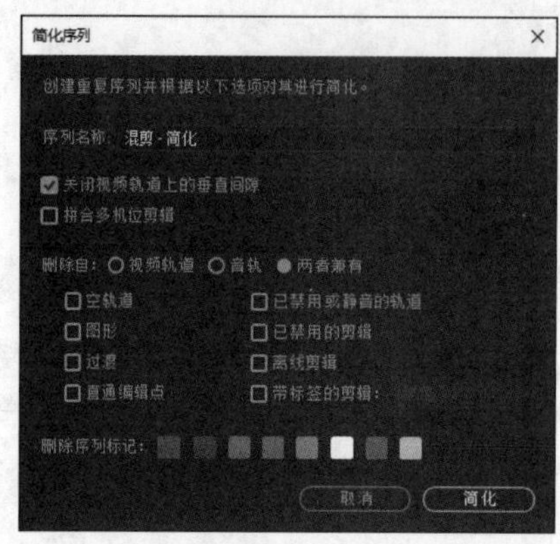

图1-31

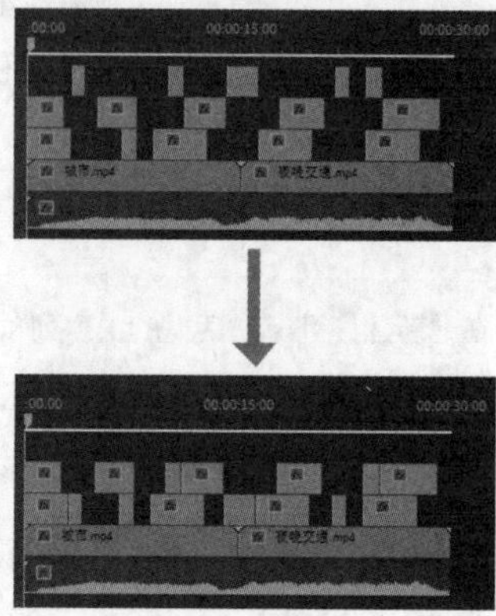

图1-32

（3）嵌套序列

在编辑视频时，若创建的序列数量较多，可通过嵌套序列将多个序列文件合并为一个序列，使其在“时间轴”面板中仅占用一个轨道。这样不仅可以节省轨道数量，还可以对嵌套序列中的素材进行统一的裁剪、移动等修改操作，从而节省操作时间。

在“时间轴”面板中选择需要嵌套的序列，在其上单击鼠标右键，在弹出的快捷菜单中选择“嵌套”命令，打开“嵌套序列名称”对话框，在其中自定义序列名称，如图1-33所示。单击 确定 按钮，在“时间轴”面板中所选择的多个序列将转换为一个嵌套序列文件。嵌套序列前后的对比效果如图1-34所示。

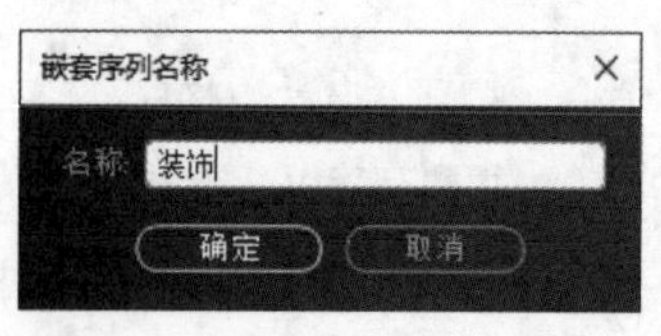

图1-33

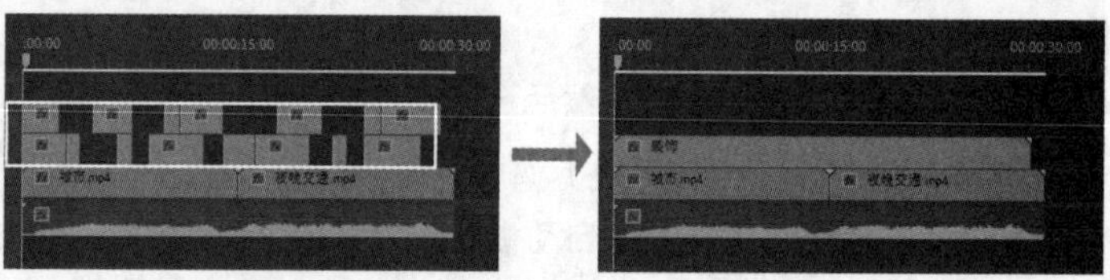

图1-34

综合实训——制作猫咖店宣传短视频

猫咖店作为一种结合了咖啡厅和猫咪宠物的新兴场所，既能提供咖啡、茶饮等饮品，又能让消费者与可爱的猫咪亲密接触，体验放松愉悦的感受。岁宁猫咖店准备制作一则宣传短视频，向公众展示猫咖店的独特魅力，以吸引更多消费者前来体验。表1-1所示为猫咖店宣传短视频制作任务单，其中明确给出了实训背景、制作要求、设计思路和参考效果等。

表 1-1 猫咖店宣传短视频制作任务单

实训背景	岁宁猫咖店制作一个宣传短视频，以增加该店的客流量，提高消费者的关注度和兴趣
尺寸要求	1920 像素 ×1080 像素
时长要求	15 秒左右
制作要求	1. 片头 视频的片头要清晰地展示出店名“岁宁猫咖店”，让消费者能够第一时间了解到该店店名 2. 内容 视频内容需要以店铺内的各种猫咪视频为主，让消费者感受到猫咪带来的快乐和温暖，再在其中穿插展示该店的咖啡饮品 3. 音乐 为视频搭配轻松愉悦的音乐，营造出舒适惬意的氛围
设计思路	基于猫咪视频素材创建序列，然后依次添加其余的猫咪视频和饮品视频，并在片头处添加店名文本素材，再为其他视频素材添加宣传语文本素材，最后添加背景音乐
参考效果	猫咖店宣传短视频效果
素材位置	配套资源 :\ 素材文件 \ 第 1 章 \ 综合实训 \ 猫咖 1 ～ 4.avi、饮品 .avi、宣传语 .psd、背景音乐 .mp3、店名
效果位置	配套资源 :\ 效果文件 \ 第 1 章 \ 综合实训 \ 猫咖店宣传短视频 .prproj

操作提示如下。

STEP 01 新建“猫咖店宣传短视频”项目，导入所有素材，为视频素材创建素材箱，基于“猫咖1.avi”素材创建序列并修改序列名称。

STEP 02 依次拖曳“猫咖2.avi”“猫咖3.avi”“饮品.avi”“猫咖4.avi”素材至“时间轴”面板中的V1轨道上。

STEP 03 将导入的店名序列素材拖曳至V2轨道上，并对应第一段视频素材；将宣传语文本素材中的文本依次拖曳到V2轨道上，并与其余的视频素材相对应。

STEP 04 拖曳音频素材至A2轨道上，最后保存项目。

视频教学：
制作猫咖店宣传短视频

1.5 课后练习

练习 1 制作汤圆教程视频

【制作要求】利用素材制作汤圆教程视频，要求按照汤圆制作的步骤调整视频素材的位置，并为其制作一个片头，用于展示视频标题。

【操作提示】创建项目，导入与整理素材，然后基于背景图创建序列，再依次添加视频、音频等素材，参考效果如图1-35所示。

【素材位置】配套资源:\素材文件\第1章\课后练习\汤圆素材\

【效果位置】配套资源:\效果文件\第1章\课后练习\汤圆教程视频.prproj

图1-35

练习 2 制作陶艺店宣传短视频

【制作要求】利用素材制作陶艺店宣传短视频，要求在片头展示陶艺店的名称，然后展示陶艺的制作过程以吸引消费者前来体验。

【操作提示】创建项目并导入素材，然后基于视频素材创建序列，再依次添加其余视频素材和音频素材，最后添加店铺名称的文本，参考效果如图1-36所示。

【素材位置】配套资源:\素材文件\第1章\课后练习\陶艺素材\

【效果位置】配套资源:\效果文件\第1章\课后练习\陶艺店宣传短视频.prproj

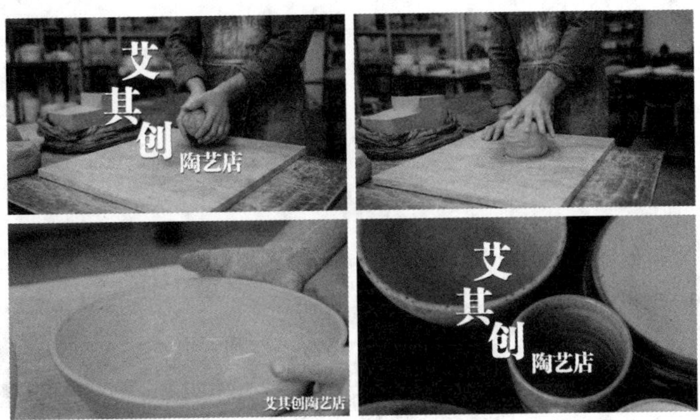

图 1-36

第2章 视频剪辑

视频剪辑是利用一个或多个视频素材，通过分割、裁剪、删除和拼接等操作，删除多余的内容、保留重要的内容，最终形成一个连贯的故事，或表达一个完整的观点、想法等内容，从而生成新视频的过程。在剪辑视频时，通常需要先根据视频的主题、视频素材的具体画面内容来决定所需片段，再根据制作需求和观看体验等因素进行剪辑。

学习要点

◎ 熟悉视频剪辑的常用手法和流程。
◎ 掌握视频剪辑的基本操作。
◎ 掌握视频剪辑的不同方法。

素养目标

◎ 具备清晰的逻辑思维能力，能够有条不紊地剪辑视频。
◎ 培养不断探索的精神和视频剪辑思维。

扫码阅读

案例欣赏

课前预习

2.1 视频剪辑基础

视频剪辑是一个复杂而又充满创意的过程。在开始正式剪辑之前，剪辑人员应先充分了解和掌握有关剪辑的理论基础。这样才能在实际剪辑过程中更好地发挥个人创造力，并创作出高质量的作品。

2.1.1 视频剪辑的常用手法

在视频剪辑过程中，通常需要合理利用视频剪辑手法来改变视频画面的视角，使视频内容更符合实际需求。视频剪辑通常有以下几种常用手法。

1. 标准剪辑

标准剪辑是一种按照时间顺序拼接组合视频素材的剪辑手法。对于没有剧情，只是简单地按照时间顺序拍摄的视频，大多采用标准剪辑手法进行剪辑。

2. 匹配剪辑

匹配剪辑是一种利用镜头中的影调色彩、景别、角度、动作、运动方向的匹配等要素进行场景转换的剪辑手法。匹配剪辑常用于连接两个视频画面中动作一致，或者构图一致的场景，形成视觉连续感。图2-1所示为某视频两个相连的画面，前一个画面是一个男生用手遮住眼睛，紧接着的画面是一个女生做着类似的动作。切换画面时，利用这两个镜头之间的视觉相似性，能够帮助观众忽略由剪辑引起的不连续性。

资源链接：
景别详解

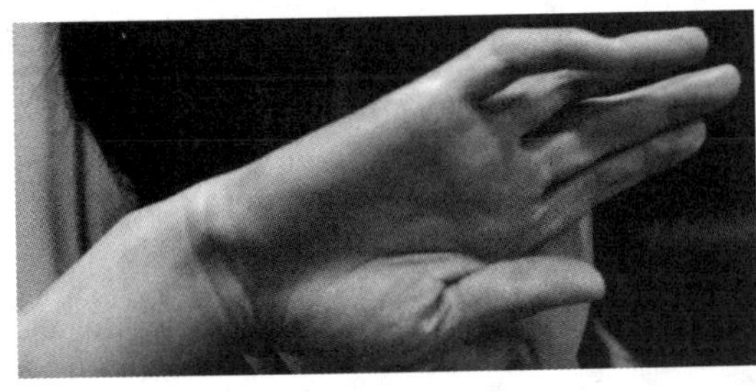
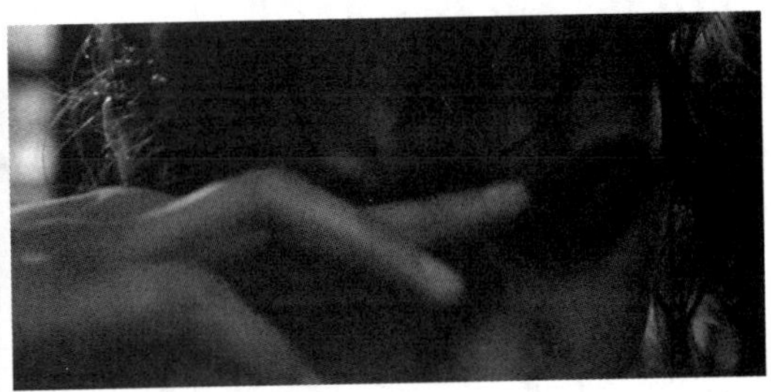

图2-1

3. 跳跃剪辑

跳跃剪辑是一种剪接同一镜头，使两个视频画面中的场景不变，但其他事物发生变化的剪辑手法。跳跃剪辑通常用于表现时间的流逝，也可以用在关键剧情中，通过剪掉中间镜头来模糊时间并突出速度感，给画面增添急迫感和节奏感。卡点换装类短视频就通常采用跳跃剪辑。

4. J Cut和L Cut

J Cut是一种声音先入的剪辑手法。它是指下一视频画面中的音效在该画面出现前响起，正所谓“未见其人，先闻其声”。在视频制作过程中使用J Cut剪辑手法通常不容易被观众发现，因而经常被使用。

例如，制作风景类视频时，使用J Cut剪辑手法使视频画面出现之前先响起山中小溪的潺潺流水声，以吸引观众的注意力，使其先在脑海中想象出一幅美丽的画面。

L Cut是一种上一视频画面的音效一直延续到下一视频画面中的剪辑手法。这种剪辑手法在视频制作中很常用，甚至一些角色间的简单对话也会用到。

5. 动作剪辑

动作剪辑是一种用两个视频画面连接一个动作的剪辑手法。动作剪辑让视频画面在人物角色或拍摄主体处于运动状态时进行切换，剪接衔接点可以根据动作施展方向，或在拍摄主体发生明显变化的简单镜头中进行切换。动作剪辑多用于动作类视频或影视剧中，能够较自然地展示人物的动作交集画面，也可以增强视频内容的故事性和吸引力。

6. 交叉剪辑

交叉剪辑是一种在两个不同的场景间来回切换视频画面的剪辑手法。这种剪辑手法就是通过频繁地切换视频画面来建立角色之间的交互关系，如影视剧中大多数打电话的镜头通常会使用交叉剪辑。在视频剪辑中，使用交叉剪辑能够提升内容的节奏感，增加内容的张力并制造悬念，从而引导观众的情绪，使其更加关注视频的内容。

7. 蒙太奇剪辑

蒙太奇（Montage，由法语音译而来）原本是建筑学术语言，意为构成、装配，后来被发展成一种电影镜头语言。蒙太奇包括画面剪辑和画面合成两方面内容，当不同的镜头组接在一起时，往往会产生各个镜头单独存在时所不具备的含义，而通过蒙太奇剪辑可以将不同的镜头、场景或片段有机地拼接在一起，使多个片段在时间和空间上产生联系，从而创造出新的意义、情感和故事。

2.1.2 视频剪辑的流程

视频剪辑不仅仅是一个创作过程，更是一种具有条理性和结构性的艺术表达，因此需要按照一定的流程来进行。在Premiere中，视频剪辑大致分为整理素材、粗剪素材和精剪素材3个步骤。

1. 整理素材

剪辑人员在开始视频剪辑前，应了解和熟悉各种镜头和需要的画面效果，将拍摄的所有视频素材加以整理、标记，甚至将所有视频素材归类和编号，然后按照整理好的视频素材设计剪辑内容，并注明工作重点，以便后续的使用和管理。

2. 粗剪素材

粗剪是指查看所有归类和编号的视频素材，从中挑选出符合需求、画质清晰的素材，然后按照时间顺序，或是计划好的剧情顺序重新排序，组合成一个视频素材序列，构成视频内容的第一稿影片。

3. 精剪素材

精剪是指在粗剪的基础上，进一步分析和比较，删除多余的视频画面，精细处理每个镜头，如画面剪接点（使两个镜头相衔接的地方）的选择、每个镜头的长度处理、整体节奏的把控等。

2.2 视频剪辑的基本操作

Premiere中提供了多种视频剪辑的方法。视频创作者可以根据自身习惯，以及视频的具体需求，选择不同的方法剪辑视频。

2.2.1 课堂案例——剪辑牛奶视频广告

【制作要求】为安心牛奶制作一个分辨率为“1280像素×720像素”的视频广告，要求展现出该牛奶的卖点，促使消费者下单。

【操作要点】先利用入点和出点选取视频素材中较为美观的片段，并依次插入序列中，然后删除视频素材自带的音频，再调整文本素材的出点并添加到序列中，同时添加配音，最后调整背景音乐的出点并添加到序列中。参考效果如图2-2所示。

【素材位置】配套资源:\素材文件\第2章\课堂案例\牛奶素材\

【效果位置】配套资源:\效果文件\第2章\课堂案例\牛奶视频广告.prproj

图2-2

具体操作如下。

STEP 01 按【Ctrl+Alt+N】组合键打开“导入”界面，设置项目名称为“牛奶视频广告”，选择“牛奶素材”文件夹，在右侧取消选择“创建新序列”选项，然后单击 创建 按钮，打开“导入分层文件：广告文案”对话框，设置“导入为”为“各个图层”、“素材尺寸”为“文档大小”，单击 确定 按钮。

视频教学：
剪辑牛奶视频广告

STEP 02 单击“项目”面板右下角的“新建项”按钮，在弹出的下拉菜单中选择“序列”命令，打开“新建序列”对话框，在其中设置“时基”为“25.00帧/秒”、“帧大小”为“1920×1080”，如图2-3所示。继续在下方设置序列名称为

“牛奶视频广告”，然后单击确定按钮。

STEP 03 在“项目”面板中双击“牧场.mp4”素材，在“源”面板中拖曳时间指示器，以预览该素材。

STEP 04 由于视频的前半部分画面较暗，视觉效果不美观，因此可选取后半部分较亮的片段。在“源”面板中将时间指示器移至00:00:08:00处，然后单击“标记入点”按钮，或按【I】键，以设置素材的入点（视频的起点），如图2-4所示。

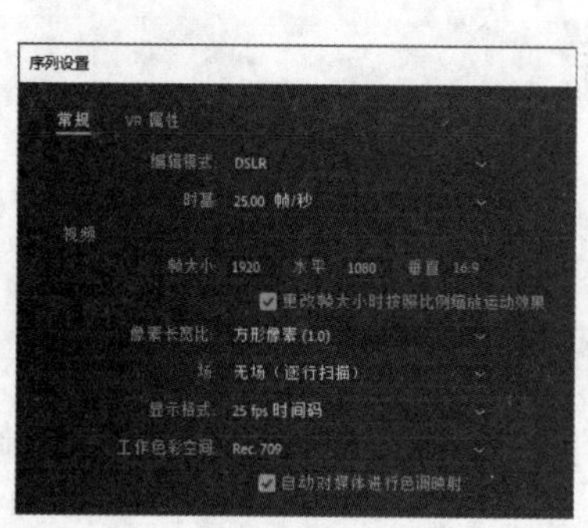

图2-3

图2-4

STEP 05 将时间指示器移至00:00:12:00处，然后单击“标记出点”按钮，或按【O】键，以设置素材的出点（视频的终点），如图2-5所示。

STEP 06 在“项目”面板中双击打开“牛奶视频广告”序列，然后单击“插入”按钮，可将“牧场.mp4”素材入点和出点之间的片段添加到“时间轴”面板中，如图2-6所示。

图2-5

图2-6

STEP 07 使用与步骤03～05相同的方法，先预览“牛奶特写.mp4”“早餐.mp4”“牛奶倒入谷物.mp4”“倒牛奶.mp4”素材，然后设置“牛奶特写.mp4”素材的入点和出点分别为“00:00:01:02”“00:00:05:00”，“早餐.mp4”素材的入点和出点分别为“00:00:03:08”“00:00:05:07”，如图2-7所示。接着设置“牛奶倒入谷物.mp4”素材的入点和出点分别为“00:00:02:20”“00:00:04:19”，

“倒牛奶.mp4”素材的入点和出点分别为“00:00:01:00”“00:00:06:17”。

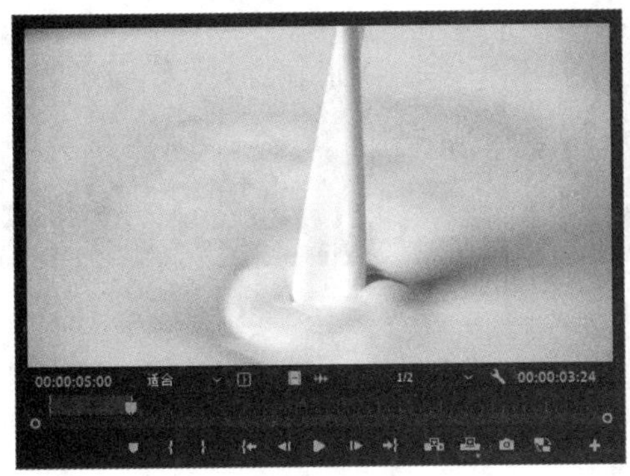

图2-7

STEP 08 在“源”面板中按照“牛奶特写、早餐、牛奶倒入谷物、倒牛奶”的顺序，为每个视频素材单击“插入”按钮，将其依次插入“时间轴”面板中，如图2-8所示。

图2-8

STEP 09 在“时间轴”面板中单击“链接所选项”按钮，使其呈状态，然后按住【Shift】键不放，使用“选择工具”依次单击A1轨道上的音频，再按【Delete】键删除。

STEP 10 由于部分视频素材的尺寸大小与序列不同，因此需要调整。选择【序列】/【自动重构序列】命令，打开“自动重构序列”对话框，设置目标长宽比为“16：9”，选中“不嵌套剪辑”单选按钮，然后单击创建按钮。视频素材被调整画面大小前后的对比效果如图2-9所示。

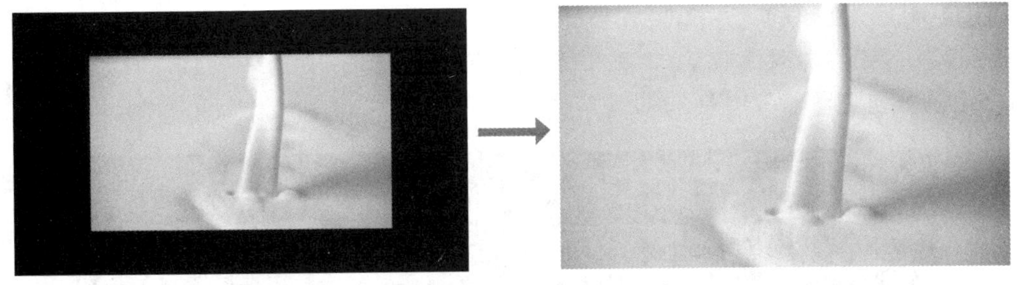

图2-9

STEP 11 在“项目”面板中双击打开“广告文案”素材箱，再双击“文案1”素材，在“源”面板中设置出点为“00:00:04:00”，使其总时长与“牧场.mp4”素材的时长相等，然后将该素材拖曳至“时间轴”面板中的V2轨道左侧，如图2-10所示。视频画面的效果如图2-11所示。

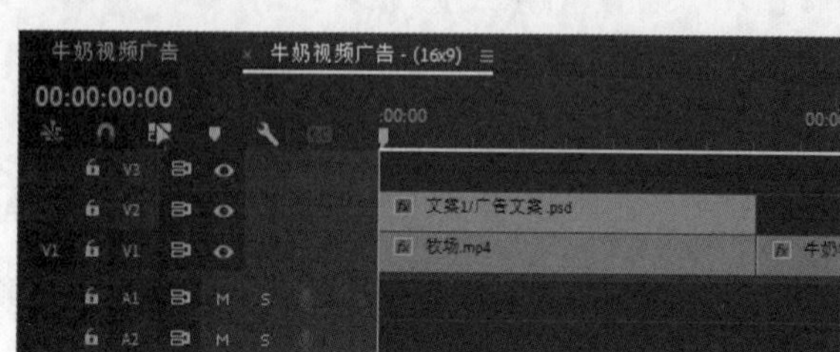

图2-10

图2-11

STEP 12 使用与步骤11相同的方法，先调整其他文案素材的出点，使其与对应视频的时长相等，然后依次拖曳至“时间轴”面板中的V2和V3轨道上，如图2-12所示。视频的画面效果如图2-13所示。

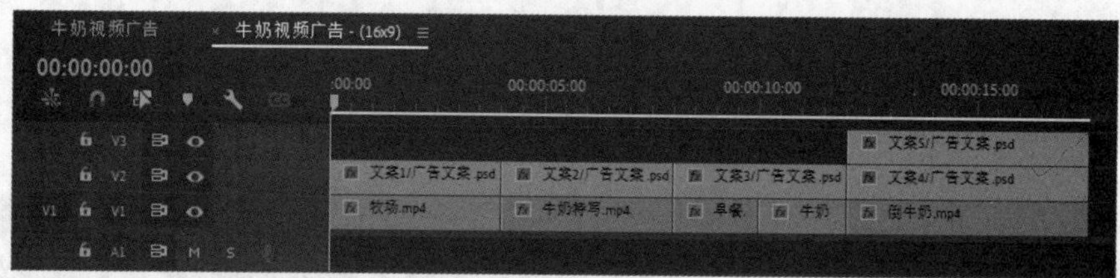

图2-12

图2-13

STEP 13 在“项目”面板中双击打开“配音”素材箱，依次将其中的配音素材拖曳至A1轨道上，并使其入点与对应文案的入点对齐。

STEP 14 在“项目”面板中双击“背景音乐”素材，设置出点为“00:00:17:16”，使其总时长与V1轨道相等，然后将该素材拖曳至“时间轴”面板中的A2轨道左侧，如图2-14所示。预览视频效果，最后按【Ctrl+S】组合键保存项目。

图2-14

行业知识

视频广告是一种利用视频来传达营销信息和推广产品、服务的广告形式。该形式可以通过图像、动画和音效等多种元素，打造强烈的视觉冲击，更好地吸引消费者的注意力。视频广告通常会被投放在电视、网络、社交媒体等平台上，除了吸引消费者、提升销量外，还能提高品牌知名度。

在剪辑视频广告时，需要注意以下几点。

（1）内容策划：剪辑人员在剪辑前应进行详细的内容策划，确定在视频广告中要传达的核心信息，比如产品的功能、特色、使用场景等，再确定相应的展现顺序。

（2）素材选择：如果视频素材的时长充足，应选择更能够突出产品或服务的视频画面。

（3）时长控制：根据广告播放平台和观众习惯，控制视频广告的总时长，避免画面过于拖沓，但同时还要确保信息传达完整。

2.2.2 设置标记、入点和出点

在Premiere中剪辑视频时，标记用于标记时间线上的特定位置或范围，而入点和出点则用于选择时间线上的特定部分。剪辑人员灵活运用这两个功能，可以更加方便地进行剪辑操作。

1. 设置标记

为了后续在Premiere中剪辑视频时能快速找到源素材或序列中的某个画面，可以为源素材或序列添加标记，以标识重要内容，定位某一画面的具体位置。注意，添加的标记还可以进行查找、编辑、删除等操作。

（1）添加标记

为源素材添加标记时，可以先在“源”面板中拖曳下方的时间指示器以查看视频画面，然后单击面板下方的“添加标记”按钮，或按【M】键，在当前时间指示器停放的位置添加标记，如图2-15所示。另外，将在“源”面板中添加标记后的素材拖曳到“时间轴”面板中，此时标记依然存在，如图2-16所示。

图2-15

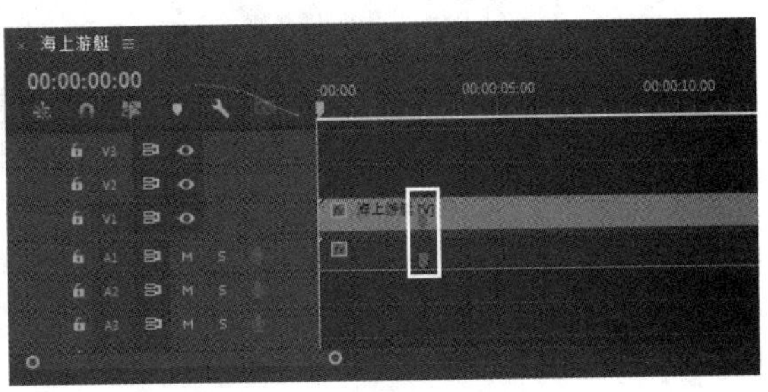

图2-16

提示

在“时间轴”面板中将时间指示器移至需要标记的位置，然后选择需添加标记的素材，再按【M】键，也可添加标记。

为序列添加标记的具体操作方法与为源素材添加标记的具体操作方法大致相同，需要先将序列添加到“时间轴”面板中，然后利用“节目”面板进行添加，注意，在“时间轴”面板中添加时无须选择序列。

（2）查找标记

当“时间轴”面板中存在多个标记时，可通过以下两种方法快速查找所需标记。

- 通过快捷菜单查找：在标记上单击鼠标右键，在弹出的快捷菜单中选择“转到上一个标记”命令，时间指示器将自动跳转到上一个标记所在位置；选择“转到下一个标记”命令，时间指示器将自动跳转到下一个标记所在位置。
- 通过菜单命令查找：在菜单栏中选择【标记】/【转到上一标记】命令，时间指示器将自动跳转到上一个标记所在位置；选择【标记】/【转到下一标记】命令，时间指示器将自动跳转到下一个标记所在位置。

（3）编辑标记

双击“源”面板、“节目”面板或“时间轴”面板中时间标尺处的标记，或将时间指示器移至标记所在时间点，然后按【M】键，可打开图2-17所示的对话框。在该对话框中设置标记的名称、持续时间、颜色等参数，单击 确定 按钮，完成标记的编辑。为标记设置名称后，将鼠标指针移至标记上，标记的下方将显示标记名称，如图2-18所示。

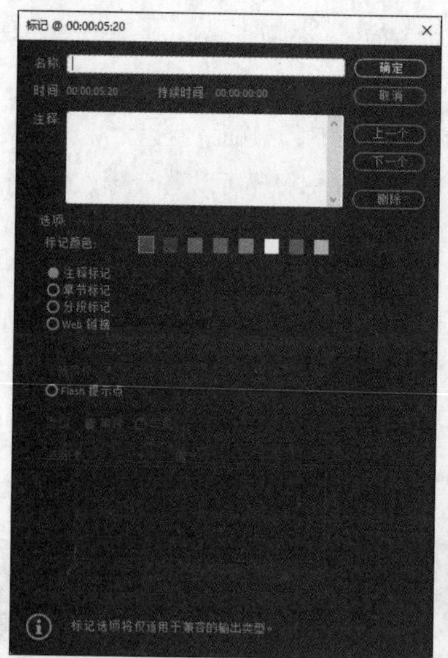

图2-17

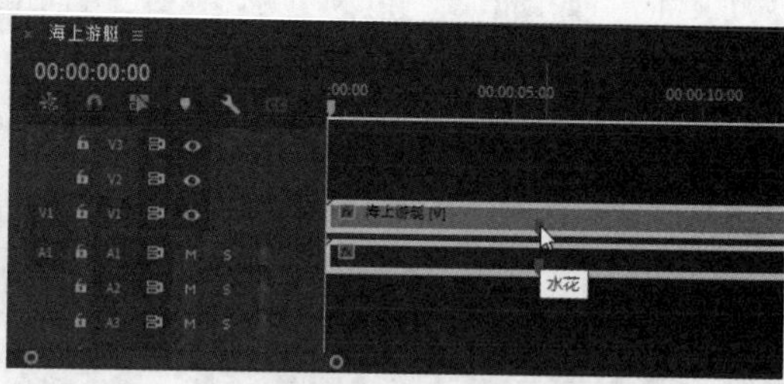

图2-18

（4）删除标记

若需要删除“时间轴”面板、“源”面板或“节目”面板中的标记，在标记处单击鼠标右键，在弹出的快捷菜单中选择“清除所选的标记”命令，可删除所选标记；选择“清除所有标记”命令，可清除所有标记；或选择“标记”菜单命令，在弹出的菜单中选择相应的命令，然后进行删除操作。

2. 设置入点和出点

若要精确地剪辑视频素材，可通过设置入点和出点来实现。

（1）为素材设置入点和出点

为素材设置入点和出点，可以在预览素材的同时，筛选素材片段内容，以节省在“时间轴”面板中编辑素材的时间。

在“源”面板中拖曳时间指示器至需要设置入点或出点的时间点，选择【标记】/【标记入点】命令，或单击“标记入点”按钮，或按【I】键，可设置入点；选择【标记】/【标记出点】命令，或单击“标记出点”按钮，或按【O】键，可设置出点。图2-19所示为设置入点、出点前后的对比效果。

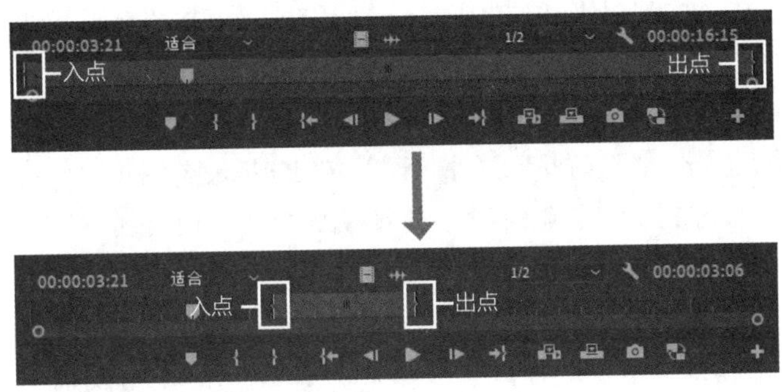

图2-19

（2）为序列设置入点和出点

为序列设置入点和出点，可以在输出视频时只输出入点与出点之间的视频，其余视频将被裁剪，以精确控制视频的输出内容。其设置方法与为素材设置入点和出点的设置方法几乎相同，只是需要在“节目”面板中进行操作。设置好后，还可以直接在“时间轴”面板中进行调整，如图2-20所示。

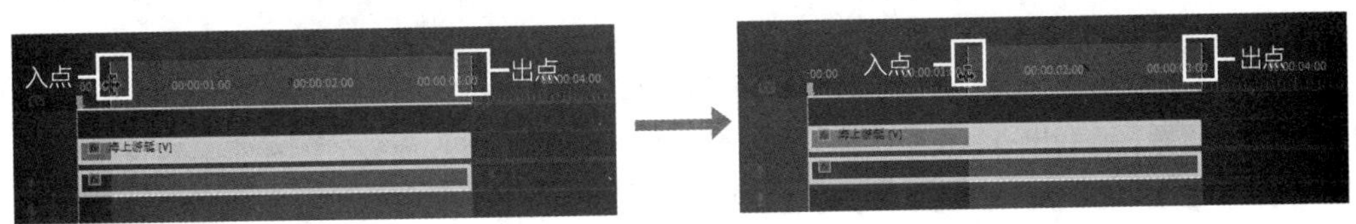

图2-20

提示

若需要清除设置的入点和出点，可在选择设置好入点和出点的面板后，选择【标记】命令，在弹出的快捷菜单中选择“清除入点”“清除出点”“清除入点和出点”命令。

2.2.3 插入和覆盖素材

在剪辑视频时，通过插入和覆盖素材可以在时间轴上调整视频、音频等素材的顺序和叠加关系。

1. 插入素材

插入素材通常有两种情况：一是将当前时间指示器移动到两个素材之间，插入素材后，时间指示器之后的素材将向后推移；二是将当前时间指示器移至目标素材的任意位置，则新素材直接插入目标素材的前半部分与后半部分之间，即将目标素材分为两段，目标素材的后半部分将会向后推移，接在新素材之后，如图2-21所示。

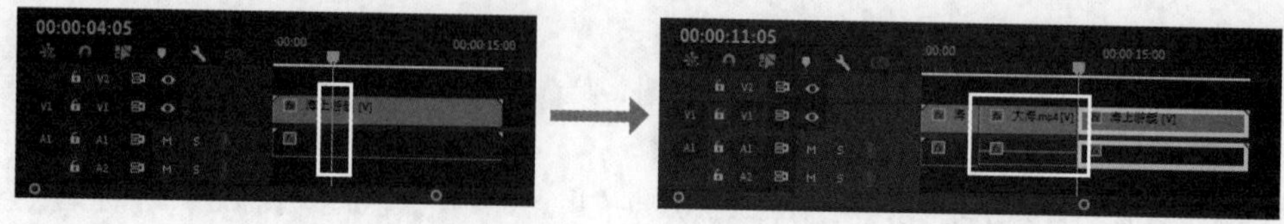

图2-21

在“时间轴”面板中将时间指示器移动到需要插入的位置后，可以通过以下3种方法插入素材。

- 通过命令插入：在“项目”面板中选中要插入“时间轴”面板中的素材，然后单击鼠标右键，在弹出的快捷菜单中选择“插入”命令，可将该素材完整地插入“时间轴”面板。
- 通过按钮插入：在“源”面板中设置要插入素材的入点和出点（若未设置入点和出点，将直接插入整个视频），然后单击“源”面板下方的“插入”按钮插入该素材。
- 通过拖曳插入：在按住【Ctrl】键的同时，直接将在“项目”面板中选中的素材拖曳到“时间轴”面板中需要插入素材的位置。

2. 覆盖素材

覆盖素材与插入素材的效果类似。不同的是，覆盖素材时，当前时间指示器后方的素材会被覆盖，而不会向后移动，即整个序列的总时长不会改变。图2-22所示为覆盖素材前后的对比效果。

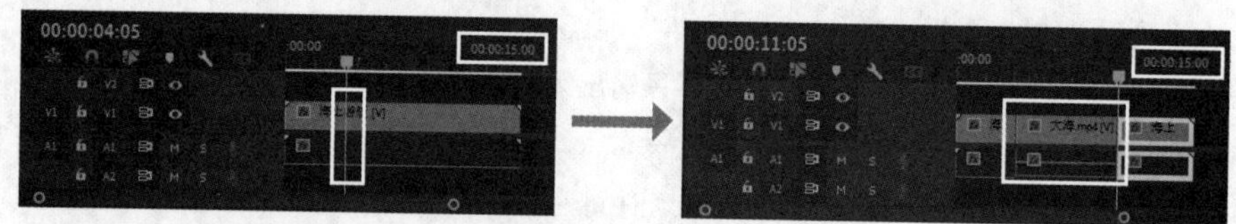

图2-22

在“时间轴”面板中将时间指示器移至需要插入的位置后，在“源”面板中设置要插入素材的入点和出点（若未设置入点和出点，将直接插入整个视频），再单击“源”面板下方的“覆盖”按钮，或者在“项目”面板中选中要添加的素材，单击鼠标右键，在弹出的快捷菜单中选择“覆盖”命令。

2.2.4 提升和提取素材

在剪辑视频时，若需要删除素材中不需要的部分片段，可利用提升和提取素材的功能实现。

1. 提升素材

在提升素材时，Premiere将从“时间轴”面板中删除一部分素材，然后在提升素材的位置留下一个空白区域。具体操作方法为：在“节目”面板中为需要删除的素材片段设置入点和出点，选择【序列】/【提升】命令，或在“节目”面板中单击“提升”按钮。此时Premiere会删除由入点标记和出点标记划分出的区域，并在轨道上留下一个空白区域。图2-23所示为提升素材前后的对比效果。

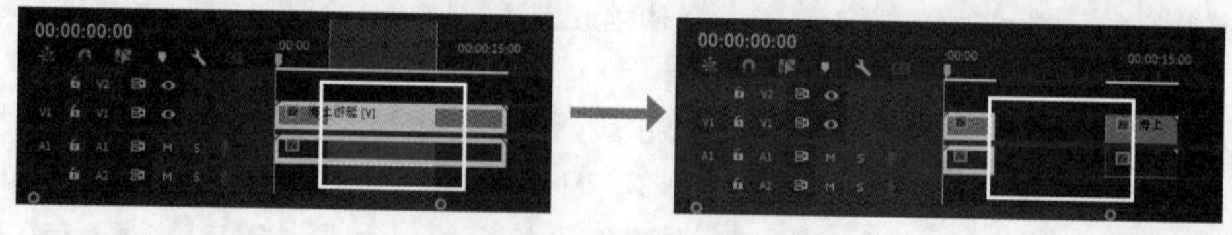

图2-23

2. 提取素材

在提取素材时，Premiere将从“时间轴”面板中删除一部分素材，此时剩余部分会自动向前移动，补上删除部分的空缺，因此不会有空白区域。具体操作方法为：先在“节目”面板中需要删除的区域设置入点和出点，然后单击“节目”面板中的“提取”按钮，或选择【序列】/【提取】命令，此时Premiere会删除由入点标记和出点标记划分出的区域，并将剩余部分连接在一起。图2-24所示为提取素材前后的对比效果。

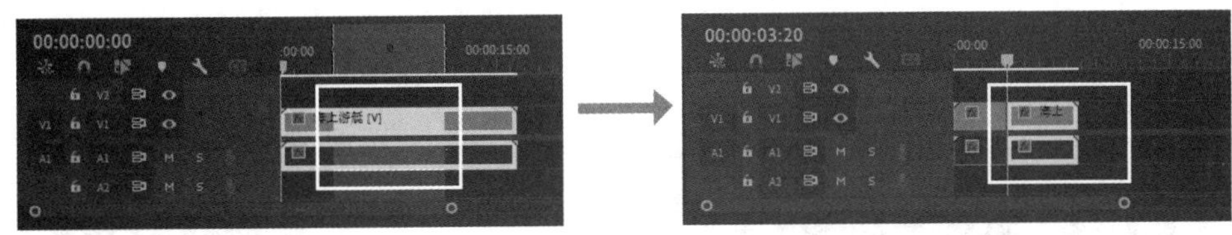

图2-24

2.2.5 课堂案例——剪辑粽子制作短视频

【制作要求】为某小吃店制作一个分辨率为“1920像素×1080像素”的粽子制作短视频，要求根据制作粽子的流程依次展现，同时添加说明文本。

【操作要点】先利用主剪辑与子剪辑将视频素材拆分为多个片段，然后依次拖曳添加到序列中，并适当调整播放速度，最后利用出点添加说明文本和背景音乐。参考效果如图2-25所示。

【素材位置】配套资源:\素材文件\第2章\课堂案例\粽子素材\

【效果位置】配套资源:\效果文件\第2章\课堂案例\粽子制作短视频.prproj

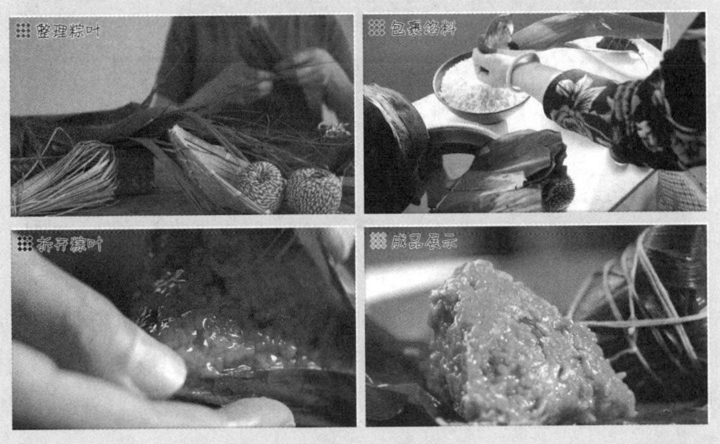

图2-25

具体操作如下。

STEP 01 按【Ctrl+Alt+N】组合键打开“导入”界面，设置项目名称为“粽子制作短视频”，选择“粽子素材”文件夹，在右侧取消选择“创建新序列”选项，然后单击按钮，打开“导入分层文件：字幕”对话框，设置“导入为”为“各个图层”、“素材尺寸”为“文档大小”，单击按钮。

视频教学：剪辑粽子制作短视频

STEP 02 在“项目”面板中双击“粽子制作”素材，在“源”面板中预览视频画面，从中选取“整理粽叶”的视频片段，设置出点为“00:00:07:00”，如图2-26所示。

STEP 03 选择【剪辑】/【制作子剪辑】命令，或按【Ctrl+U】组合键，打开“制作子剪辑”对话框，在其中设置名称为“整理粽叶”，然后单击确定按钮，如图2-27所示。此时在“项目”面板中可查看到所生成的“整理粽叶”子剪辑，如图2-28所示。

图2-26

图2-27

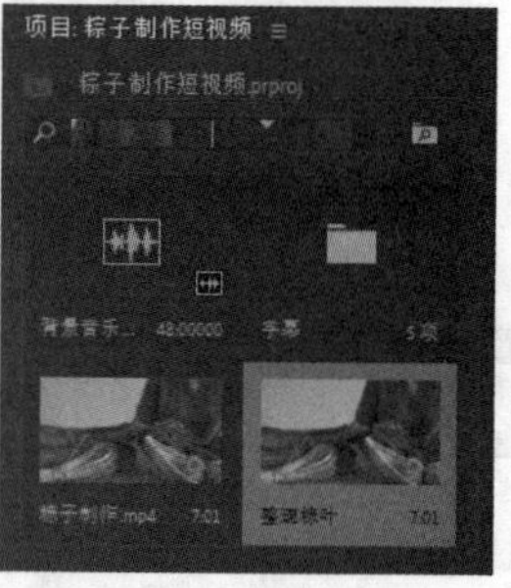

图2-28

STEP 04 使用与步骤02、步骤03相同的方法，分别将00:00:15:16～00:00:00:20:11的片段制作为“包裹馅料”子剪辑；将00:00:20:17～00:00:25:08的片段制作为“煮粽子”子剪辑；将00:00:33:01～00:00:38:10的片段制作为“拆开粽叶”子剪辑；将00:00:39:09～00:00:46:24的片段制作为“成品展示”子剪辑。制作好的子剪辑如图2-29所示。

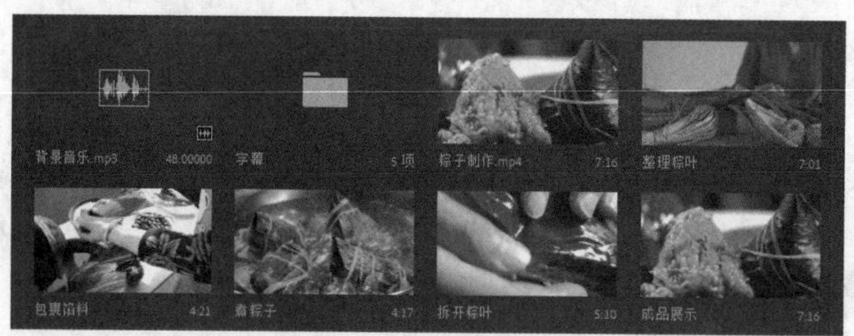

图2-29

STEP 05 先拖曳“整理粽叶”子剪辑至“时间轴”面板中，此时会基于该素材创建一个序列，然后在“项目”面板中选择该序列，接着按【Enter】键使该序列名称呈可编辑状态，并修改序列名称为“粽子制作短视频”，最后按【Enter】键完成修改。按照制作粽子的流程，依次拖曳其他子剪辑至V1轨道上，如图2-30所示。

图2-30

STEP 06 在“时间轴”面板中选择“整理粽叶”子剪辑，在其上单击鼠标右键，在弹出的快捷菜单中选择“剪辑速度/持续时间”命令，打开“剪辑速度/持续时间”对话框，设置速度为“150%”，勾选“波纹编辑，移动尾部剪辑”复选框，然后单击确定按钮，如图2-31所示。此时只有“时间轴”面板中“整理粽叶”子剪辑的时长自动缩短了，且其名称右侧显示出速度的具体参数，如图2-32所示。

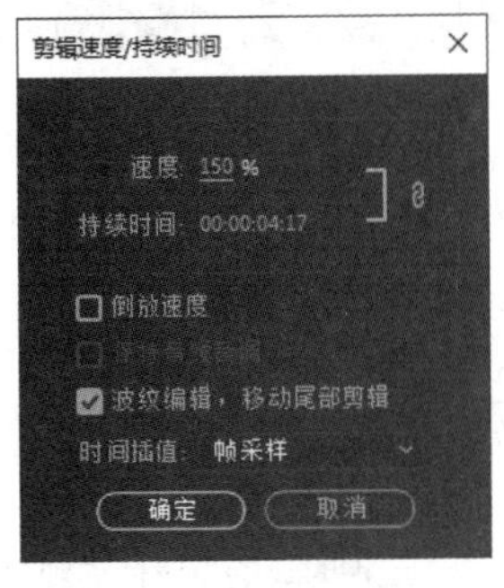

图2-31

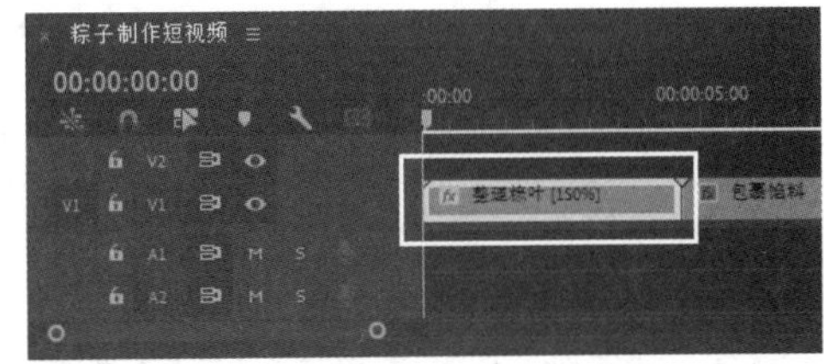

图2-32

STEP 07 使用与步骤05相同的操作，依次设置“包裹馅料”“煮粽子”“拆开粽叶”“成品展示”子剪辑的速度为“130%”“110%”“118%”“160%”，如图2-33所示。

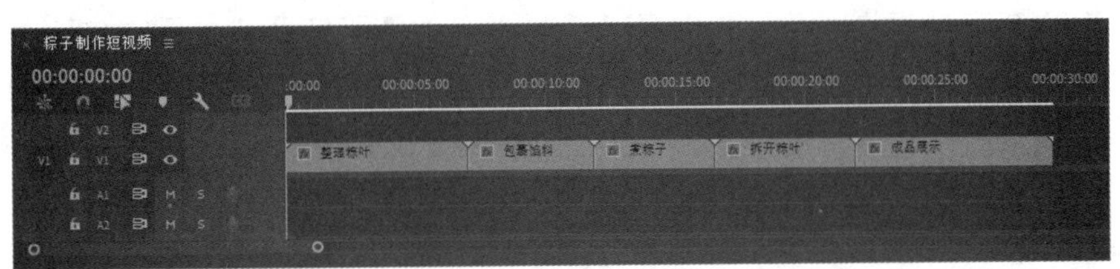

图2-33

STEP 08 在“项目”面板中双击打开“字幕”素材箱，依次在“源”面板中查看字幕素材，并根据对应视频画面的时长调整字幕的出点，再分别拖曳至V2轨道上。

STEP 09 在“项目”面板中双击“背景音乐”素材，在“源”面板中设置“入点”和“出点”分别为“00:00:01:05”和“00:00:23:03”，然后将该素材拖曳至A1轨道上，使其与V1轨道的总时长相等，如图2-34所示。

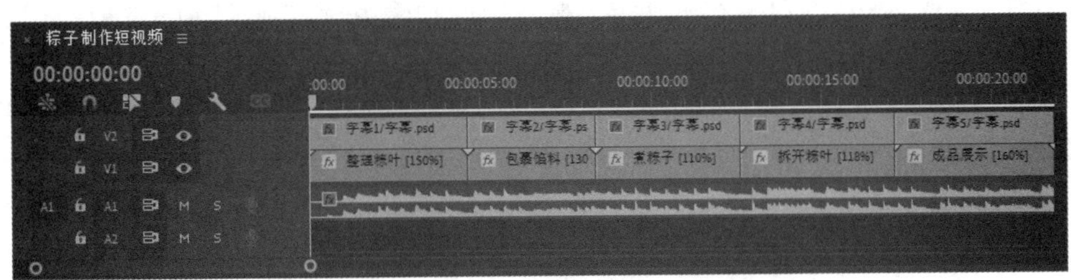

图2-34

STEP 10 预览视频效果，如图2-35所示。最后按【Ctrl+S】组合键保存项目。

图2-35

行业知识

近年来，随着新媒体技术的不断发展，短视频以简洁、多样、便捷和互动的特点，迅速在市场中崛起并成为流行的内容形式，深受广大用户的喜爱。

短视频是指时长较短的视频内容，其总时长通常在几秒钟到几分钟。这种时长的设置使得观众能够在短时间内快速获取信息或者享受娱乐。短视频内容形式多样，用户可以通过移动设备随时随地录制和上传短视频。同时，短视频平台经常会提供如评论、点赞、分享等互动功能，以促进用户交流。

剪辑人员在剪辑短视频时，需要注重视频画面的吸引力和节奏感，做到画面内容简洁明了，以便快速吸引观众注意力，并在有限的时间内传达关键信息。同时，良好的内容质量可以促使用户进行互动，进而扩大内容的传播范围，形成更大的影响力。通过合理的剪辑和配乐，还可以营造出引人入胜的观看体验，让观众在短时间内获得满足感。另外，短视频的传播速度很快，因此在进行内容创作时需要考虑到当前的热点话题或者观众关注的焦点，以增加观看量。

2.2.6 主剪辑和子剪辑

主剪辑（也称源剪辑）通常是指导入的原始视频或音频等素材文件，而由主剪辑生成的所有剪辑则可看作子剪辑，即主剪辑是原始来源，而子剪辑是从主剪辑中裁剪出来的片段。通过主剪辑可以创建多个子剪辑。这两种剪辑常用于剪辑持续时间较长、内容较复杂的视频。

（1）制作子剪辑

在“源”面板中设置好素材的入点和出点后，选择【剪辑】/【制作子剪辑】命令（快捷键为【Ctrl+U】），或按住【Ctrl】键不放，将该素材从“源”面板拖曳到“项目”面板中，或在“项目”面板、“源”面板中单击鼠标右键，在弹出的快捷菜单中选择“制作子剪辑”命令，打开“制作子剪辑”对话框，如图2-36所示。在“名称”文本框中可为子剪辑设置名称；勾选“将修剪限制为子剪辑边界”复选框可将整个子剪辑的持续时间固定，而不能随时调整子剪辑的入点和出点，制作好子剪辑后，可在“项目”面板中查看。

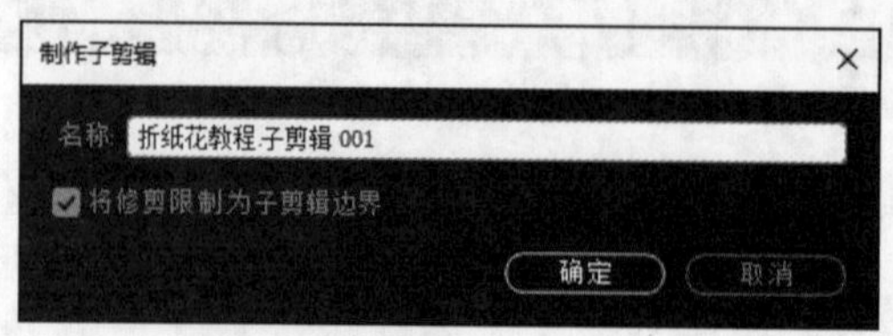

图2-36

（2）编辑子剪辑

在“项目”面板中选择子剪辑，然后选择【剪辑】/【编辑子剪辑】命令，打开“编辑子剪辑”对话框，在“子剪辑”栏的“开始”数值框中可以重新设置开始时间（即入点），在“结束”数值框中可以重新设置结束时间（即出点），如图2-37所示。

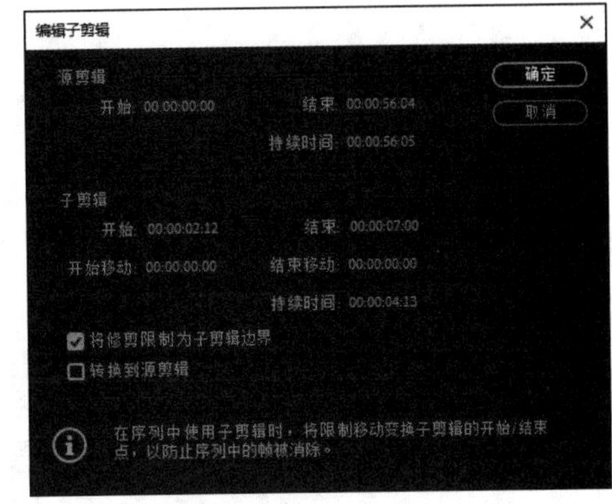

图2-37

2.2.7 调整素材的速度和持续时间

素材的速度和持续时间决定了最终视频的播放速度和时长。在“时间轴”面板或“项目”面板中选择需要的素材，然后单击鼠标右键，在弹出的快捷菜单中选择“速度/持续时间”命令，或选择【剪辑】/【速度/持续时间】命令，都能打开“剪辑速度/持续时间”对话框，如图2-38所示。其中各选项介绍如下。

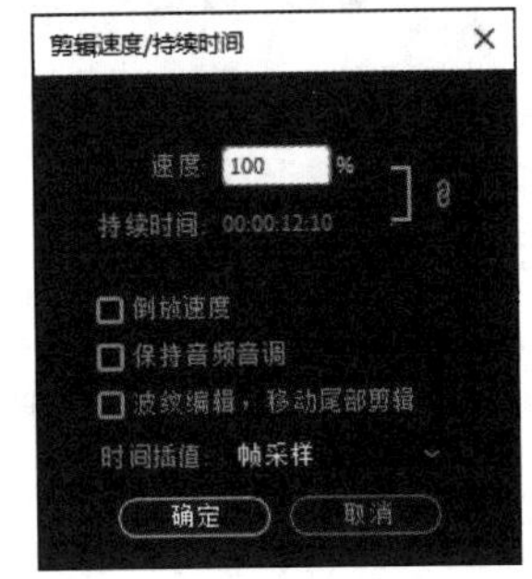

图2-38

- 速度：用于设置视频播放速度的百分比。
- 持续时间：用于设置素材显示时间的长短。该值越大，播放速度越慢；该值越小，播放速度越快。
- “倒放速度”复选框：勾选该复选框，可反向播放视频。
- “保持音频音调”复选框：当视频中包含音频时，勾选该复选框，可使音频播放速度保持不变。
- “波纹编辑，移动尾部剪辑”复选框：勾选该复选框，可消除因视频的持续时间缩短而与右侧视频所产生的间隙。
- 时间插值：用于设置生成补帧的算法。当减慢视频播放速度时，由于帧数不够，因此需要选择某种算法来进行补帧。

2.2.8 课堂案例——剪辑夏日风光 Vlog

【制作要求】为某公园制作一个分辨率为“1920像素×1080像素”的夏日风光Vlog，要求利用素材进行剪辑，注意选取色彩鲜艳、光线明亮的画面。

【操作要点】结合多种剪辑工具依次剪辑不同的视频素材，同时调整视频的播放速度，然后添加片头文本，再根据时长剪辑背景音乐和鸟叫音频。参考效果如图2-39所示。

【素材位置】配套资源:\素材文件\第2章\课堂案例\夏日素材\

【效果位置】配套资源:\效果文件\第2章\课堂案例\夏日风光Vlog.prproj

图2-39

具体操作如下。

STEP 01 按【Ctrl+Alt+N】组合键打开“导入”界面，设置项目名称为“夏日风光Vlog”，选择“夏日素材”文件夹中的所有视频。在右侧的“导入设置”面板中单击“新建素材箱”右侧的按钮，使其呈激活状态，并在下方设置名称为“视频素材”，同时取消选择“创建新序列”选项，然后单击按钮。

视频教学：剪辑夏日风光Vlog

STEP 02 新建“音频素材”素材箱，导入“背景音乐.mp3”“鸟叫.wav”素材；再导入“片头文本”文件夹中的序列素材，并修改名称为“片头文本”。

STEP 03 将“阳光透过树叶.mp4”素材拖曳至“时间轴”面板中，单击“链接所选项”按钮，使其呈状态，然后删除素材对应的音频。

STEP 04 修改序列名称为“夏日风光Vlog”，将时间指示器移至00:00:05:00处，选择“选择工具”，然后将鼠标指针移至“阳光透过树叶.mp4”素材的出点处。当鼠标指针变为形状时，按住鼠标左键不放并向左拖曳至时间指示器附近，鼠标指针将自动吸附到时间指示器位置，此时再释放鼠标左键，发现该素材的出点已调整为00:00:05:00，如图2-40所示。

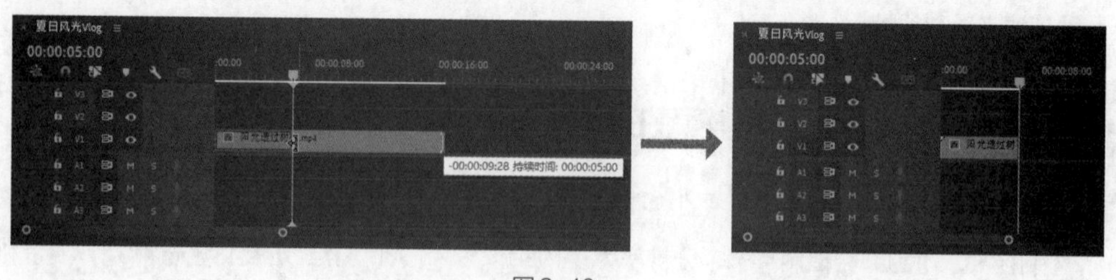

图2-40

STEP 05 拖曳“片头文本”素材至V2轨道上，并使其出点与“阳光透过树叶.mp4”素材的出点对齐，片头的画面效果如图2-41所示。

图2-41

STEP 06 将“阳光.mp4”素材拖曳至“时间轴”面板中的V1轨道上，删除素材对应的音频。将时间指示器移至00:00:20:22处，选择“波纹编辑工具”，将鼠标指针移至“阳光.mp4”素材的入点处。当鼠标指针变为形状时，按住鼠标左键不放并向右拖曳至时间指示器处释放鼠标左键，如图2-42所示。将时间指示器移至00:00:10:00处，然后拖曳“阳光.mp4”素材的出点至该时间点。

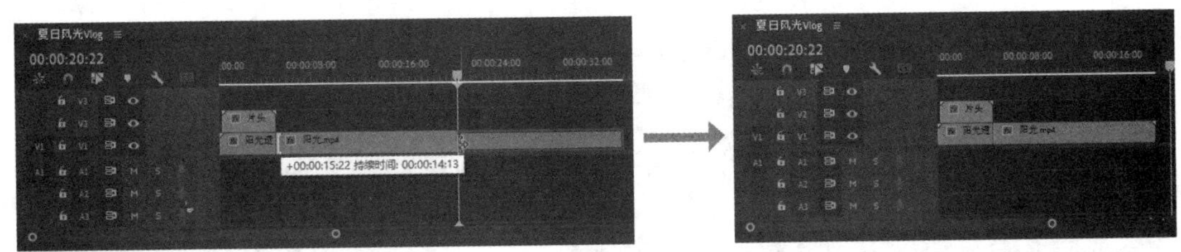

图2-42

STEP 07 将时间指示器移至00:00:09:00处，选择“比率拉伸工具”，将鼠标指针移至“阳光.mp4”素材的出点处。当鼠标指针变为形状时，按住鼠标左键不放并向左拖曳至时间指示器处释放鼠标左键，使其播放速度变为“125%”，如图2-43所示。

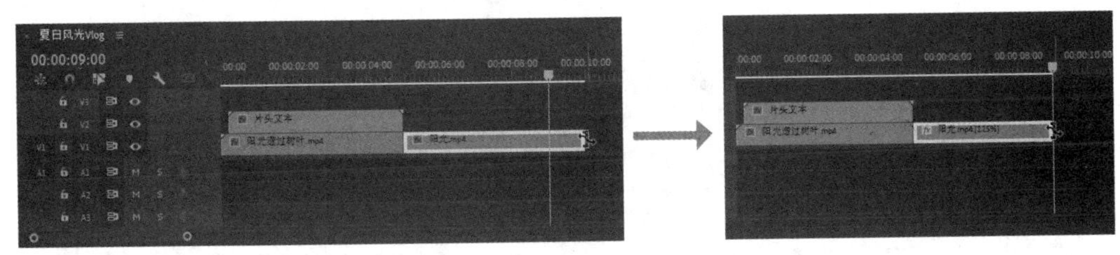

图2-43

STEP 08 将“小雏菊.mp4”素材拖曳至“时间轴”面板中的V1轨道上，先使用“选择工具”调整素材的出点为00:00:16:00，再使用“比率拉伸工具”将素材的出点拖曳至00:00:14:00处，使其播放速度变为“140%”。

STEP 09 将“荷花.mp4”素材拖曳至“时间轴”面板中的V1轨道上，先使用“选择工具”调整素材的出点为00:00:19:00，再使用“比率拉伸工具”将素材的出点拖曳至00:00:18:00处，使其播放速度变为“125%”。

STEP 10 将“雪糕.mp4”素材拖曳至“时间轴”面板中的V1轨道上，先使用“波纹编辑工具”调整素材的入点为00:00:23:04，然后使用“选择工具”调整素材的出点为00:00:25:00，再使用“比率拉伸工具”将素材的出点拖曳至00:00:22:00处，使其播放速度变为“175%”，如图2-44所示。

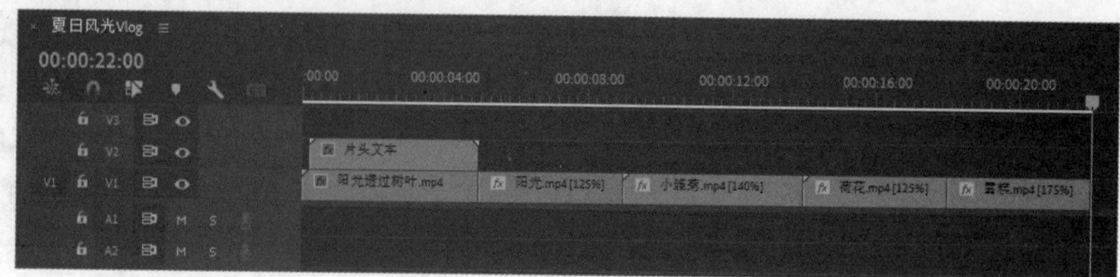

图2-44

STEP 11 拖曳“背景音乐.mp3”素材至A1轨道上，并使其入点位于00:00:00:00处。选择“剃刀工具”，将鼠标指针移至A1轨道上时间指示器所在的时间点处。当时间指示器上出现三角形图标时，单击鼠标左键分割素材，然后使用“选择工具”单击右侧的素材，按【Delete】键删除，如图2-45所示。

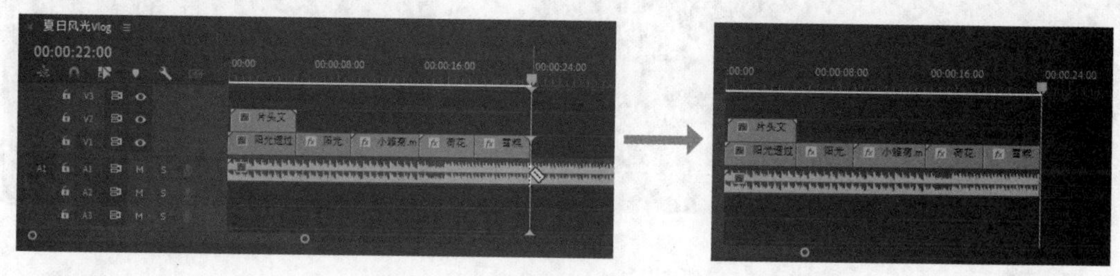

图2-45

STEP 12 拖曳“鸟叫.wav”素材至A2轨道上，使用与步骤11相同的方法，在00:00:22:00处使用“剃刀工具”分割素材，再删除右侧的素材，如图2-46所示。

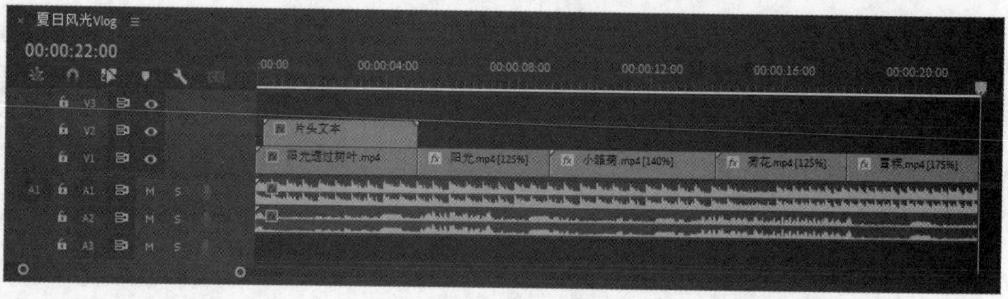

图2-46

STEP 13 预览视频画面效果，如图2-47所示。最后按【Ctrl+S】组合键保存项目。

图2-47

行业知识

Vlog是"Video Blog"的缩写，指以视频形式记录个人生活、经历和观点的博客。Vlog通常由个人或小团队制作，内容涵盖各种主题，包括旅行、美食、时尚、健身、日常生活等。随着视频分享平台的兴起，Vlog已经成为一种非常受欢迎的内容形式，吸引了大量的观众和创作者。

通常来说，Vlog的时长不宜过长，而且要考虑观众的观看习惯。因此，需要从视频素材中选取更有代表性的片段，同时这些片段也要具有色彩饱满、对比度合适、画面清晰等特点。这样才能提高视频质量，吸引更多观众观看，从而增加流量以及关注度。

2.2.9 使用剪辑工具剪辑视频

Premiere中提供有多种剪辑工具，灵活使用它们可以更高效地处理素材。

1. 选择工具

使用"选择工具"既可以移动素材的位置，也可以调整素材的入点和出点。选择"选择工具"，在"时间轴"面板中将鼠标指针移至素材的左端，当鼠标指针变为形状时，按住鼠标左键不放并向右拖曳，可调整该素材的入点；将鼠标指针移至素材的右端，当鼠标指针变为形状时，按住鼠标左键不放并向左拖曳，可调整该素材的出点，如图2-48所示。

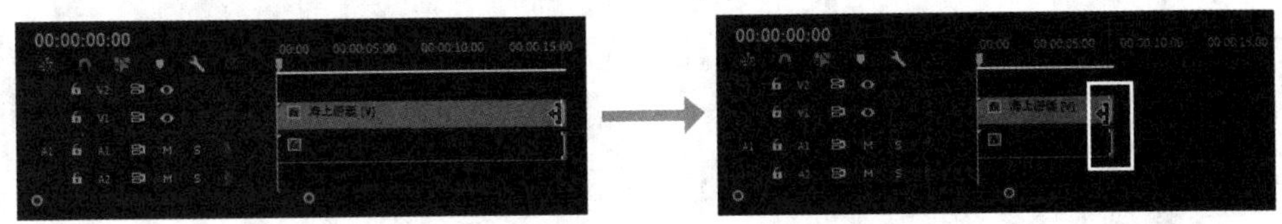

图2-48

2. 波纹编辑工具

使用"波纹编辑工具"可以调整素材的入点和出点，同时还能消除由此产生的空隙，让相邻的素材保持紧密连接，常用于剪辑视频片段较多的情况。选择"波纹编辑工具"，将鼠标指针移至素材的出点，当鼠标指针变为形状时，按住鼠标左键向左拖曳。此时，相邻素材会自动向左移动，与前面的素材连接在一起，且后面素材的持续时间保持不变，但整个序列的持续时间会发生变化，如图2-49所示。

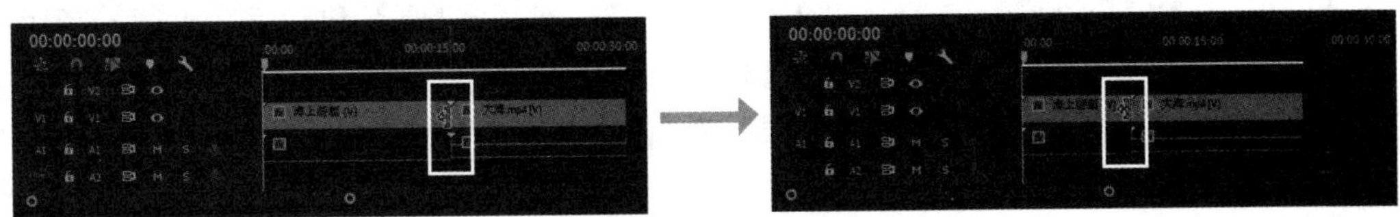

图2-49

3. 滚动编辑工具

使用"滚动编辑工具"可以改变素材的入点和出点，但整个序列的持续时间不变，即使用该工具将前一个素材的出点向左拖曳5帧，后一个素材的入点就会同时向左移动5帧。需要注意的是，若此时后一个素材的入点已经是其初始入点，则不能使用该工具调整前一个素材的出点。将鼠标指针放在两个相邻素材的边缘位置，当鼠标指针变为形状时，按住鼠标左键向左或向右拖曳便可调整素材的入点和出点，如图2-50所示。

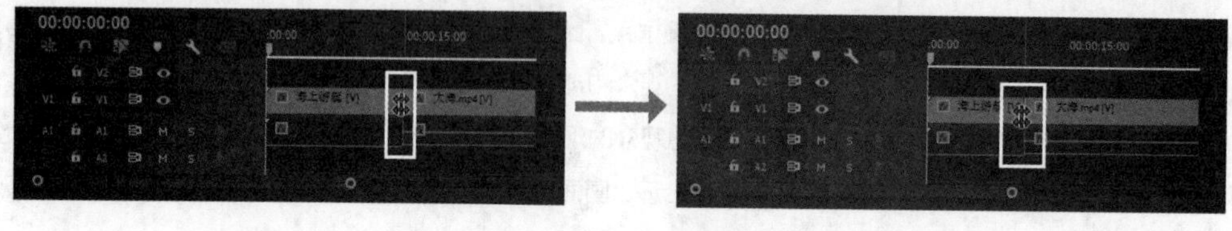

图2-50

4. 外滑工具

使用“外滑工具”可以保持整个序列持续时间不变，而改变素材的入点和出点画面，但前提是该素材在入点前或出点后还有片段可供选择。使用“外滑工具”将素材向左拖曳，可将右侧画面内容左移；将素材向右拖曳，可将左侧画面内容右移。图2-51所示的视频入点为00:00:00:00处的画面。使用“外滑工具”在需要编辑的素材上向左拖曳，可将00:00:04:04处的画面作为入点画面、00:00:17:10处的画面作为出点画面，并在“节目”面板中预览效果，如图2-52所示。

图2-51

入点画面
出点画面
00;00;03;20
00;00;12;00

图2-52

5. 内滑工具

使用“内滑工具”可以保持选中素材的持续时间不变，而改变相邻素材的持续时间，并且可以使整个序列的持续时间发生变化。其使用方法与“外滑工具”相似。

6. 剃刀工具

“剃刀工具”是Premiere中十分常用的视频剪辑工具，使用该工具不需要设置入点和出点便可分割素材。选择“剃刀工具”（默认快捷键为【C】键），在“时间轴”面板中需要分割的位置单击，如图2-53所示。需要注意的是，使用“剃刀工具”分割素材时，默认只分割一个轨道上的素材。若想在多个轨道的相同位置分割素材，按住【Shift】键不放，在其中任意一个轨道上单击即可，如图2-54所示。

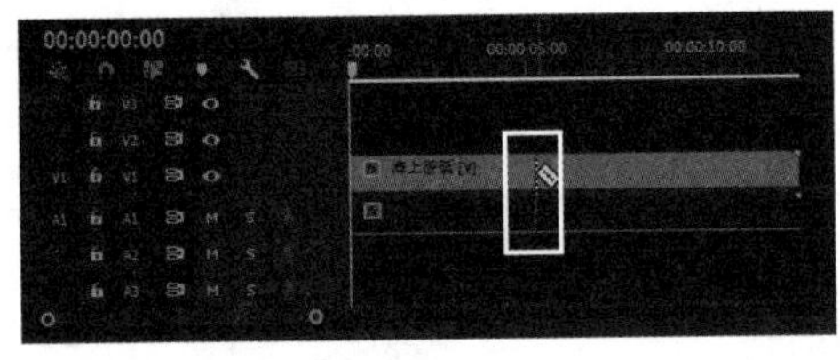

图2-53

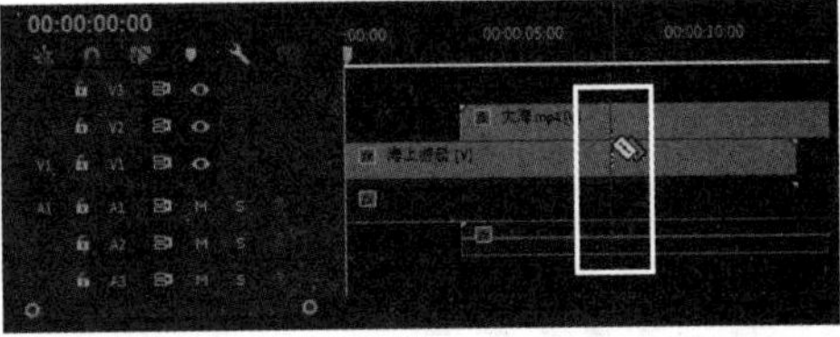

图2-54

7. 比率拉伸工具

选择“比率拉伸工具”，将鼠标指针移至素材边缘，当鼠标指针变为形状时，按住鼠标左键不放并左右拖曳，可加快视频播放速度（向左拖曳）或减慢播放速度（向右拖曳）。图2-55所示为使用“比率拉伸工具”加快视频素材播放速度前后的对比效果。播放速度发生改变后，该素材名称的右侧也将显示视频播放速度的百分比。

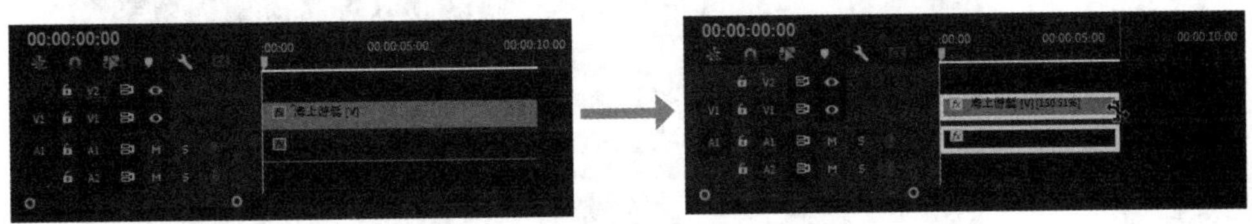

图2-55

2.3 综合实训

2.3.1 剪辑茶叶宣传短视频

茶文化作为中华传统文化的重要组成部分，承载了中华民族悠久的历史与深厚的文化底蕴。某茶叶品牌准备通过在茶园采茶、炒茶和泡茶等场景展示茶叶的生产过程，让消费者从中感受到该品牌茶叶的品质和魅力。表2-1所示为茶叶宣传短视频制作任务单，其中明确给出了实训背景、制作要求、设计思路和参考效果等。

表 2-1 茶叶宣传短视频制作任务单

实训背景	为了吸引更多消费者关注茶文化，同时提高店铺的茶叶销售额，为某茶叶品牌制作一个茶叶宣传短视频
尺寸要求	1920 像素 ×1080 像素
时长要求	25 秒以内

续 表

制作要求	1. 画面 按照在茶园采茶、炒茶和泡茶的顺序进行剪辑，使视频整体更具逻辑性，并从视频素材中选取色调明亮、动作利落的片段 2. 字幕与配音 根据视频画面的内容添加相应的字幕，再为其添加配音，让消费者结合字幕和配音能够更好地感受到视频中的氛围
设计思路	按照制作顺序依次添加多个视频素材，预览视频画面后进行分割，然后适当调整视频播放速度，接着为视频画面添加文本和配音，并分别调整其时长
参考效果	茶叶宣传短视频效果
素材位置	配套资源 :\ 素材文件 \ 第 2 章 \ 综合实训 \ 茶叶素材 \
效果位置	配套资源 :\ 效果文件 \ 第 2 章 \ 综合实训 \ 茶叶宣传短视频 .prproj

操作提示如下。

视频教学：剪辑茶叶宣传短视频

STEP 01 新建“茶叶宣传短视频”项目，导入所有素材文件。基于“茶园.mp4”素材创建序列，并修改序列名称为项目名称。

STEP 02 依次拖曳“采摘茶叶.mp4”“炒茶.mp4”“泡茶.mp4”素材至“时间轴”面板中的V1轨道上，然后删除音频。

STEP 03 预览视频画面，使用“剃刀工具”依次裁剪视频素材，再分别调整视频素材的入点和出点。

STEP 04 分别设置“炒茶.mp4”“泡茶.mp4”素材的播放速度为“70%”“130%”。

STEP 05 依次拖曳文本素材至“时间轴”面板中的V2轨道上，根据视频素材调整不同文本的入点和出点。

STEP 06 依次拖曳配音的音频到A1轨道上，并使其入点与相应文本的入点对齐，最后保存项目。

2.3.2 剪辑露营 Vlog

随着户外露营活动的日益流行，江城露营基地准备通过视频记录和分享露营过程中的点滴，展示露营基地的风景和设施。表2-2所示为露营Vlog制作任务单，其中明确给出了实训背景、制作要求、设计思路和参考效果等。

表 2-2 露营 Vlog 制作任务单

实训背景	为吸引更多的潜在消费者体验露营，同时提升江城露营基地的知名度和口碑，为该基地剪辑一个具备吸引力的 Vlog
尺寸要求	1920 像素 ×1080 像素
时长要求	25 秒以内
制作要求	1. 画面 视频画面清晰、美观，能展现出露营基地中较为重要的元素（比如帐篷、火炉、烧烤、投影设备等），让消费者充分了解基地的特色，感受其中的氛围 2. 文本 在画面中添加内容为视频主题文本和露营基地名称文本的图像，使视频更加完整，同时使消费者更了解视频核心内容和基地信息 3. 背景音乐 选择较为欢快的背景音乐，并剪辑出更为适合的片段，以提升视频的观赏性和吸引力
设计思路	先根据视频画面剪辑视频素材，选取更具吸引力的片段，然后选择合适的顺序进行排列，并适当调整播放速度，再分别为视频画面添加内容为主题文本和名称文本的图像，并根据视频调整其入点和出点，最后添加背景音乐并进行剪辑
参考效果	露营Vlog 江城露营基地 江城露营基地 江城露营基地 露营Vlog效果
素材位置	配套资源 :\ 素材文件 \ 第 2 章 \ 综合实训 \ 露营素材 \
效果位置	配套资源 :\ 效果文件 \ 第 2 章 \ 综合实训 \ 露营 Vlog.prproj

操作提示如下。

视频教学：
剪辑露营 Vlog

STEP 01 新建“露营Vlog”项目，导入所有素材文件。基于“露营灯.mp4”素材创建序列，并修改序列名称。

STEP 02 依次拖曳“天空.avi”“火炉.avi”“烧烤.mp4”“露营帐篷.avi”素材至V1轨道上，并分别调整入点和出点。

STEP 03 分别设置“露营灯.mp4”“烧烤.mp4”“露营帐篷.avi”素材的播放速度为“130%”“120%”“160%”。

STEP 04 依次拖曳两个图像素材至V2轨道上，并分别调整入点和出点，使其与视频素材的时长相等。

STEP 05 拖曳“背景音乐.mp3”素材至A1轨道上，并调整出点，使其与V1轨道的总时长相等，最后保存项目。

2.4 课后练习

练习 1 剪辑月饼制作短视频

【制作要求】利用素材剪辑月饼制作短视频，要求剪辑顺序与月饼制作流程一致，以体现出该月饼手工制作的卖点。

【操作提示】先根据画面内容创建子剪辑，然后根据月饼的制作顺序排列视频，并调整播放速度，最后添加文本和背景音乐，并调整持续时间。参考效果如图2-56所示。

【素材位置】配套资源:\素材文件\第2章\课后练习\月饼素材\

【效果位置】配套资源:\效果文件\第2章\课后练习\月饼制作短视频.prproj

图2-56

练习 2 剪辑草莓视频广告

【制作要求】利用素材剪辑草莓视频广告，要求从中选取较为美观的视频画面进行剪辑，展现出草莓的美味与新鲜，以吸引消费者购买。

【操作提示】先添加视频素材并适当进行剪辑，然后根据视频素材的大小重构序列，再适当加快视频播放速度，最后添加广告文案并调整时长。参考效果如图2-57所示。

【素材位置】配套资源:\第2章\课后练习\草莓素材\

【效果位置】配套资源:\第2章\课后练习\草莓视频广告.prproj

图2-57

第3章 视频过渡

一个视频画面突然切换到另一个视频画面，若没有应用恰当的视频过渡效果，则很有可能导致切换不够自然、流畅，进而会给观众一种突兀的感觉。因此，剪辑人员在编辑与制作视频时，为了保证视频节奏和叙事的流畅性，可以在不同的视频画面之间应用视频过渡效果，使画面的切换变得平缓或连贯。

学习要点

◎ 熟悉常用的视频过渡效果。

◎ 掌握视频过渡效果的基本操作。

素养目标

◎ 提升分析与把控视频画面的能力，能提炼出不同视频画面的情感联系。

◎ 培养创意思维和创新能力。

◎ 培养耐心和细致的工作态度。

扫码阅读

案例欣赏

课前预习

3.1 认识视频过渡

在通常情况下，视频是由若干个镜头序列组合而成的。每个镜头序列都具有相对独立和完整的内容。在不同的镜头序列之间制作转场效果，即视频过渡。

3.1.1 视频过渡手法

视频过渡用于连接两个相邻的视频片段，表示一个视频片段的结束和下一个视频片段的开始。使用恰当的视频过渡手法可以使视频片段之间的衔接更自然、流畅，从而提高视频作品的艺术表现力。

1. 无技巧过渡

无技巧过渡是指用视频画面进行自然过渡，即一个镜头结束就立即切换到下一个镜头。这种过渡手法适合制作节奏感强、画面变化迅速的作品，或者用于呈现真实、直接的画面，如纪录片、Vlog等。

虽然无技巧过渡是一种没有额外的过渡效果或特殊处理的过渡手法，但也可以通过一些方式使过渡效果变得更顺畅、连贯。

- 相似过渡：利用两个视频画面中具有的相同或相似的主体形象，或形状相近的物体、重合的位置，以及在运动方向、速度、色彩等方面具有的一致性来进行过渡，以达到让观众视觉连续、转场顺畅的目的。
- 空镜头过渡：在视频画面之间添加只有景物、没有人物的镜头画面进行过渡，可以渲染气氛、刻画人物心理，或者表现出时间、地点和季节的变化。
- 遮挡过渡：在上一个视频画面接近结束时，用摄像设备快速贴近拍摄对象，使整个视频画面出现黑屏效果，然后通过移动摄像设备引出下一个视频画面，实现场景的转换。这种过渡手法既能带给观众强大的视觉冲击力，又可以使视频内容变得更有悬念。

2. 技巧过渡

技巧过渡是指通过后期软件中的特技技巧来处理两个视频画面，完成场景的转换。这在Premiere中就是通过添加“视频过渡效果”来实现的。

视频过渡效果是将一个场景（称为场景A）自然地转换到另一个场景（称为场景B）的技术手段。视频创作者应根据视频的主题、氛围以及需要表达的情感等合理选用。这不仅可以丰富画面，提高视频的整体水平，还可以产生独特的视觉效果，提升观众的观看体验。图3-1所示为Premiere中“棋盘擦除”过渡效果的应用效果。

 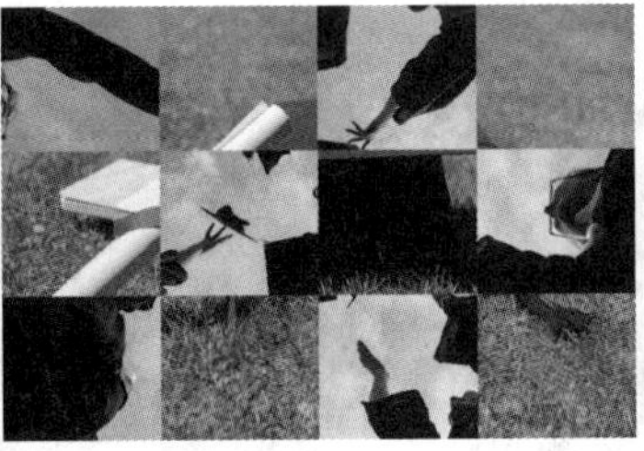 

图3-1

3.1.2 视频过渡效果详解

Premiere中提供了多种视频过渡效果，在“效果”面板中单击展开“视频过渡”文件夹，可看到其中有8种不同类型的效果组，如图3-2所示。

视频过渡
内滑
划像
擦除
沉浸式视频
溶解
缩放
过时
页面剥落

图3-2

1. 内滑过渡效果组

内滑过渡效果组主要以滑动的形式来切换场景A和场景B，包含Center Split（中心拆分）（见图3-3）、Split（拆分）（见图3-4）、内滑（见图3-5）、带状内滑（见图3-6）、急摇（见图3-7）、推（见图3-8）6种过渡效果。

Center Split（中心拆分）
使场景A拆分为4个部分，并使每个部分滑动到角落以显示场景B

图3-3

Split（拆分）
使场景A拆分并滑动到两边，以显示场景B

图3-4

内滑
使场景B向右滑动到场景A的上面

图3-5

带状内滑
使场景B在水平、垂直、对角线方向上以条形滑入，逐渐覆盖场景A

图3-6

急摇
使场景B将场景A快速向右推出画面，并产生运动的模糊效果

图3-7

推

使场景B将场景A从画面的左侧推到右侧

图3-8

2. 划像过渡效果组

划像过渡效果组可使场景B在场景A中逐渐伸展，直到完全覆盖场景A，包含交叉划像、圆划像、盒形划像、菱形划像4种过渡效果。这4种过渡效果的伸展方式一致，只是形状不同。比如交叉划像使场景A以十字形的方式从中心消退，直到完全显示场景B。其余几种则分别以圆形、矩形和菱形的方式在场景A中展开并完全覆盖场景A。图3-9所示为盒形划像过渡效果。

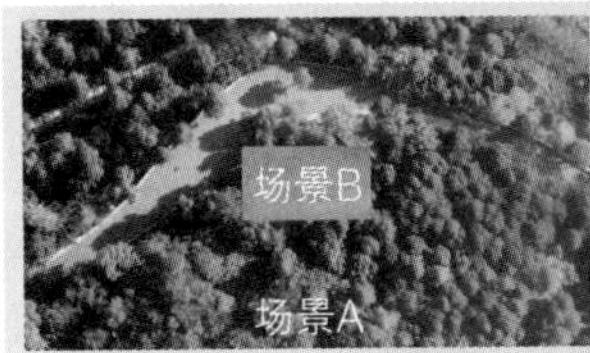

盒形划像

使场景B以矩形的方式在场景A中展开并完全覆盖场景A

图3-9

3. 擦除过渡效果组

擦除过渡效果组可使用场景B擦除场景A的不同区域，直至场景B完全覆盖场景A，共包含16种过渡效果，如图3-10～图3-25所示。

Inset（小图）

使场景B从左上角开始，由矩形小图逐渐放大并擦除场景A

图3-10

划出

使场景B从左侧开始擦除场景A

图3-11

双侧平推门

使场景B以展开和推门的方式擦除场景A

图3-12

带状擦除

使场景B以条状的方式从水平方向进入，以擦除并覆盖场景A

图3-13

径向擦除

使场景B以三角形的方式从场景右上角开始顺时针擦除场景A

图3-14

时钟式擦除

使场景B沿圆周的顺时针方向擦除场景A

图3-15

棋盘

使场景B以棋盘的方式擦除场景A

图3-16

棋盘擦除

使场景B以切片的棋盘方块的方式从左侧逐渐延伸到右侧，擦除并覆盖场景A

图3-17

楔形擦除

使场景B以楔形的方式从场景中往下过渡，逐渐擦除并覆盖场景A

图3-18

水波块

使场景B沿“Z”字形交错的方式擦除并覆盖场景A

图3-19

油漆飞溅

使场景B以墨点的方式逐渐擦除并覆盖场景A

图3-20

百叶窗

使场景B以逐渐加粗色条的方式擦除并覆盖场景A

图3-21

螺旋框

使场景B以矩形方框的方式围绕、擦除并覆盖场景A，就像一个螺旋的条纹

图3-22

随机块

使场景B以随机方块的形式擦除并覆盖场景A

图3-23

随机擦除

使场景B以随机方块的方式从上至下逐渐擦除并覆盖场景A

图3-24

风车
使场景B以旋转变大的风车形状出现，擦除并覆盖场景A

图3-25

4．沉浸式视频过渡效果组

沉浸式视频过渡效果组主要用于VR视频（VR视频是指用专业的VR摄影功能将现场环境真实地记录下来，再通过计算机进行后期处理，所形成的可以实现三维空间展示功能的视频），以确保过渡画面不会出现失真现象，包含8种过渡效果，如图3-26～图3-33所示。

VR 光圈擦除
使场景B以光圈擦除的方式显示并覆盖场景A

图3-26

VR 光线
使场景B逐渐变为强光线，淡化显示并覆盖场景A

图3-27

VR 渐变擦除
使场景B以渐变擦除的方式显示并覆盖场景A

图3-28

VR 漏光
使场景B以漏光的方式逐渐显示并覆盖场景A

图3-29

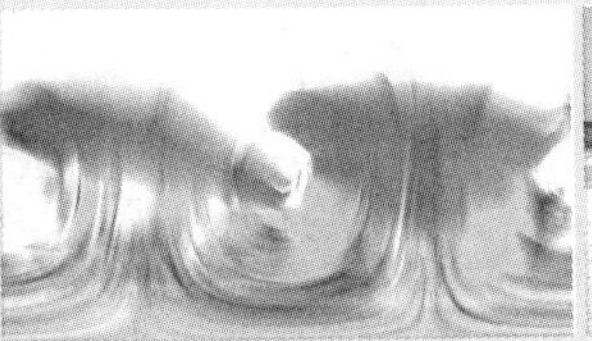

VR 球形模糊

使场景B以球形模糊的方式逐渐淡化场景A，直到场景B完全显示

图3-30

VR 色度泄漏

使场景B以色度泄漏的方式显示并覆盖场景A

图3-31

VR 随机块

使场景B以随机方块的方式显示并覆盖场景A

图3-32

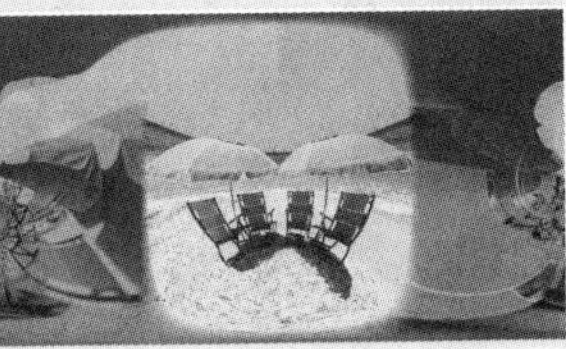

VR 默比乌斯缩放

使场景A以默比乌斯缩放的方式显示出场景B

图3-33

5. 溶解过渡效果组

溶解过渡效果组可以使场景A逐渐消失，场景B逐渐淡入显示，从而很好地表现两个场景之间的缓慢过渡及变化，包含7种过渡效果，如图3-34～图3-40所示。

MorphCut（变形剪切）

先分析场景A、B的画面，使过渡过程中产生无缝衔接的效果，而不产生视觉上连续性的任何跳跃，常用于特定的场景，如单背景的人物采访视频等

图3-34

交叉溶解

使场景A逐渐淡化，以显示下方的场景B

图3-35

叠加溶解

使场景A以加亮模式渐隐，然后逐渐显示出场景B

图3-36

白场过渡

使场景A逐渐淡化为白色，然后逐渐淡入场景B

图3-37

胶片溶解

使场景A以类似于胶片的方式渐隐，从而显示出场景B

图3-38

非叠加溶解

使场景B中亮度较高的区域先显示在场景A中，再逐渐显示出完整的场景B

图3-39

黑场过渡

使场景A逐渐淡化为黑色，然后逐渐淡入场景B

图3-40

6. 缩放过渡效果组

缩放过渡效果组只有“交叉缩放”效果。该效果如图3-41所示。

交叉缩放

先将场景A放至最大，再切换到最大化的场景B，然后逐渐缩放场景B至合适的大小

图3-41

7. 过时过渡效果组

过时过渡效果组中都是由Premiere官方整理的不太常用的效果，包含3种过渡效果，如图3-42～图3-44所示。

渐变擦除

使用一幅灰度图像来制作渐变切换，使场景A按灰度图像的黑色到白色区域逐渐消失，从而显示出场景B

图3-42

立方体旋转

以旋转的立方体方式使场景A过渡到场景B

图3-43

翻转

沿垂直轴翻转场景A，逐渐显示出场景B

图3-44

8. 页面剥落过渡效果组

页面剥落过渡效果组可以模仿翻书效果，将场景A翻页至场景B，包含翻页和页面剥落两种过渡效果，如图3-45、图3-46所示。

翻页

使场景A从左上角向右下角卷动，从而显示出场景B

图3-45

页面剥落

使场景A像纸一样翻面卷起，从而显示出场景B

图3-46

应用视频过渡效果

熟悉Premiere中各个视频过渡效果的作用后，就可以针对视频画面的内容、风格和情感等方面进行创意性应用。

3.2.1 课堂案例——制作瓷器介绍视频

【制作要求】为某瓷器展制作一个分辨率为“1920像素×1080像素”的介绍视频，要求展示部分瓷器的图像以及相关介绍，以流畅的画面过渡增强观众的观赏体验，向其展现出中国陶瓷艺术的卓越成就，使其感受到中华民族的智慧和创造力。

【操作要点】为瓷器的图像和相关介绍应用“水波块”“随机擦除”过渡效果，为瓷器的整体画面应用“翻页”过渡效果。参考效果如图3-47所示。

【素材位置】配套资源:\素材文件\第3章\课堂案例\瓷器素材\

【效果位置】配套资源:\效果文件\第3章\课堂案例\瓷器介绍视频.prproj

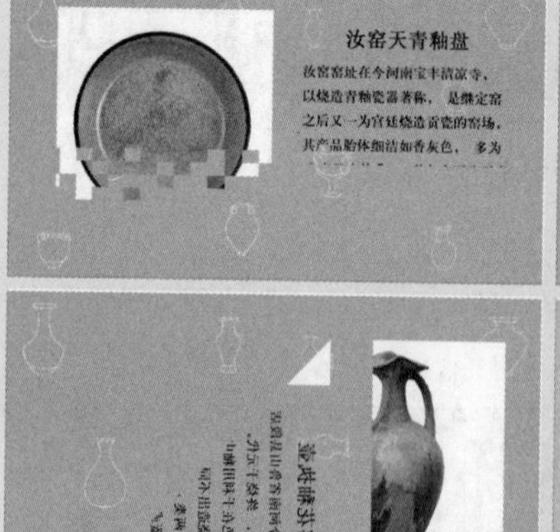

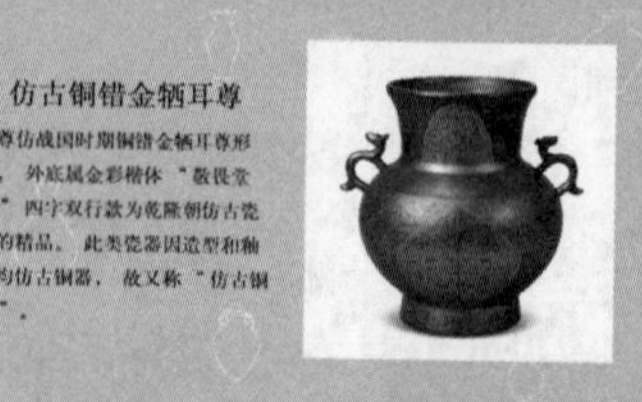

图3-47

具体操作如下。

视频教学：
制作瓷器介绍视频

STEP 01 按【Ctrl+Alt+N】组合键打开“导入”界面，在其中设置项目名称为“瓷器介绍视频”，选择“瓷器素材”文件夹，在右侧取消选择“创建新序列”选项，然后单击创建按钮，打开“导入分层文件：瓷器及介绍”对话框，在其中设置“导入为”为“各个图层”、“素材尺寸”为“文档大小”，单击确定按钮，如图3-48所示。

STEP 02 拖曳“背景.jpg”素材至“时间轴”面板中，将自动生成与其同名的序列，然后将序列重命名为“瓷器介绍视频”。

STEP 03 在“项目”面板中双击打开“瓷器及介绍”素材箱，依次拖曳所有瓷器图像素材至“时间轴”面板中的V2轨道上，然后调整“背景.jpg”素材的出点，使其与V2轨道的出点对齐，如图3-49所示。

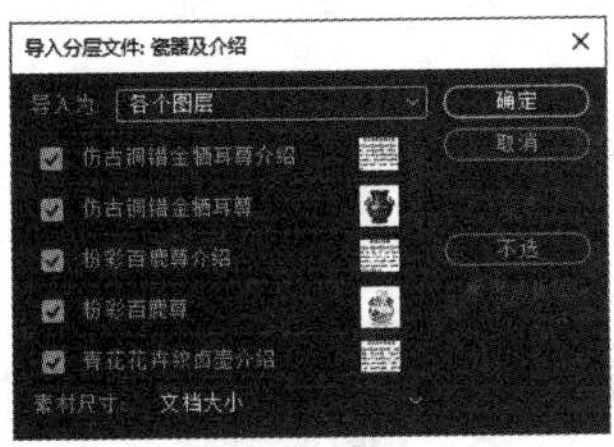

图3-48

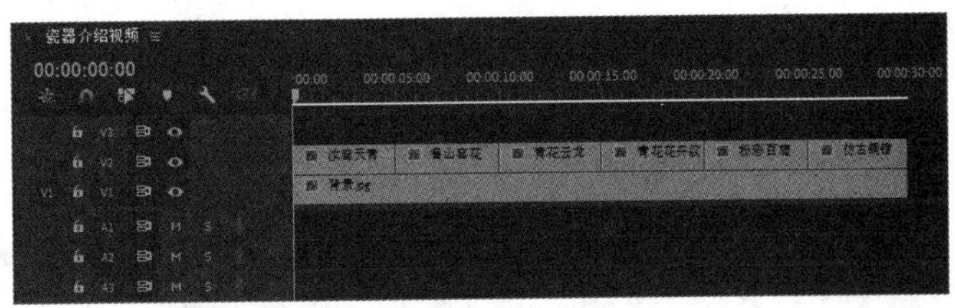

图3-49

STEP 04 依次拖曳瓷器图像的介绍素材至“时间轴”面板中的V3轨道上，并使其分别与对应的瓷器图像的出点一致。此时可在“节目”面板中预览视频画面，如图3-50所示。

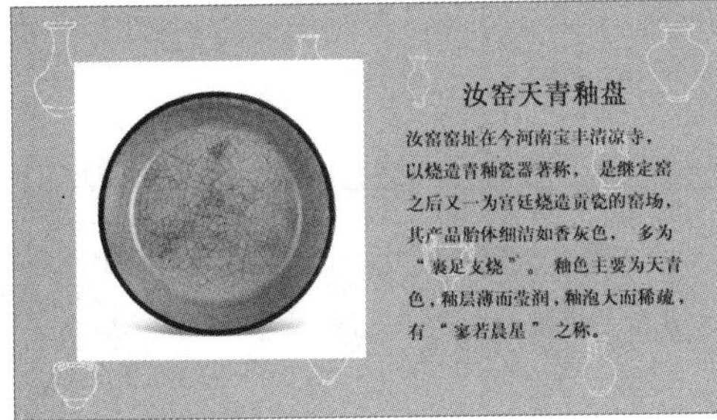

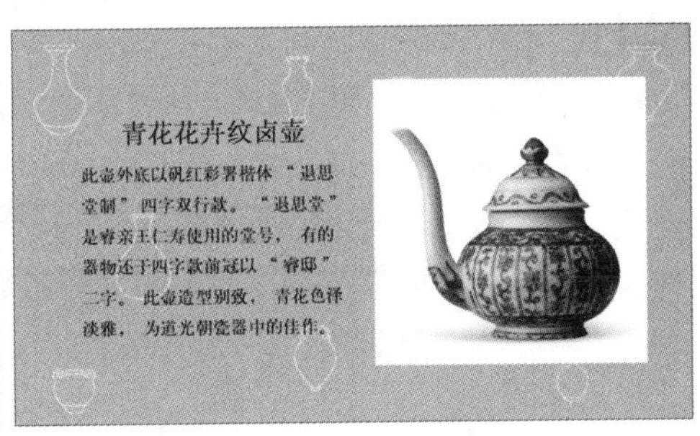

图3-50

STEP 05 选择【窗口】/【效果】命令，打开“效果”面板，依次展开“视频过渡”“擦除”文件夹，将鼠标指针移至“随机擦除”过渡效果上，按住鼠标左键不放拖曳至“汝窑天青釉盘”素材的入点处。当鼠标指针变为形状时，释放鼠标左键以添加该过渡效果，如图3-51所示。

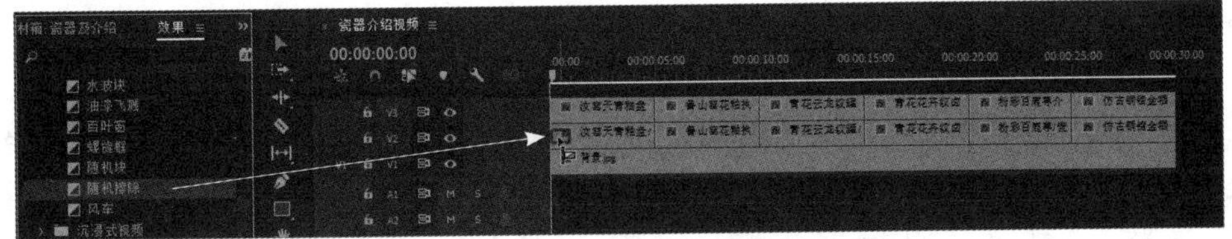

图3-51

STEP 06 使用与步骤05相同的方法，拖曳“水波块”过渡效果至“汝窑天青釉盘介绍”素材的入点处。汝窑天青釉盘及其介绍的显示效果如图3-52所示。

图3-52

STEP 07 选择“汝窑天青釉盘”和“汝窑天青釉盘介绍”素材，单击鼠标右键，在弹出的快捷菜单中选择“嵌套”命令，打开“嵌套序列名称”对话框，在其中设置名称为“汝窑天青釉盘”，单击确定按钮，如图3-53所示。

STEP 08 使用与步骤07相同的方法，继续为其他瓷器图像及其介绍素材制作嵌套序列，并命名为相应的瓷器名称，如图3-54所示。

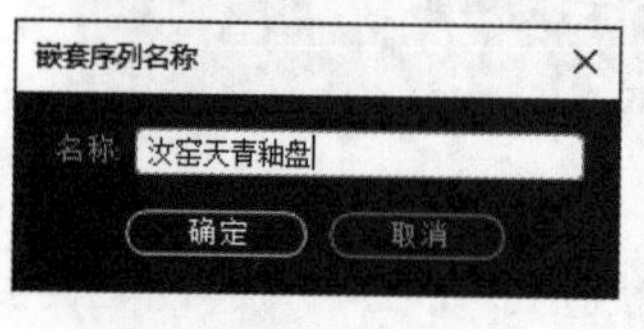

图3-53

图3-54

STEP 09 依次双击打开各个嵌套序列，使用与步骤05相同的方法，为瓷器图像及其介绍素材添加相同的视频过渡效果。部分瓷器及其介绍的显示效果如图3-55所示。

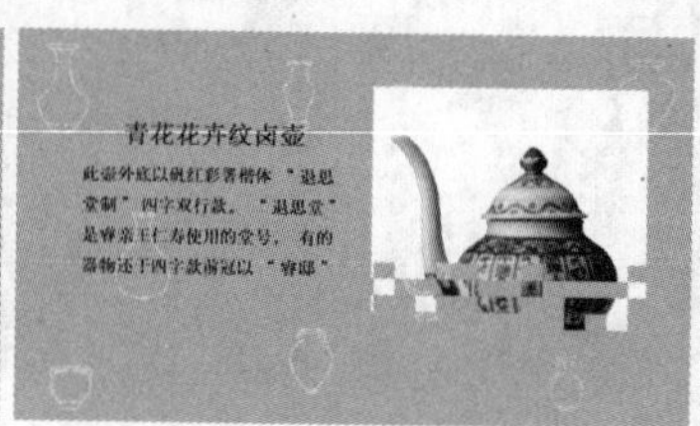

图3-55

STEP 10 在“效果”面板中展开“页面剥落”文件夹，在“翻页”过渡效果上方单击鼠标右键，在弹出的快捷菜单中选择“将所选过渡设置为默认过渡”命令。选择所有嵌套序列，按【Ctrl+D】组合键，此时会弹出“过渡”对话框，单击确定按钮，将在所有嵌套序列的入点和出点处添加“翻页”过渡效果。

在两个素材之间应用过渡效果时，若弹出“过渡”对话框，并显示“媒体不足。此过渡将包含重复的帧。”的提示，则表示有的素材被剪辑后的持续时间不足以支持所选过渡效果的时间要求（过渡时间通常为1秒，两个素材各占一半）。此时若单击提示框中的确定按钮，则 Premiere 会通过重复结束帧或开始帧的方式来完成过渡效果的添加。

STEP 11 使用“剃刀工具”分别在嵌套序列切换的时间点处分割“背景.jpg”素材，然后使用与步骤10相同的方法，在每一段“背景.jpg”素材的入点和出点处添加“翻页”过渡效果。

STEP 12 分别单击V1轨道和V2轨道上第一个素材的入点处，以及最后一段素材的出点处的过渡效果，按【Delete】键将其删除，如图3-56所示。效果如图3-57所示。

图3-56

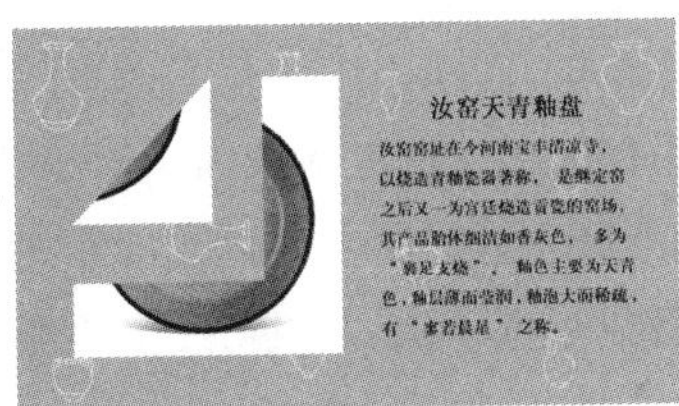

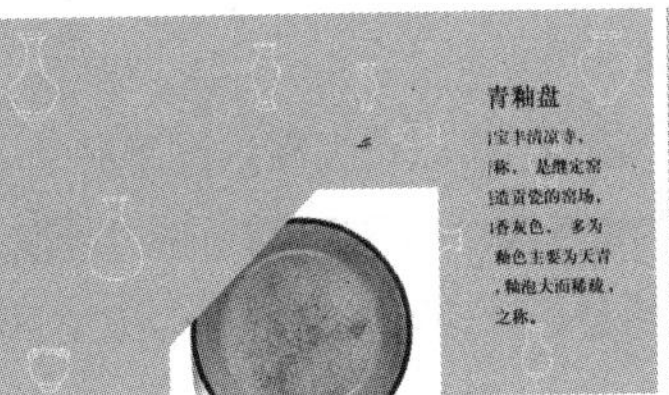

图3-57

STEP 13 在“效果”面板中展开“溶解”文件夹，拖曳“白场过渡”过渡效果至“仿古铜错金牺耳尊”嵌套序列和最后一段“背景.jpg”素材的出点处，将使视频最后的画面淡化为白色，如图3-58所示。

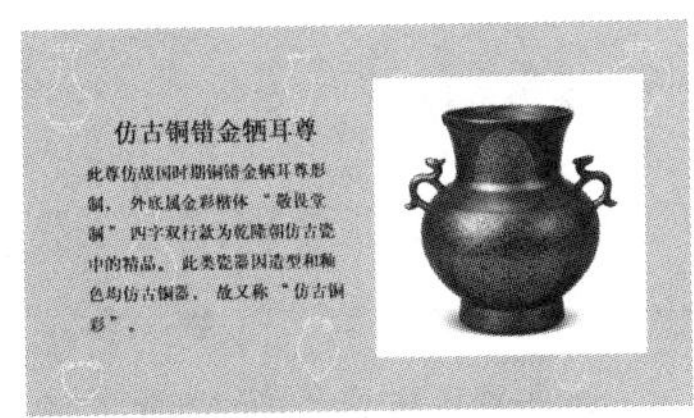

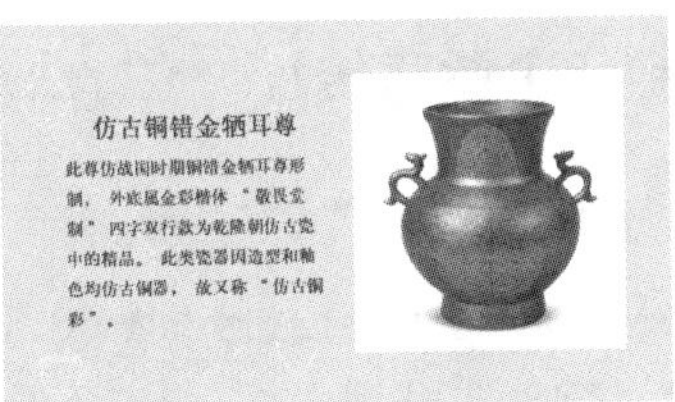

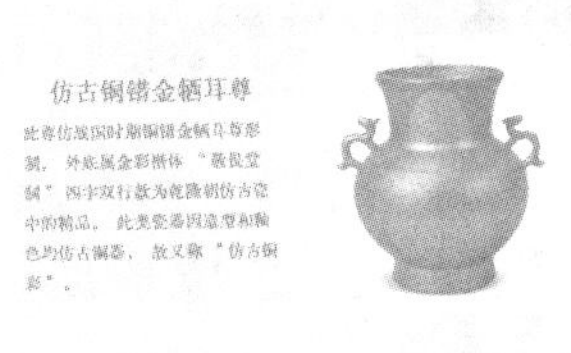

图3-58

STEP 14 完成后的效果如图3-59所示。最后按【Ctrl+S】组合键保存项目。

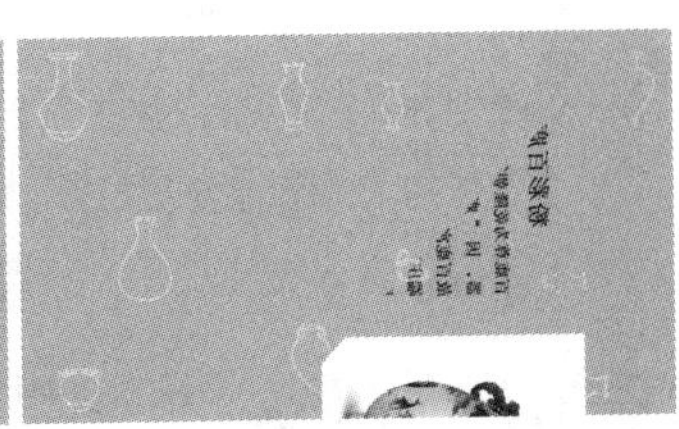

图3-59

3.2.2 添加和删除视频过渡效果

当两段视频素材之间没有直接的关联或需要营造某种特征的转场效果时，可以为其添加视频过渡效果。若对添加的过渡效果不满意，可直接将其删除。

1. 添加视频过渡效果

将视频过渡效果拖曳至“时间轴”面板中的两个相邻素材之间（也可以是前一个素材的出点处或后一个素材的入点处），即可成功添加视频过渡效果。图3-60所示为在两个素材之间添加“内滑”过渡效果。添加后素材之间将出现一个矩形块，且其上方将显示所添加视频过渡效果的名称。

图3-60

提示

若需要大量应用相同的视频过渡效果，可以设置默认过渡命令。具体操作为：先在“效果”面板中选择该过渡效果，单击鼠标右键，在弹出的快捷菜单中选择“将所选过渡设置为默认过渡”命令，然后在“时间轴”面板中选择素材，再按【Ctrl+D】组合键，这样所选素材的开头和结尾都将快速应用默认的视频过渡效果。

2. 删除视频过渡效果

使用“选择工具”单击添加好的视频过渡效果（按住【Shift】键不放，单击可选择多个过渡效果），按【Delete】键或【Backspace】键可将其删除。

3.2.3 课堂案例——制作企业宣传片

【制作要求】为拾之趣文化有限公司制作一个分辨率为“1920像素×1080像素”的企业宣传片，要求展示公司的概况、核心价值观、文化理念和工作环境等，以提升品牌形象，吸引潜在客户，同时吸引更多优秀的求职者，为公司的发展注入新鲜血液。

【操作要点】为视频素材添加“交叉溶解”“划出”过渡效果，为文本添加“内滑”“交叉溶解”“胶片溶解”“圆划像”过渡效果，再根据画面调整过渡效果的持续时间、边框样式、过渡中心等。参考效果如图3-61所示。

【素材位置】配套资源:\素材文件\第3章\课堂案例\企业宣传片素材\

【效果位置】配套资源:\效果文件\第3章\课堂案例\企业宣传片.prproj

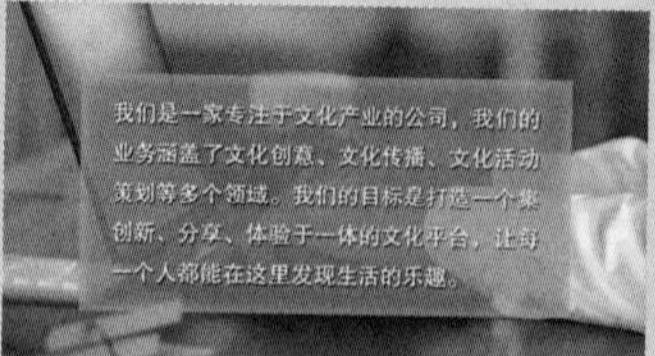

图3-61

具体操作如下。

视频教学：
制作企业宣传片

STEP 01 按【Ctrl+Alt+N】组合键打开“导入”界面，设置项目名称为“企业宣传片”，选择“企业宣传片素材”文件夹，在右侧取消选择“创建新序列”选项，然后单击创建按钮，打开“导入分层文件：宣传片文案”对话框，设置“导入为”为“各个图层”、“素材尺寸”为“文档大小”，单击确定按钮。

STEP 02 拖曳“大楼.mp4”素材至“时间轴”面板中，将自动生成与其同名的序列，然后将序列重命名为“企业宣传片”。

STEP 03 删除“大楼.mp4”素材的音频，设置该素材的出点为“00:00:05:00”，然后拖曳“工作.mp4”素材至“大楼.mp4”素材后方，再设置该素材的出点为“00:00:15:00”。继续拖曳“开会.mp4”“环境.mp4”素材至V1轨道后方，先设置“环境.mp4”素材的速度为“150%”，再分别设置这两个素材的出点为“00:00:22:00”“00:00:30:00”。

STEP 04 将时间指示器移至00:00:30:00处，将鼠标指针移至“大楼.mp4”素材处，在按住【Alt】键不放的同时，按住鼠标左键不放并向右拖曳进行复制，使其入点与时间指示器所在位置对齐，如图3-62所示。

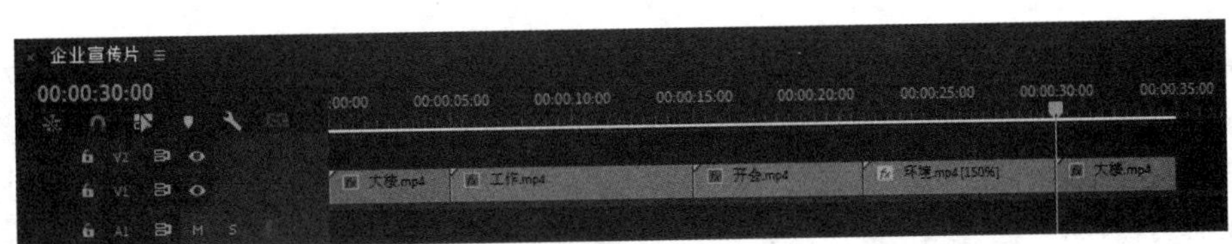

图3-62

STEP 05 选择【窗口】/【效果】命令，打开“效果”面板，展开“溶解”文件夹，依次拖曳“交叉溶解”过渡效果至“工作.mp4”和复制的“大楼.mp4”素材的入点处；展开“擦除”文件夹，依次拖曳“划出”过渡效果至“开会.mp4”和“环境.mp4”素材的入点处。

提示

若需要快速找到某个视频过渡效果，则可以在“效果”面板上方的“搜索”文本框中输入视频过渡效果的名称进行搜索。

STEP 06 在“时间轴”面板中单击第一个“划出”过渡效果，然后选择【窗口】/【效果控件】命令，打开“效果控件”面板，设置对齐为“中心切入”，此时在该面板右侧可发现过渡效果的起始位置已发生改变，如图3-63所示。

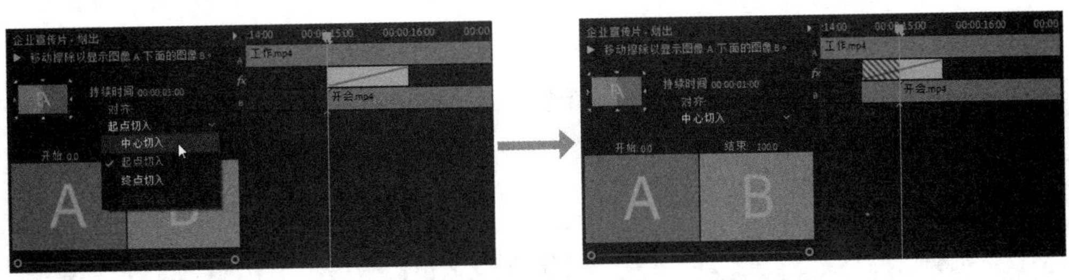

图3-63

STEP 07 将时间指示器移至00:00:14:21处，查看应用“划出”过渡效果的画面，可发现过渡效果不太明显，需要进行优化。在“效果控件”面板中设置边框宽度为“30.0”，边框颜色为“#FFFFFF”。调整过渡效果前后的对比效果如图3-64所示。

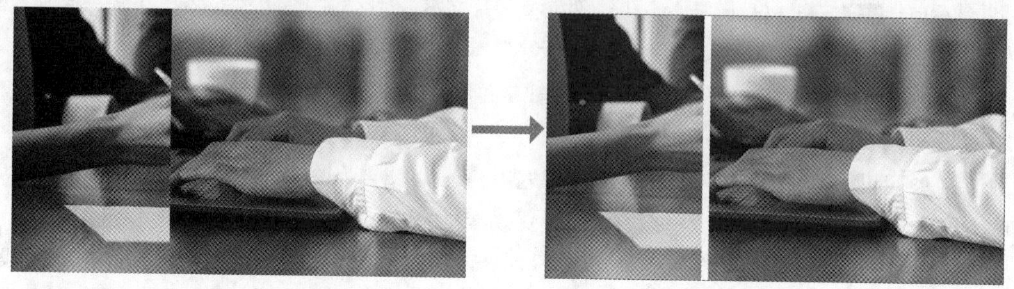

图3-64

STEP 08 选择第二个“划出”过渡效果，使用与步骤06和步骤07相同的方法，设置该过渡效果的对齐为“中心切入”、边框宽度为“30.0”、边框颜色为“#000000”。视频画面的过渡效果如图3-65所示。

图3-65

STEP 09 在“项目”面板中双击打开“宣传片文案”素材箱，依次拖曳其中的素材至“时间轴”面板中的V2轨道上，并根据V1轨道上的视频素材调整其入点和出点，如图3-66所示。

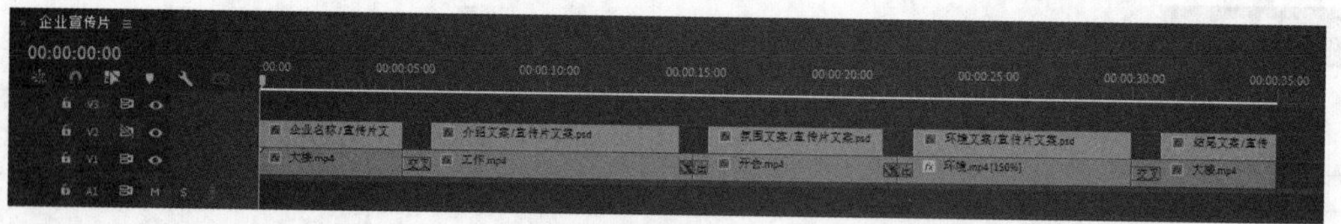

图3-66

STEP 10 在“效果”面板中拖曳“内滑”过渡效果至“企业名称”素材的入点处，拖曳“交叉溶解”过渡效果至出点处，然后在“时间轴”面板中选择“内滑”过渡效果。该素材的显示和消失效果如图3-67所示。

图3-67

STEP 11 预览画面效果，可发现文案素材出现速度过快，需要适当减慢。选择“内滑”过渡效果，在“效果控件”面板中设置持续时间为“00:00:02:00”，此时在该面板右侧可发现过渡效果的时长已发生改变，如图3-68所示。

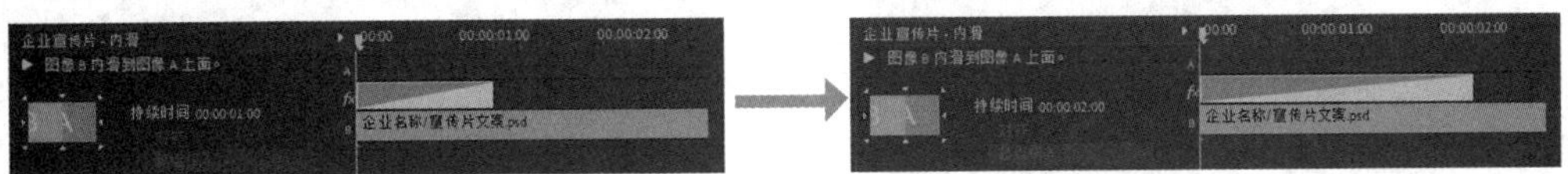

图3-68

STEP 12 在“效果”面板中拖曳“胶片溶解”过渡效果至“介绍文案”素材的入点处和出点处，选择前一个“胶片溶解”过渡效果，在“效果控件”面板中设置持续时间为“00:00:03:00”。“介绍文案”素材的显示和消失效果如图3-69所示。

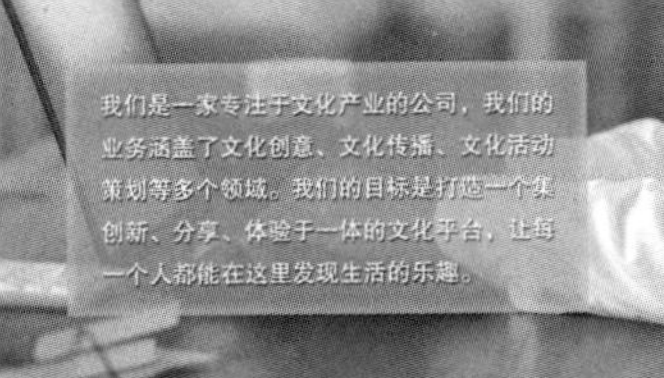

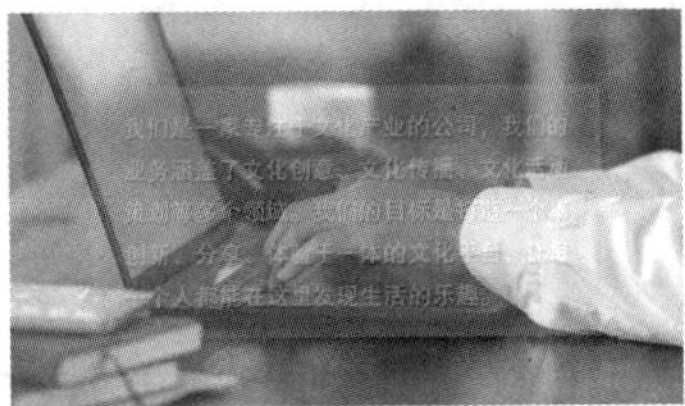

图3-69

STEP 13 使用与步骤12相同的方法，为“氛围文案”“环境文案”素材的入点处和出点处均添加“胶片溶解”过渡效果，并设置每个素材入点处的过渡效果的持续时间为“00:00:02:00”，如图3-70所示。视频画面的效果如图3-71所示。

图3-70

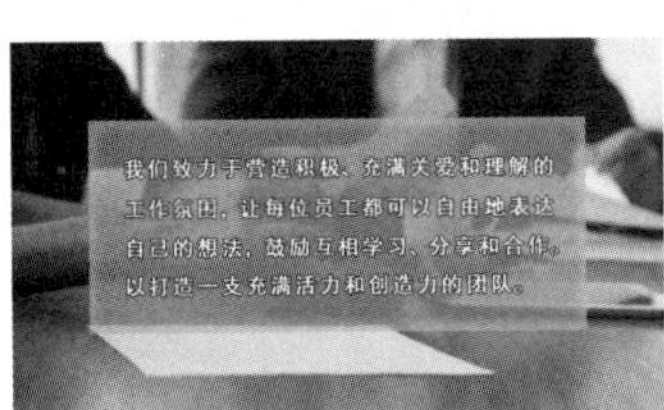

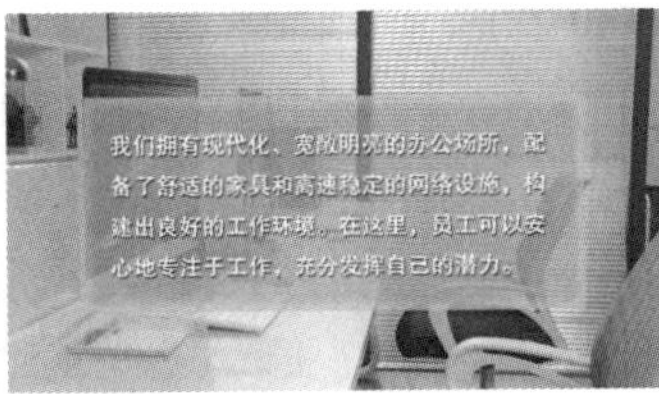

图3-71

STEP 14 在“效果”面板中拖曳“圆划像”过渡效果至“结尾文案”素材的入点处，选择该过渡效果，在“效果控件”面板中将鼠标指针移至场景A中的白色圆环处，然后按住鼠标左键不放并向左拖曳，将过渡的中心移至左侧，如图3-72所示。

STEP 15 预览视频画面，画面的过渡效果如图3-73所示。最后按【Ctrl+S】组合键保存项目。

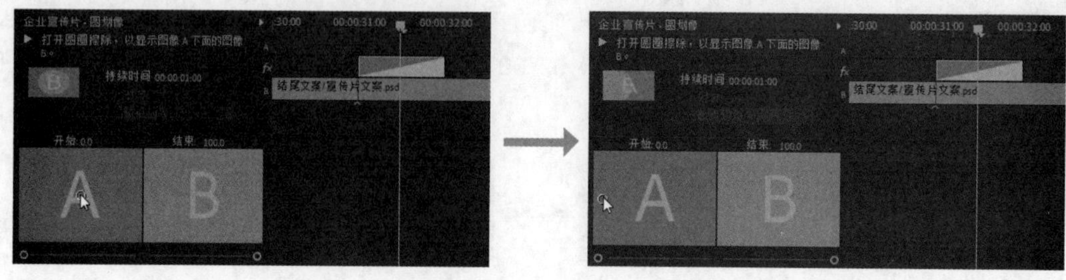

图3-72

图3-73

行业知识

企业宣传片是指企业利用视频的形式，从企业的角度，对企业的产品及服务进行宣传，以达到提高企业知名度、增加企业客户数量、整合企业资源、传递企业信息（如发展历程、企业管理、技术实力、品牌建设、发展战略等）等目的，促进观众对企业的了解。企业宣传片是企业重要的宣传形式。相比于其他宣传形式，它具有更好的传播效果，能够让消费者对企业的产品及服务有更加深刻的了解，是企业宣传自身不可或缺的一部分。在Premiere中制作企业宣传片时，可以为其添加一些过渡效果，使不同画面或场景自然地衔接在一起，以增强视频的流畅性和连贯性，从而提升企业宣传片的视觉吸引力，以及观众的观看体验。

3.2.4 编辑视频过渡效果

若是对添加的过渡效果不满意，可以适当地调整和优化视频过渡效果，如调整视频过渡效果的持续时间、对齐方式等。

1. 调整视频过渡效果的持续时间

根据实际需要，可以通过以下方式来调整视频过渡效果的持续时间。

- 在“效果控件”面板中调整：在“时间轴”面板中选择需要调整的视频过渡效果，在“效果控件”面板的“持续时间”数值框中输入过渡效果的时间，然后按【Enter】键。
- 通过拖曳鼠标指针进行调整：在“时间轴”面板中选择需要调整的过渡效果，将鼠标指针放在过渡效果的左侧，当鼠标指针变为形状时，向左拖曳可增加过渡时间，向右拖曳可缩短过渡时间；将鼠标指针放在过渡效果的右侧，当鼠标指针变为形状时，向左拖曳可缩短过渡时间，向右拖曳可增加过渡时间，如图3-74所示。

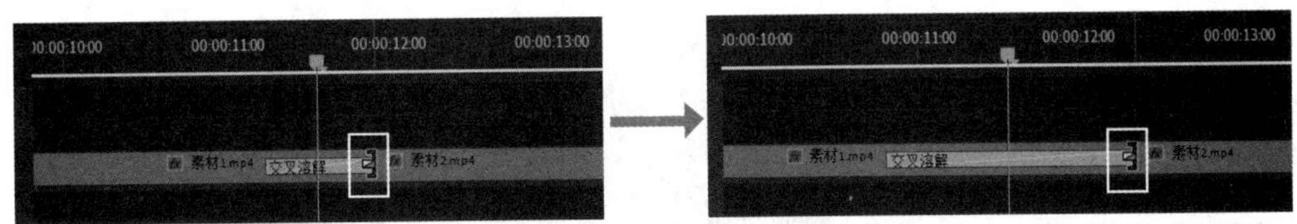

图3-74

- 利用快捷菜单调整：在“时间轴”面板中双击过渡效果，或选中过渡效果，单击鼠标右键，在弹出的快捷菜单中选择“设置过渡持续时间”命令，都可打开“设置过渡持续时间”对话框，在“持续时间”文本框中输入具体的时间。

2. 替换视频过渡效果

在添加视频过渡效果后，如果发现添加的视频过渡效果并没有达到预期，可直接将其替换。在“效果”面板中选择新的过渡效果，直接将其拖曳到“时间轴”面板中需要替换的效果上，即可使用新的效果替换原来的效果。

3. 调整视频过渡效果的对齐方式

通常情况下，Premiere过渡效果是以居中素材切点（两个素材的分割点）的方式对齐的。此时视频过渡效果在两个素材中显示的时间相同。如果需要调整过渡效果在前、后素材中显示的时间，则可以通过设置其对齐方式来完成。

选择需要调整的过渡效果，在“效果控件”面板的“对齐”下拉列表中选择“起点切入”选项，视频过渡效果将从后一个素材的入点处开始，如图3-75所示；选择“结束切入”选项，则视频过渡效果将在前一个素材的出点处结束。如果在“时间轴”面板中手动调整其持续时间，则该选项将自动变为“自定义起点”。

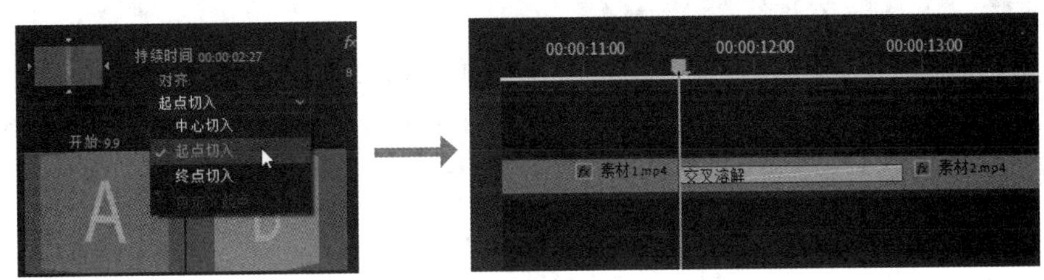

图3-75

另外，在“时间轴”面板中选择过渡效果后，按住鼠标左键不放并向左或向右拖曳，也可以调整视频过渡效果的对齐方式。

4. 调整过渡中心的位置

例如“圆划像”“盒形划像”等部分视频过渡效果存在过渡中心，其过渡中心默认位于画面的正中心，若需要调整过渡中心的位置，可通过“效果控件”面板中的A预览区域拖曳小圆形来实现，如图3-76所示。

5. 设置视频过渡效果的边框

若需要过渡的两个视频的画面、色彩等属性较为相似，导致过渡效果不太明显，则可以在“效果控件”面板的“边框宽度”和“边框颜色”栏中分别设置边框的宽度和颜色，以强化过渡效果。设置视频过渡效果的边框后的效果如图3-77所示。

图3-76　　　　图3-77

> **知识拓展**
>
> 在“效果控件”面板中，勾选“显示实际源”复选框，可显示过渡画面的起始帧和结束帧。另外，还有部分过渡效果存在一些用于调整效果样式的参数，例如，勾选“反向”复选框可倒放过渡效果；“时钟式擦除”过渡效果将按顺时针方向播放；“消除锯齿品质”下拉列表用于调整过渡边缘的平滑度；单击自定义按钮可在打开的对话框中设置更多参数。

综合实训

3.3.1 制作航天科普栏目包装

随着我国航天事业的蓬勃发展，某电视台计划推出一档航天科普栏目，旨在向观众普及航天知识，让更多人了解和关注航天事业。现需要制作航天科普栏目包装，以激发观众对航天科普的兴趣。表3-1所示为航天科普栏目包装制作任务单，其中明确给出了实训背景、制作要求、设计思路和参考效果等。

表3-1 航天科普栏目包装制作任务单

实训背景	为了吸引观众的注意和提高栏目的可视性，为某航天科普栏目制作一个包装视频
尺寸要求	1920 像素 ×1080 像素
时长要求	15 秒左右
制作要求	1. 画面 剪辑多个航天视频，使其过渡自然，提升设计美观度 2. 文本 辅以文本传达航天科普栏目的主旨，并为其设计展示和消失的方式，以突出视频的主题，加强观众对该栏目的印象

续 表

设计思路	剪辑多个视频素材，应用较为自然的视频过渡效果，然后根据实际画面进行优化调整，再添加文本素材，并为其制作逐渐显示和消失的效果
参考效果	航天科普栏目包装效果
素材位置	配套资源 :\ 素材文件 \ 第 3 章 \ 综合实训 \ 航天素材 \
效果位置	配套资源 :\ 效果文件 \ 第 3 章 \ 综合实训 \ 航天科普栏目包装 .prproj

操作提示如下。

视频教学：制作航天科普栏目包装

STEP 01 新建“航天科普栏目包装”项目，导入所有素材文件。基于“素材1.mp4”素材创建序列并修改序列名称。

STEP 02 依次拖曳“素材2.mp4”“素材3.mp4”素材至“时间轴”面板中的V1轨道上，删除音频，并调整所有素材的入点和出点。

STEP 03 在“素材1.mp4”“素材2.mp4”素材之间添加“交叉溶解”过渡效果；在“素材2.mp4”“素材3.mp4”素材之间添加“双侧平推门”过渡效果，并为其设置边框宽度和边框颜色。

STEP 04 依次拖曳文本素材至“时间轴”面板中的V2轨道上，根据“素材2.mp4”“素材3.mp4”素材来调整文本素材的入点和出点。

STEP 05 为“文案1”素材的入点处和出点处添加“渐变擦除”过渡效果，为“文案2”素材的入点处添加“圆划像”过渡效果，并适当调整过渡效果的持续时间和过渡中心，最后保存项目。

3.3.2 制作玉器介绍视频

某博物馆近期将举办玉器展览。该展览旨在深入探寻中国玉文化的历史渊源，系统阐释中国玉文化的发展脉络和深厚底蕴。该展览的负责人准备在现场投放一段古代玉器的介绍视频，以激发游客的好奇心和兴趣。表3-2所示为玉器介绍视频制作任务单，其中明确给出了实训背景、制作要求、设计思路和参考效果等。

表 3-2 玉器介绍视频制作任务单

实训背景	为吸引更多游客参观博物馆举办的古代玉器展览，制作一个古代玉器的介绍视频，通过直观的方式展现出玉器的外观和相关知识
尺寸要求	1920 像素 ×1080 像素
时长要求	30 秒以内
制作要求	1. 画面 视频画面简洁明了，可采用左右构图和上下构图相结合的方式，在同一个画面中展示两个玉器，并使玉器图像与其介绍文本相对应，从而让游客一目了然 2. 展现效果 依次展示各个玉器的图像和介绍文本，并对其展现方式进行一定的设计，以增强视频画面的视觉效果，同时吸引游客视线 3. 色彩 视频的整体色调可偏向中国传统色彩之一——黄色，而将切换页面时的背景色设置为偏淡的黄棕色，使其更具观赏性和吸引力
设计思路	结合背景图像和玉器的相关素材为画面排版，并调整不同素材的入点和出点，然后利用视频过渡效果，分别为玉器及其介绍文本制作逐渐显示的效果，再单独为每个画面的转场制作翻转切换的效果
参考效果	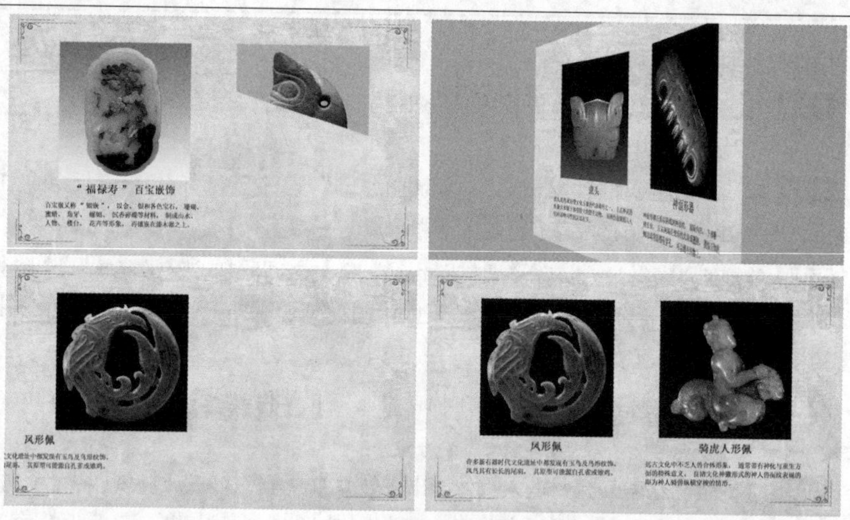 玉器介绍视频效果
素材位置	配套资源 :\ 素材文件 \ 第 3 章 \ 综合实训 \ 玉器素材 \
效果位置	配套资源 :\ 效果文件 \ 第 3 章 \ 综合实训 \ 玉器介绍视频 .prproj

操作提示如下。

STEP 01 新建“玉器介绍视频”项目，导入所有素材文件。基于“背景.jpg”素材创建序列并修改序列名称。

STEP 02 依次拖曳“玉器”及其介绍素材箱中的素材到“时间轴”面板中，根据展现顺序适当调整入点和出点，并将同一个视频画面中的相关素材创建为嵌套序列。

视频教学：
制作玉器
介绍视频

STEP 03 分别打开嵌套序列，在图像素材和介绍文本素材的入点处添加视频过渡效果，并调整部分视频过渡效果的持续时间。

STEP 04 切换到总序列，在嵌套序列之间添加“翻转”过渡效果，并设置填充颜色为“#D9CCBB”。

STEP 05 在V1和V2轨道的出点处添加视频过渡效果，使视频画面逐渐变淡，最后保存项目。

3.4 课后练习

练习1 制作“世界读书日”宣传片

【制作要求】利用素材制作“世界读书日”宣传片，要求视频画面简洁，文案清晰易读，能够让观众快速了解到该宣传片的主题。

【操作提示】调整不同视频素材的入点和出点，在各视频素材之间添加不同的视频过渡效果，然后添加文本素材，并利用视频过渡效果使其逐渐出现和逐渐淡出。参考效果如图3-78所示。

【素材位置】配套资源:\素材文件\第3章\课后练习\“世界读书日”宣传片素材\

【效果位置】配套资源:\效果文件\第3章\课后练习\“世界读书日”宣传片.prproj

图3-78

练习 2 制作美味糕点短视频

【制作要求】利用素材制作美味糕点短视频，要求糕点制作步骤的画面切换流畅、自然，能够吸引观众的视线。

【操作提示】按照糕点的制作步骤将视频素材裁剪为多个片段，然后在片段之间添加不同的视频过渡效果，并加以适当调整。参考效果如图3-79所示。

【素材位置】配套资源:\素材文件\第3章\课后练习\糕点制作.mp4

【效果位置】配套资源:\效果文件\第3章\课后练习\美味糕点短视频.prproj

图3-79

第4章 视频调色

视频调色是视频编辑与制作中非常重要的一环，其不仅可以改变画面的色彩倾向和光影，还可以通过合理的调整让画面更具艺术性和表现力，从而提升视频的视觉冲击力并产生情感共鸣，进而提升视频的质量和观赏效果。

学习要点

◎ 熟悉视频调色的原理和流程。
◎ 掌握“Lumetri颜色”面板中的不同功能。
◎ 掌握不同调色效果的应用方法。

素养目标

◎ 培养审美意识和色彩感知能力。
◎ 探索具有自身风格的视频调色方式。

扫码阅读

案例欣赏

课前预习

4.1 视频调色基础

剪辑人员在对视频进行调色时，首先需要熟悉色彩的相关知识，如调色原理和流程等，然后才能针对具体的视频画面色彩问题进行处理，从而达到预期效果。

4.1.1 视频调色原理

色彩是指不同波长的光刺激人眼所引起的视觉反应，是人的眼睛和大脑对外界事物的感受结果。用户从色彩的基本属性和关系入手，可以更深入地了解视频调色原理。

1. 色彩的三要素

人眼所能感知的色彩现象都具有色相、明度和纯度（又称饱和度）3种属性。它们也是构成色彩的基本要素。

（1）色相

色相是指色彩呈现出来的面貌，可简单理解为某种颜色的称谓。比如，红色、黄色、绿色、蓝色等色彩都分别代表一类色彩具体的色相。色相是色彩的首要特征，也是用来区别不同色彩的标准。图4-1所示的十二色相环上包含了12种基本色相。

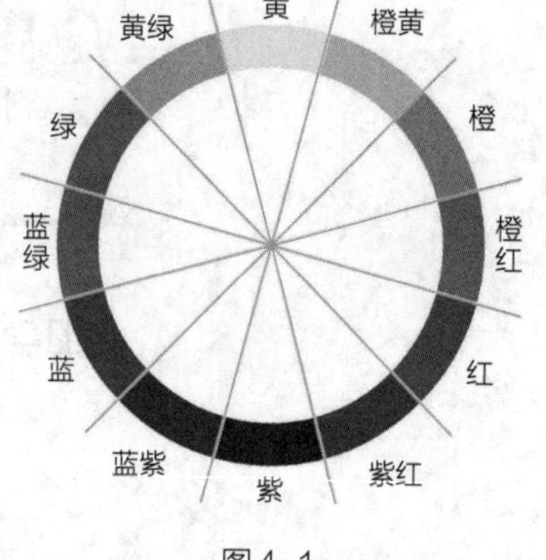

图4-1

（2）明度

明度是指色彩的明亮程度。通俗地讲，往色彩里添加的白色越多，色彩越明亮，明度越高；添加的黑色越多，色彩越暗，明度越低。因此，白色为明度最高的色彩，黑色为明度最低的色彩。

（3）纯度

纯度（后文统称为饱和度）是指色彩的纯净或者鲜艳程度。饱和度越高，代表色彩越鲜艳，视觉冲击力越强。饱和度的高低取决于该色中含色成分和消色成分（灰色）的比例。含色成分越高，饱和度越高；消色成分越高，饱和度越低。

2. 色彩关系

色相环上有多种色彩关系，剪辑人员掌握这些色彩关系可以更好地理解色彩的作用和影响，从而更有针对性地进行视频调色，给观众带来更好的视觉体验。

- 互补色：互补色是指在色相环上相距180°左右的两个色彩，如红色和绿色、橙色和蓝色。
- 对比色：对比色是指在色相环上所形成夹角在120°左右的两种色彩，如紫色和橙红色、蓝色和黄绿色。
- 类似色：类似色是指在色相环上所形成夹角在90°以内的两种色彩，如红色和橙色、蓝色和绿色。
- 邻近色：邻近色是指在色相环上所形成夹角在60°以内的两种色彩，如红色与橙红色、蓝色与蓝绿色。
- 同类色：同类色是指在色相环上所形成夹角在15°以内的两种色彩，其色相相同，但有深浅之分，如深红色和粉红色、深蓝色和浅蓝色。

调整画面色彩时，运用互补色和对比色可以突出画面中的特定元素，例如，图4-2所示的画面通过加强花朵的红色和背景的绿色这两个互补色的对比，使画面中的花朵更加鲜艳和突出；运用类似色和邻近色可以营造出柔和、和谐的氛围，例如，图4-3所示的画面将两侧的色彩调整为互为邻近色的蓝色和蓝绿色，使画面看起来更加舒适自然；而适当运用同类色可以提高视频画面的整体美感和协调性，例如，图4-4所示的画面在天空和海面上展示出不同饱和度和明度的蓝色，使画面更显层次感和深度。

图4-2

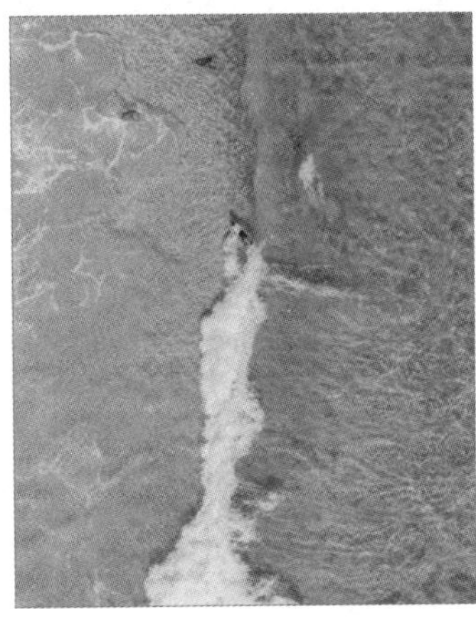

图4-3

图4-4

4.1.2 视频调色流程

视频调色并不是随意设置参数，而是按照一定的流程，针对画面中的色彩问题和不同的需求，结合调色原理选择相应的调色方法进行调整。

1. 分析视频画面中的色彩问题

在Premiere中，除了通过观察分析画面中的色彩问题，还可以选择【窗口】/【Lumetri范围】命令，打开“Lumetri范围”面板，其中包含了矢量示波器、直方图、分量和波形显示图工具（简称“波形图”），如图4-5所示。它们以图形的形式直观地展示色彩信息，真实地反映视频画面中的明暗关系和色彩关系。通过这些图示工具，我们可以更加客观地分析画面中的色彩问题。

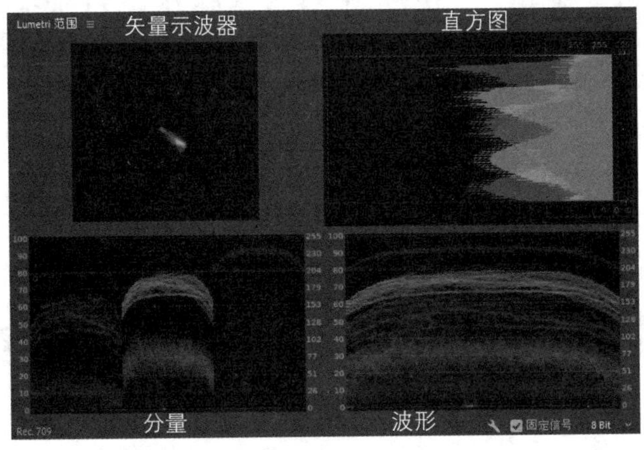

图4-5

（1）矢量示波器

矢量示波器用于表示与色相相关的素材色度，以辅助判定画面的色相与饱和度。当画面中存在某个色相时，对应的区域将出现类似烟雾的效果。该烟雾越靠近中心，则表示该色相饱和度越低；反之则该色相饱和度越高。

（2）直方图

直方图主要用于显示画面中每个色阶像素密度的统计分析信息，其中，纵轴表示色阶（通常是0～255色阶），0代表最暗的黑色区域，255代表最亮的白色区域，中间的数值表示不同亮度的灰色区域，由下往上表示从黑（暗）到白（亮）的亮度级别；横轴表示对应色阶的像素数，像素越多，数值越高。若直方图中出现差距较大的起伏，则表示画面中色彩的明暗度存在问题，需要进行调整。

（3）分量

分量用于表示视频信号中的明亮度和色差通道级别的波形，用户可通过它观察画面中红、绿、蓝的色彩平衡。如果某个颜色通道的高度（对应该颜色的强度）过高或过低，则可能会导致画面色彩偏移或失真。

（4）波形

波形主要有RGB、亮度、YC和YC无色度4种类型。波形和分量的形状整体上是相同的，只是波形将分量中分开显示的R（红）、G（绿）、B（蓝）进行了整合。

2. 选取合适的调色方法

Premiere中主要提供了两种调色方法，分别是应用“Lumetri颜色”面板（见图4-6）以及调色效果（见图4-7）调色，其中“Lumetri颜色”面板中集合了多种调色功能，适合精细调色，而调色效果根据功能细分为多种，适合快速、简单调色。用户可根据具体需求进行选择。这两种调色方法的功能及操作将在后续进行详细介绍。

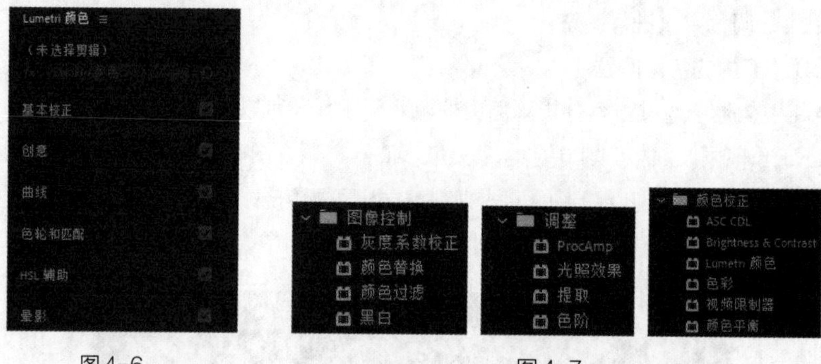

图4-6　　图4-7

应用“Lumetri颜色”面板调色

“Lumetri颜色”面板的每个部分在进行颜色校正时的侧重点均不相同，既可以单独使用，也可以搭配使用，以快速完成视频的基本调色处理。

4.2.1 课堂案例——制作旅游景点宣传视频

【制作要求】为某旅行社制作一个分辨率为“1920像素×1080像素”的景点宣传视频，要求展现不同景点的风光，以吸引更多消费者前来咨询。

【操作要点】先剪辑视频素材，然后利用“Lumetri颜色”面板中不同的功能调整各个视频素材的色彩，再添加文本和背景音乐素材。参考效果如图4-8所示。

【素材位置】配套资源:\素材文件\第4章\课堂案例\景点素材\

【效果位置】配套资源:\效果文件\第4章\课堂案例\旅游景点宣传视频.prproj

图4-8

具体操作如下。

视频教学：
制作旅游景点
宣传视频

STEP 01 按【Ctrl+Alt+N】组合键打开“导入”界面，设置项目名称为“旅游景点宣传视频”，选择“景点素材”文件夹，在右侧取消选择“创建新序列”选项，然后单击按钮。进入“编辑”界面后，单击“工作区”按钮，在弹出的下拉菜单中选择“颜色”命令，切换到“颜色”模式的工作区。

STEP 02 拖曳“甘孜墨石公园.mp4”素材至“时间轴”面板中。基于该素材新建序列。设置该素材的出点为“00:00:06:00”，并修改序列名称为“旅游景点宣传视频”。

STEP 03 依次拖曳其他景点视频素材至“时间轴”面板中，并分别通过调整其出点，设置每段景点视频素材的时长为6秒，如图4-9所示。由于部分视频素材尺寸不同，因此需要使用“自动重构序列”命令将其调整为16：9的序列。

图4-9

STEP 04 选择“甘孜墨石公园.mp4”素材。该视频画面色彩对比不够明显，整体色调较为暗淡。在右侧的“Lumetri颜色”面板中单击打开“曲线”栏，将鼠标指针移至RGB曲线右上角，单击添加控制点，然后按住鼠标左键不放并向上拖曳，以调整画面中亮部的明暗度，如图4-10所示。

STEP 05 使用与步骤04相同的方法，继续在RGB曲线的左下方和中间处添加并调整控制点，以调整画面中其他区域的明暗度，如图4-11所示。“甘孜墨石公园.mp4”素材被调整前后的对比效果如图4-12所示。

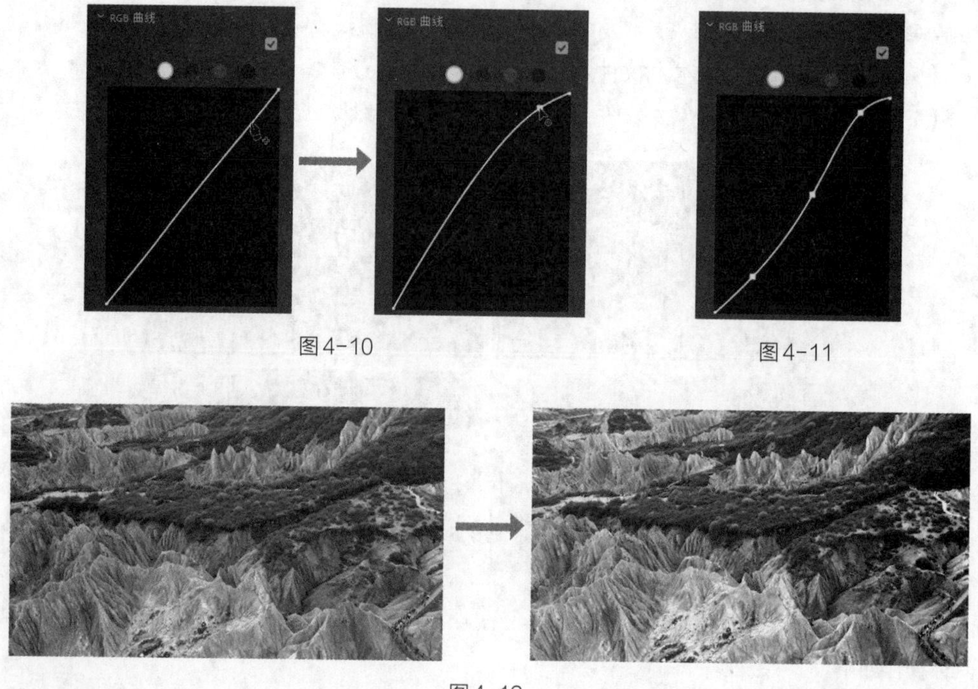

图4-10

图4-11

图4-12

提示

若要删除曲线中的控制点，则可在按住【Ctrl】键的同时，将鼠标指针移至控制点上方，当鼠标指针变为形状时单击鼠标左键。

STEP 06 单击打开“基本校正”栏，通过左右拖曳滑块，设置饱和度、对比度、高光、阴影、白色和黑色，如图4-13所示。效果如图4-14所示。

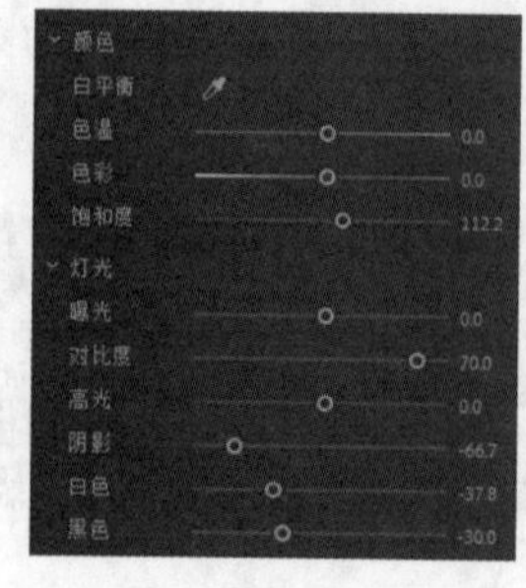

图4-13

图4-14

STEP 07 将时间指示器移至00:00:06:00处，此时会自动选中“九寨沟五花海.mp4”素材。该视频画面的色彩饱和度不足，吸引力不够。在“Lumetri颜色”面板中单击打开“创意”栏，在“Look”下拉列表中选择“SL CROSS HDR”选项，如图4-15所示。然后在下方分别设置强度、锐化和自然饱和度为“70.0、10.0、10.0”。“九寨沟五花海.mp4”素材被调整前后的对比效果如图4-16所示。

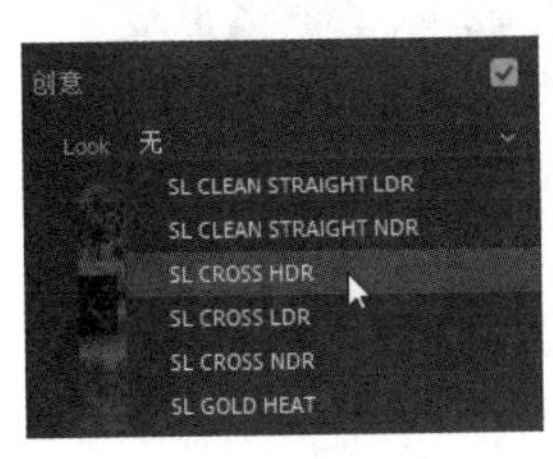

图4-15

图4-16

STEP 08 将时间指示器移至00:00:12:00处，此时会自动选中“苏州山塘街.mp4”素材。该视频画面整体色彩偏黑，气氛较为阴沉。在“Lumetri颜色”面板的“基本校正”栏中设置图4-17所示的参数。“苏州山塘街.mp4”素材被调整前后的对比效果如图4-18所示。

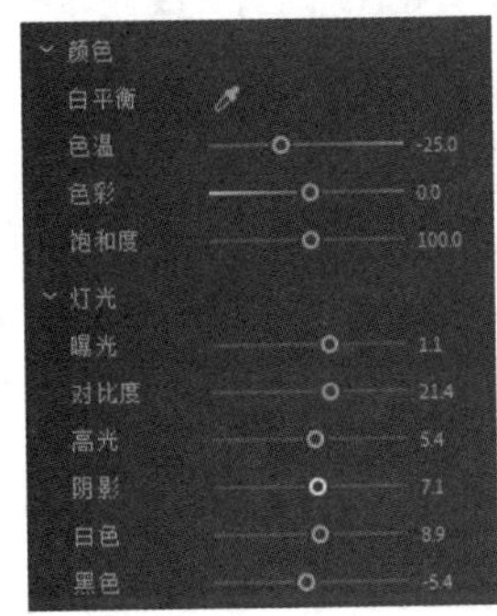

图4-17

图4-18

STEP 09 将时间指示器移至00:00:18:00处，此时会自动选中“武汉黄鹤楼.mp4”素材。该视频画面不够明亮，色彩饱和度也不足。先调整“Lumetri颜色”面板中的RGB曲线，如图4-19所示。然后依次单击绿通道图标○和蓝通道图标●，并调整对应的曲线，如图4-20所示。再调整色相饱和度曲线，如图4-21所示。“武汉黄鹤楼.mp4”素材被调整前后的对比效果如图4-22所示。

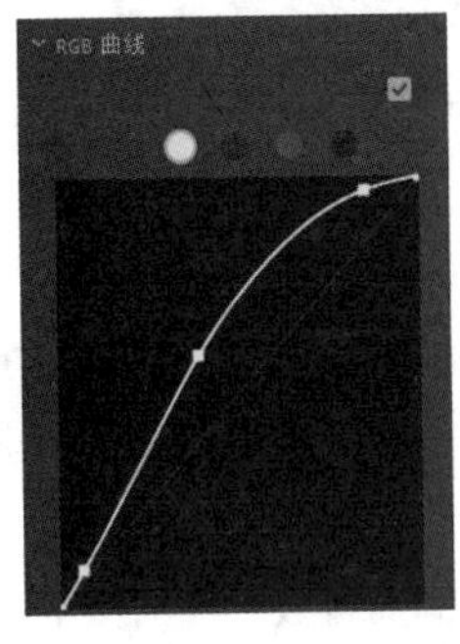

图4-19

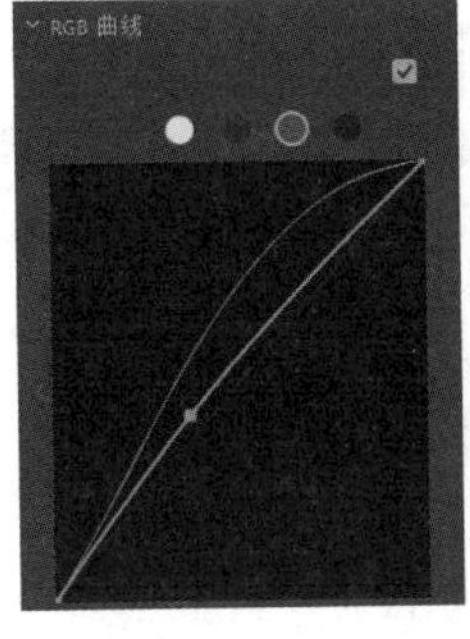

图4-20

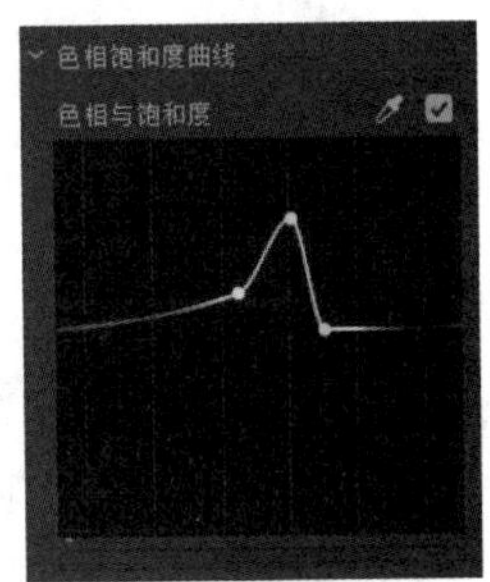

图4-21

图4-22

STEP 10 将时间指示器移至00:00:24:00处，此时会自动选中“婺源古建筑村落.mp4”素材。该视频画面有些过曝，且色彩对比不足。在“Lumetri颜色”面板的“基本校正”栏中设置图4-23所示的参数。“婺源古建筑村落.mp4”素材被调整前后的对比效果如图4-24所示。

图4-23

图4-24

STEP 11 将时间指示器移至00:00:00:00处，选择“文字工具”T，在画面右下角单击定位插入点，然后输入“甘孜墨石公园”文本，如图4-25所示。再按【Ctrl+Enter】组合键完成输入。此时输入的文本会默认添加到“时间轴”面板中的V2轨道上，设置该文本的出点为“00:00:06:00”。

图4-25

STEP 12 选择【窗口】/【基本图形】面板，在“文本”栏的“字体”下拉列表中选择“汉仪大黑简”选项，同时设置字体大小为“100”，如图4-26所示。再勾选“外观”栏中的“背景”复选框，设置不透明度为“75%”。画面中的文本效果如图4-27所示。

STEP 13 使用与步骤11和步骤12相同的方法，依次为其他景点素材的视频画面输入对应的文本。这里可根据画面内容选择不同的位置输入，并在“时间轴”面板中调整出点，如图4-28所示。

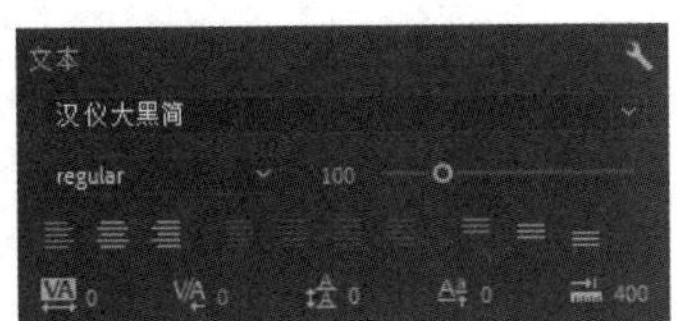

图4-26

图4-27

图4-28

STEP 14 拖曳“背景音乐.mp3”素材至“时间轴”面板中的A1轨道上，并设置其出点为“00:00:30:00”。预览视频画面效果，如图4-29所示。最后按【Ctrl+S】组合键保存项目。

图4-29

行业知识

风景类视频的色彩一般要鲜明、饱满，才能让观众充分感受到大自然的美丽和宁静，而为了美观过度调色，反而会适得其反，导致画面不真实。因此，在为这类视频调色时，一定要保证场景的色彩真实，不要过度饱和或提高明度，要尽可能还原拍摄场景的本来面貌。

另外，在调整涉及季节变迁的风景类视频时，画面中的色彩倾向会跟随季节变化发生改变。因此，在调整不同季节的视频色彩时，可将春天的风景调整为以柔和的嫩绿和浅黄为主的色调，给人一种温暖、活力四溢的感觉；将夏天的风景调整为绿色、粉色和红色为主的色调，给人一种热情奔放的感觉；将秋天的风景调整为以金黄、橙红和棕色为主的色调，给人一种温暖而浪漫的感觉；将冬天的风景调整为以蓝色和银白色为主的色调，给人一种清冷静谧的感觉。

4.2.2 基本校正

用户在为视频调色前，首先应查看画面是否存在偏色、曝光过度、曝光不足等问题，然后针对这些问题对画面进行颜色校正。通过“基本校正”栏可以校正或还原画面色彩，修正画面中过暗或过亮的区域，调整曝光与明暗对比等属性。“基本校正”栏中的参数如图4-30所示。

1. 输入LUT

LUT是Lookup Table（查询表）的缩写，可用于快速调整整个视频的色调。简单来说，LUT是Premiere中可应用于视频调色的预设效果。在“输入LUT”下拉列表中可以任意选择一种LUT预设选项进行调色，下方的强度用于设置调色的强度。

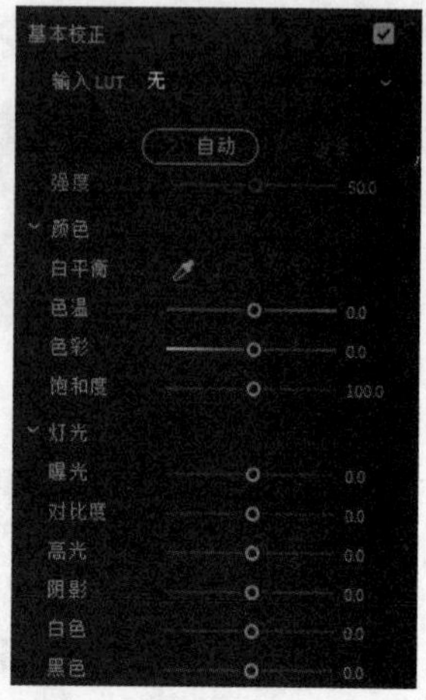

图4-30

2. 颜色

“颜色”栏中的参数主要用于调整画面的色彩倾向。

- 白平衡：白平衡即白色的平衡。当白平衡不准确时，视频画面就会出现偏色的问题。此时可通过调整白平衡，让画面以白色为基色，以还原出其他颜色。单击“白平衡选择器”后的吸管工具，然后在画面中白色或中性色区域单击以吸取颜色，系统会自动调整白平衡。若对画面效果不满意，则可以通过拖曳下方的滑块来进行微调。
- 色温：色温即光线的温度，如暖光或冷光。将色温滑块向左移动可使画面偏冷，如图4-31所示；向右移动可使画面偏暖，如图4-32所示。

图4-31

图4-32

- 色彩：微调色彩值可以补偿画面中的绿色或洋红色色彩，给画面带来不同的色彩表现。将色彩滑块向左移动可增加画面的绿色色彩，向右移动可增加画面的洋红色色彩。
- 饱和度：用于均匀地调整画面中所有颜色的饱和度。将饱和度滑块向左移动可降低整体饱和度，向右移动可提高整体饱和度。

3. 灯光

“灯光”栏中的参数主要用于调整画面的明暗度。

- 曝光：用于设置画面的亮度。将曝光滑块向右移动可以增加色调值并增强画面高光；向左移动可以减少色调值并增强画面阴影。
- 对比度：用于提高或降低画面的对比度。提高对比度时，中间调区域到暗区变得更暗；降低对比度时，中间调区域到亮区变得更亮。
- 高光：用于调整画面的亮部。将高光滑块向左移动可使高光变暗，向右移动可使高光变亮，并恢复高光细节。
- 阴影：用于调整画面的阴影。将阴影滑块向左移动可使阴影变暗，向右移动可使阴影变亮，并恢复阴影细节。

- 白色：用于调整画面中最亮的白色区域。向左拖曳滑块可减少白色，向右拖曳滑块可增加白色。
- 黑色：用于调整画面中最暗的黑色区域。向左拖曳滑块可增加黑色，并使更多阴影变为纯黑色，向右拖曳滑块可减少黑色。
- 重置：单击该按钮，Premiere会将调节“色调”栏中的参数还原为原始设置。
- 自动：单击该按钮，Premiere会自动拖曳滑块进行调色。

4.2.3 创意

通过“创意”栏可以进一步调整画面的色调，实现所需的颜色创意，从而制作出精美的艺术效果。“创意”栏中的参数如图4-33所示。

1. Look

Look类似于调色滤镜。“Look”下拉列表中提供了多种创意的Look预设，在预览缩略图中单击左右箭头可以直观地预览应用不同Look预设后的效果，单击预览缩略图可将Look预设应用于素材中。图4-34所示为应用不同Look预设后的效果。

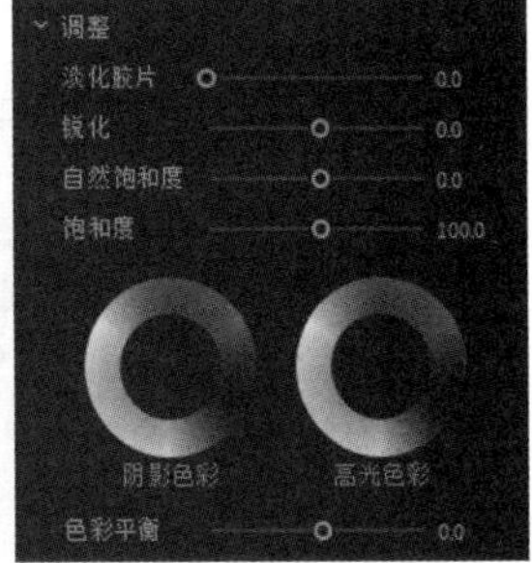

图4-33

图4-34

2. 强度

强度用于调整应用Look预设的强度。将强度滑块向右移动可增强应用的Look预设效果，向左移动可减弱应用的Look预设效果。

3. 调整

“调整”栏中的参数主要用于简单地调整Look预设效果。

- 淡化胶片：常用于制作怀旧风格的视频，向右拖曳滑块，可减少画面中的白色，使画面产生一种暗淡、朦胧的薄雾效果。
- 锐化：用于调整视频画面中像素边缘的清晰度，让视频画面更加清晰。将锐化滑块向右移动可提高边缘清晰度，让细节更加明显；向左移动可降低边缘清晰度，让画面更加模糊。需要注意的是，过度锐化边缘会使画面看起来不自然。
- 自然饱和度：用于智能检测画面的鲜艳程度。对饱和度低的颜色影响较大，对饱和度高的颜色影响较小，即可以使原本饱和度足够的颜色保持原状，避免颜色过度饱和，尽量让画面中所有颜色的鲜艳程度趋于一致，从而使画面效果更加自然。该参数常用于调整有人像的视频画面。

- 饱和度：用于均匀地调整画面中所有颜色的饱和度，使画面中色彩的鲜艳程度相同。调整范围为“0～200”。
- 阴影色轮和高光色轮：用于调整阴影和高光中的色彩值。将鼠标指针移至色彩轮时，色彩轮中间将出现十字光标，单击并拖曳该十字光标可以添加颜色，色轮被填满表示已进行调整，双击色轮可将其复原，空心色轮则表示未进行任何调整。
- 色彩平衡：用于平衡画面中多余的洋红色或绿色。

4.2.4 曲线

通过“曲线”栏可以快速和精确地调整视频的色调范围，以获得更加自然的视觉效果。“Lumetri颜色”面板中的曲线主要有RGB曲线和色相饱和度曲线两种类型，如图4-35所示。

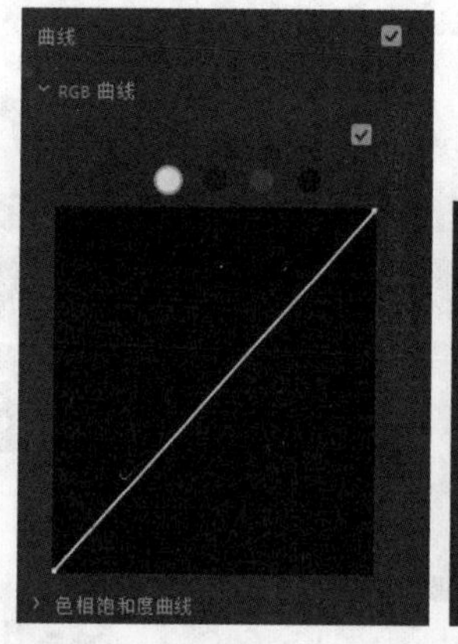

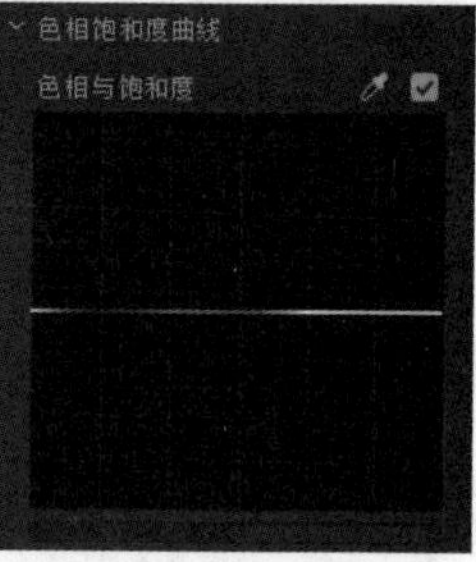

图4-35

1. RGB曲线

RGB曲线中有4条曲线，主曲线为一条白色的对角线，用于控制画面的亮度（右上角为亮部、左下角为暗部）。通过单击曲线上方对应颜色的图标可以切换其余3条曲线，分别为红、绿、蓝通道曲线。

在曲线上单击可创建控制点，然后通过拖曳控制点来调整明亮度，其中向上拖曳将提高该点对应像素的亮度，如图4-36所示；向下拖曳将降低该点对应像素的亮度。

图4-36

2. 色相饱和度曲线

通过调整色相饱和度曲线可以进一步调整视频的色调范围。色相饱和度曲线中有5条曲线，并分为5个可单独控制的选项卡。每个选项卡中都有吸管工具，用户使用吸管工具可以设置需要调整的颜色区域。

打开任意一个曲线选项卡，选择吸管工具，在“节目”面板中单击某种颜色进行取样，曲线上将自动添加3个控制点。向上或向下拖曳中间的控制点可提高或降低选定范围的色相的相应值，左右两边的控制点用于控制范围。图4-37所示为某画面提高黄色亮度前后的对比效果。

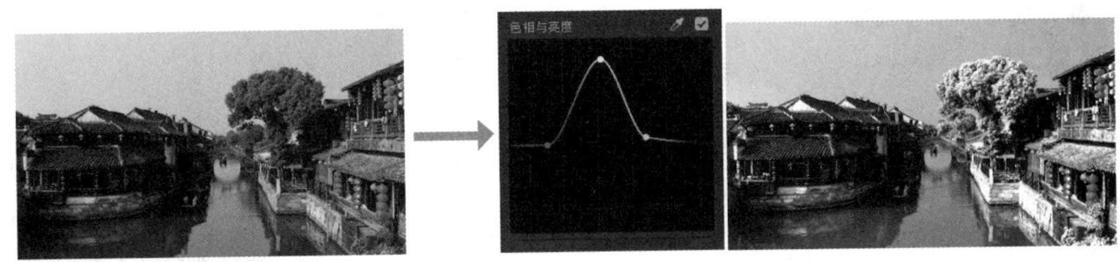

图4-37

4.2.5 色轮和匹配

通过“色轮和匹配”栏可以更加精确地调整视频色彩。“色轮和匹配”栏中的参数如图4-38所示。

图4-38

1. 颜色匹配

视频画面中可能会出现颜色或亮度不统一的情况，而利用“颜色匹配”功能可自动匹配一个画面或多个画面中的颜色和亮度，使画面效果更加协调。

单击颜色匹配参数右侧的比较视图按钮，将“节目”面板切换到“比较视图”模式。拖曳“参考”窗口下方的滑块或单击“转到上一编辑点”按钮和“转到下一编辑点”按钮，在编辑点之间跳转以选择参考帧。然后在“时间轴”面板中将时间指示器定位到要与参考对象匹配的画面上，即选择当前帧。再单击应用匹配按钮，Premiere将自动应用“Lumetri颜色”面板中的色轮匹配当前帧与参考帧的颜色，如图4-39所示。

图4-39

2. 人脸检测

人脸检测功能可提高皮肤的颜色匹配质量。默认该功能被开启，即“人脸检测”复选框呈勾选状态。如果在参考帧或当前帧中检测到人脸，则着重于匹配人脸颜色，但计算匹配所需的时间会延长，颜色匹配速度会变慢。因此，如果素材中不含人脸，则可取消勾选“人脸检测”复选框，以加快颜色匹配速度。

3. 色轮

Premiere中提供了3种色轮，分别用于调整阴影、中间调、高光的颜色及亮度，使用方法与在“创意”栏中使用阴影色彩轮、高光色彩轮的方法相同。不同的是，这里的色轮还可以通过增加（向上拖曳色轮左侧的滑块）和减少（向下拖曳色轮左侧的滑块）数值来调整应用强度，如向上拖曳阴影色轮左侧的滑块可使阴影变亮，向下拖曳高光色轮左侧的滑块可使高光变暗。

4.2.6 HSL

通过“HSL辅助”栏可以精确调整画面中的某个特定颜色，且不会影响画面中的其他颜色，适用于调整局部细节的颜色，如图4-40所示。例如，在为人物视频调色时，人物皮肤的色彩常常会因为周围环境的影响而失真，此时就可使用“HSL辅助”功能为人物皮肤调色。

1. 键

通过“键”栏可以提取画面中局部色调、亮度和饱和度范围内的像素。

在“设置颜色”右侧有3种吸管工具，其中“选取颜色吸管工具”用于吸取主颜色；“添加颜色吸管工具”用于在主颜色中添加吸取的颜色；“减去颜色吸管工具”用于在主颜色中减去吸取的颜色。选择对应的吸管工具，在画面中单击可吸取颜色。此时，并不能在“节目”面板中查看吸取的颜色范围，而需要勾选“键”栏中的“彩色/灰色”复选框才能查看。

如果使用这3种吸管工具不能达到预期效果，则可以拖曳下方的“H”“S”“L”滑块进行调整，其中“H”表示色相，“S”表示饱和度，“L”表示亮度，拖曳相应的滑块可以调整吸取颜色的相应范围。

2. 优化

颜色范围设置完毕后，可以通过“优化”栏调整颜色范围的边缘，其中降噪用于调整被吸取颜色范围的噪点；模糊用于调整被吸取颜色边缘的模糊程度。

3. 更正

在“更正”栏的色轮中单击可以将吸取的颜色修改为另一种颜色，拖曳色轮下方的滑块可以调整吸取颜色的色温、色彩、对比度、锐化和饱和度。

图4-40

4.2.7 晕影

通过“晕影”栏可以使画面边缘的亮度或饱和度比中心区域低，从而突出画面主体。“晕影”栏中的参数如图4-41所示。

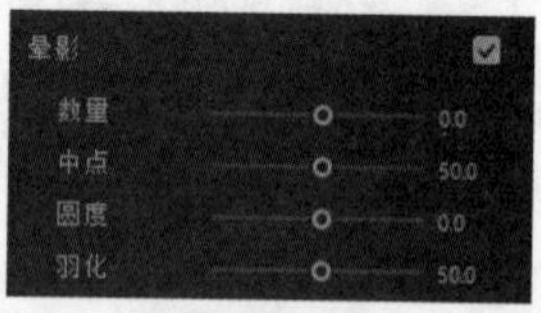

- 数量：用于使画面边缘变暗或变亮。向左拖曳滑块可使画面变暗，向右拖曳滑块可使画面变亮。
- 中点：用于选择晕影范围。向左拖曳滑块可使晕影范围变大，向右拖曳滑块可使晕影范围变小。

图4-41

- 圆度：用于调整画面4个角的圆度大小。向左拖曳滑块可使圆角变小，向右拖曳滑块可使圆角变大。
- 羽化：用于调整画面边缘晕影的羽化程度。羽化值越大，晕影的羽化程度越高。向左拖曳滑块可使羽化值变小，向右拖曳滑块可使羽化值变大。

4.3 应用调色效果调色

Premiere的“效果”面板中提供的多种调色效果分布在“颜色校正”和“过时”文件夹中。用户可根据视频具体的色彩问题，选择不同的效果。

4.3.1 课堂案例——制作农产品主图视频

【制作要求】为农产品店铺制作一个分辨率为“1080像素×1080像素”的主图视频，要求展现农业基地和不同的农产品，同时色调要真实自然，突出农产品的色彩，以吸引消费者购买。

【操作要点】利用“Lumetri颜色”面板中的不同调色功能，调整并优化视频素材的色彩，使画面更具吸引力。参考效果如图4-42所示。

【素材位置】配套资源:\素材文件\第4章\课堂案例\农产品素材\

【效果位置】配套资源:\效果文件\第4章\课堂案例\农产品主图视频.prproj

图4-42

具体操作如下。

视频教学：制作农产品主图视频

STEP 01 按【Ctrl+Alt+N】组合键打开“导入”界面，设置项目名称为“农产品主图视频”，选择“农产品素材”文件夹，在右侧取消选择“创建新序列”选项，然后单击 创建 按钮。

STEP 02 拖曳“农业基地.mp4”素材至“时间轴”面板中。基于该素材创建序列，并修改序列名称为“农产品主图视频”。依次拖曳“蔬菜.mp4”“玉米.mp4”“西红柿.mp4”素材至“时间轴”面板中的V1轨道上，删除对应的音频。调整4个视频素材的播放速度分别为“140%”“120%”“140%”“110%”，如图4-43所示。

图4-43

STEP 03 在“时间轴”面板中选择“农业基地.mp4”素材。该视频画面色彩较为暗淡，且绿色不够明亮。选择【窗口】/【效果】命令，打开“效果”面板，展开“视频效果”文件夹中的“调整”文件夹，双击“色阶”效果进行应用。

STEP 04 选择【窗口】/【效果控件】命令，打开“效果控件”面板，设置图4-44所示的参数。该视频画面被调整前后的对比效果如图4-45所示。

图4-44

图4-45

STEP 05 将时间指示器至00:00:05:21处。“蔬菜.mp4”视频中的蔬菜色彩饱和度不足，导致吸引力不够。在“效果”面板中展开“颜色校正”文件夹，双击“Brightness & Contrast”效果进行应用，然后在“效果控件”面板中设置亮度、对比度分别为“30.0”“26.0”，如图4-46所示。该视频画面被调整前后的对比效果如图4-47所示。

图4-46

图4-47

STEP 06 将时间指示器移至00:00:15:21处。“玉米.mp4”视频中光线较暗，不能很好地表现出玉米的色彩。在“效果”面板中双击“颜色校正”文件夹中的“颜色平衡”效果进行应用，然后在“效果控件”面板中设置图4-48所示的参数。该视频画面被调整前后的对比效果如图4-49所示。

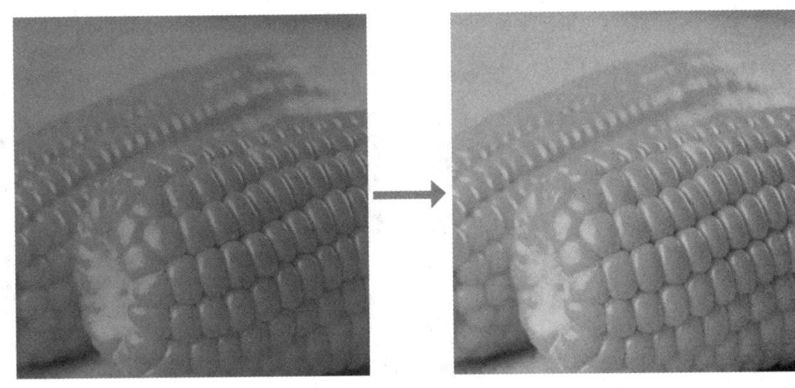

图4-48　　图4-49

STEP 07 将时间指示器移至00:00:22:05处。“西红柿.mp4”视频中光线偏亮，导致西红柿的色彩饱和度不足。先为该视频应用“Brightness & Contrast”效果，设置亮度、对比度分别为“-20.0”“6.0”；再应用“颜色平衡”效果，设置阴影、中间调和高光的红色平衡分别为“6.0”“41.0”“25.0”。该视频画面被调整前后的对比效果如图4-50所示。

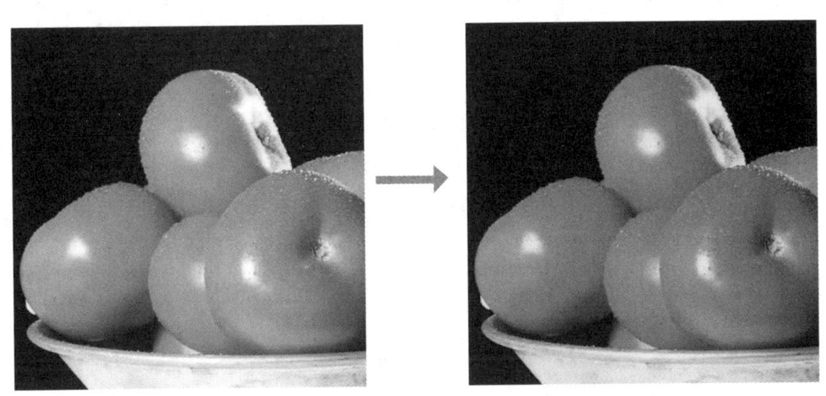

图4-50

STEP 08 依次拖曳“农业基地文案.mov”“蔬菜文案.mov”素材至“时间轴”面板中的V2轨道上，与对应的视频素材入点对齐，并删除对应音频。此时的视频画面效果如图4-51所示。

图4-51

STEP 09 在所有视频素材之间添加“交叉溶解”视频过渡效果，并设置对齐为“中心切入”。再添加“背景音乐.mp3”素材至A1轨道上，并调整其出点与V1轨道的出点对齐。预览视频画面效果，如图4-52所示。最后按【Ctrl+S】组合键保存项目。

图4-52

行业知识

主图视频是指以视频的形式补充主图对商品的展示的设计形式，其通常显示在商品页面的第一张主图之前。此类视频内容需要突出商品外观，或者展现商品的1～2个核心卖点。相比于静态图片，主图视频可以更直观地展现商品的特色、功能和使用场景，提高消费者的购买欲望。主图视频的比例通常有3：4、1：1和16：9这3种，而时长为5秒～60秒。

主图视频是一种重要的商品展示方式，通过合理的规范和调色方案，可以提高商品的展示效果，吸引消费者的眼球，提高购买率。在主图视频的调色方面，用户需要考虑以下因素。

① 色调：根据商品的特点和使用场景选择合适的色调，同时考虑商品的品类、目标受众和品牌定位等因素，以确保与商品风格相符合，并突出商品特点。

② 饱和度：以增强视觉效果，达到吸引消费者的目的为核心来调整商品的饱和度。

③ 对比度：可以适当提高对比度，使商品的细节更加清晰。

4.3.2 “色阶”效果

依次展开“效果”面板中的“视频效果”“调整”文件夹，使用其中的“色阶”效果可以调整视频画面整体或单独调整红色、绿色、蓝色的明暗度。在“效果控件”面板中，“输入黑色阶”参数用于控制画面中黑色的比例；“输入白色阶”参数用于控制画面中白色的比例，图4-53所示为升高（RGB）输入黑色阶、降低（RGB）输入白色阶前后的对比效果；“输出黑色阶”参数用于控制画面中黑色的亮度，“输出白色阶”参数用于控制画面中白色的亮度；“灰度系数”参数用于控制画面中的灰度级。

图4-53

4.3.3 “Brightness & Contrast”效果

依次展开“效果”面板中的“视频效果”“颜色校正”文件夹，使用其中的“Brightness & Contrast（亮度和对比度）”效果可以单独调整视频画面中的亮度和对比度，以改善画面明暗，并突出主体物。图4-54所示为降低画面亮度、提高画面对比度前后的对比效果。

图4-54

4.3.4 “颜色平衡”效果

依次展开“效果”面板中的“视频效果”“颜色校正”文件夹，使用其中的“颜色平衡”效果可以调整视频画面的RGB色彩。在“效果控件”面板中可分别调整阴影、中间调和高光区域中红色、绿色和蓝色的占比。图4-55所示为提高中间调和高光区域中红色占比前后的对比效果。

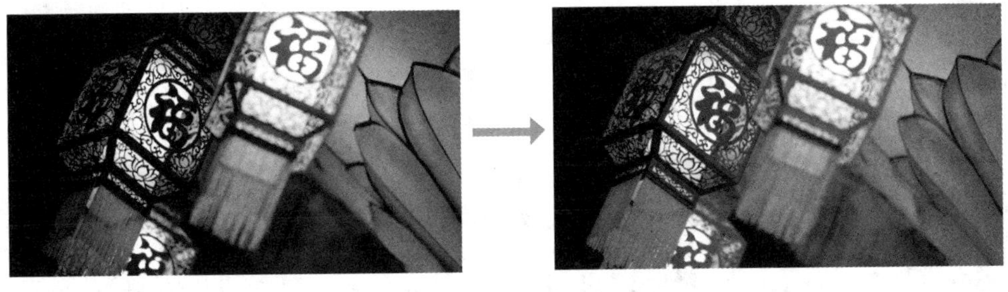

图4-55

4.3.5 课堂案例——制作“大熊猫的日常”短视频

【制作要求】为某科普节目制作一个分辨率为“1920像素×1080像素”的“大熊猫的日常”短视频，旨在通过展示大熊猫的日常生活，帮助观众增进对大熊猫的认识和了解。

【操作要点】针对视频素材中的色彩问题应用不同的调色类视频效果，尽量统一视频画面的整体色调。参考效果如图4-56所示。

【素材位置】配套资源:\素材文件\第4章\课堂案例\大熊猫素材\

【效果位置】配套资源:\效果文件\第4章\课堂案例\大熊猫展示视频.prproj

图4-56

具体操作如下。

视频教学：
制作“大熊猫的日常”短视频

STEP 01 按【Ctrl+Alt+N】组合键打开“导入”界面，设置项目名称为“‘大熊猫的日常’短视频”，选择“大熊猫素材”文件夹，在右侧取消选择“创建新序列”选项，然后单击创建按钮。

STEP 02 拖曳“大熊猫1.mp4”素材至“时间轴”面板中。基于该素材创建序列，并修改序列名称为“‘大熊猫的日常’短视频”。依次拖曳“大熊猫2.mp4”～“大熊猫5.mp4”素材至“时间轴”面板中的V1轨道上，删除对应的音频，如图4-57所示。

图4-57

STEP 03 在“时间轴”面板中预览“大熊猫1.mp4”素材。此时发现该视频画面色彩较为自然，因此以该素材为基准调整其他素材。在“节目”面板中单击“比较视图”按钮，以便进行对比。

STEP 04 将时间指示器移至00:00:06:17处。“大熊猫2.mp4”视频的画面偏暗黄色，整体也不够明亮。选择【窗口】/【效果】命令，打开“效果”面板，展开“视频效果”文件夹中的“过时”文件夹，双击“更改为颜色”效果进行应用。

STEP 05 选择【窗口】/【效果控件】命令，打开“效果控件”面板，设置“自”为“#F3AE6C”，“更改”为“色相和饱和度”，“色相”“亮度”“饱和度”“柔和度”分别为“60.0%”“25.0%”“20.0%”“90.0%”，如图4-58所示。该视频画面被调整前后的对比效果如图4-59所示。

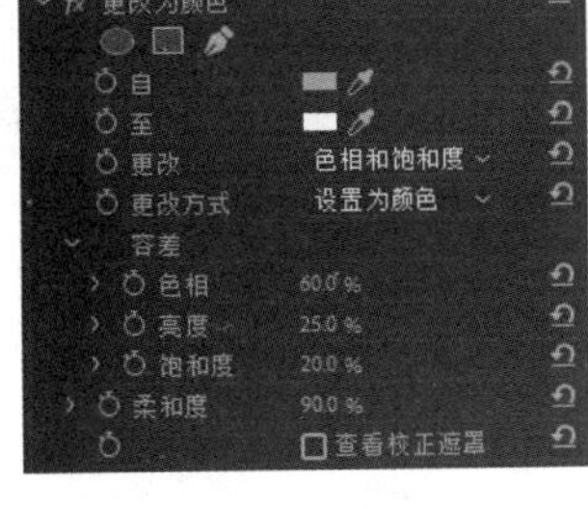

图4-58

图4-59

STEP 06 将时间指示器移至00:00:11:18处。“大熊猫3.mp4”视频的画面色彩饱和度不足。在“效果”面板中展开“过时”文件夹，双击“自动颜色”效果，然后在“效果控件”面板中设置“减少黑色像素”为“6.80%”，如图4-60所示。该视频画面被调整前后的对比效果如图4-61所示。

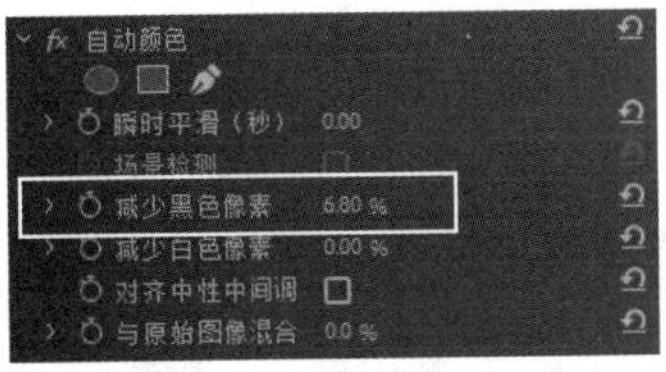

自动颜色
瞬时平滑（秒）　0.00
场景检测
减少黑色像素　6.80 %
减少白色像素　0.00 %
对齐中性中间调
与原始图像混合　0.0 %

图4-60

图4-61

STEP 07 将时间指示器移至00:00:17:20处。“大熊猫4.mp4”视频的画面色彩对比不够明显。为其应用“Brightness & Contrast”效果，然后在“效果控件”面板中设置亮度、对比度分别为“-10.0”“27.0”。该视频画面被调整前后的对比效果如图4-62所示。

STEP 08 将时间指示器移至00:00:24:20处。“大熊猫5.mp4”视频的画面整体色彩偏暗。为其应用“色阶”效果，然后在“效果控件”面板中设置“输入黑色阶”“输入白色阶”分别为“6”“153”。该视频画面被调整前后的对比效果如图4-63所示。

图4-62　　图4-63

STEP 09 添加“背景音乐.mp3”素材至A1轨道上，并调整其出点与V1轨道的出点对齐。最后按【Ctrl+S】组合键保存项目。

提示

使用不同的摄影机、镜头，或在不同的环境下拍摄视频，很容易导致色调和色彩差异。这些差异可能会让观众感到不舒服，从而影响整体观看体验。因此，在使用多个存在一定关联的视频素材时，统一不同视频素材之间的色调可以让整个视频画面看起来更加连贯，还可以在切换视频画面时消除观众的不适感。

4.3.6 “更改为颜色”效果

依次展开“效果”面板中的“视频效果”“过时”文件夹，使用其中的“更改为颜色”效果可以快速将选择的颜色更改为另一种颜色，且不会影响到其他颜色。图4-64所示为将砂砾的黄色更改为红色前后的对比效果。

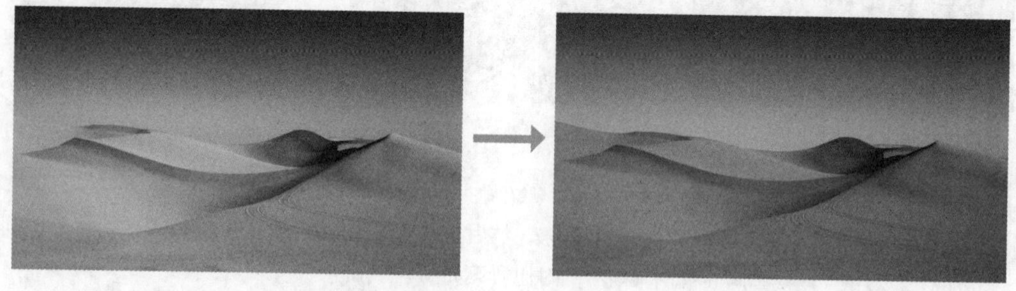

图4-64

在“效果控件”面板中，“自”参数用于设置更换的颜色样本；“至”参数用于设置最终更换的颜色；“更改”参数用于设置想要更改的色彩属性；“容差”参数用于设置更改颜色所允许的误差；“柔和度”参数用于设置“自”和“至”颜色之间的平滑过渡；勾选“查看校正遮罩”复选框，可在“节目”面板中以黑白蒙版的形式预览视频画面，以查看转换颜色受影响的区域。注意，黑色区域为不受影响的区域，白色区域为受影响的区域，灰色区域为部分受影响的区域。

另外，在“更改方式”下拉列表中选择“设置为颜色”的更改方式，可直接修改颜色；选择“变换为颜色”的更改方式，可设置介于“自”和“至”颜色之间的差值以及宽容度值。

4.3.7 “自动颜色”效果

依次展开“效果”面板中的“视频效果”“过时”文件夹，使用其中的“自动颜色”视频效果可以自动调整素材颜色。在“效果控件”面板中，“瞬时平滑（秒）”参数用于控制素材的平滑时间；勾选“场景检测”复选框可根据“瞬时平滑（秒）”参数自动检测每个场景并进行色彩处理；“减少黑色像素”参数用于控制画面中暗部区域所占的比例；“减少白色像素”参数用于控制画面中亮部区域所占的比例；勾选“对齐中性中间调”复选框可使素材整体接近中间色调；“与原始图像混合”参数用于控制素材的混合程度。图4-65所示为暗部区域被增强前后的对比效果。

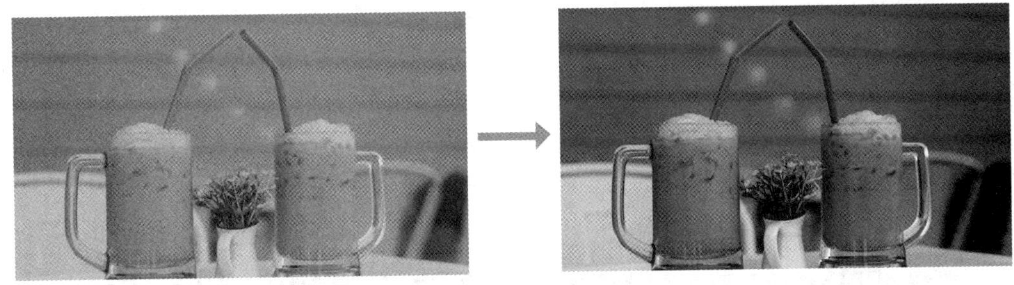

图4-65

4.3.8 其他常用调色效果详解

在“效果”面板“视频效果”文件夹中的“图像控制”“调整”“过时”“颜色校正”等文件夹中还有更多的调色效果。用户掌握更多的应用方法可以有效提升自身的调色能力。下面详解常用调色效果。

1. “灰度系数校正”效果

使用“图像控制”文件夹中的“灰度系数校正”效果可以调整画面中间调区域的明暗度。在“效果控件”面板中，还能详细设置灰度系数。图4-66所示为灰度系数被增强前后的对比效果。

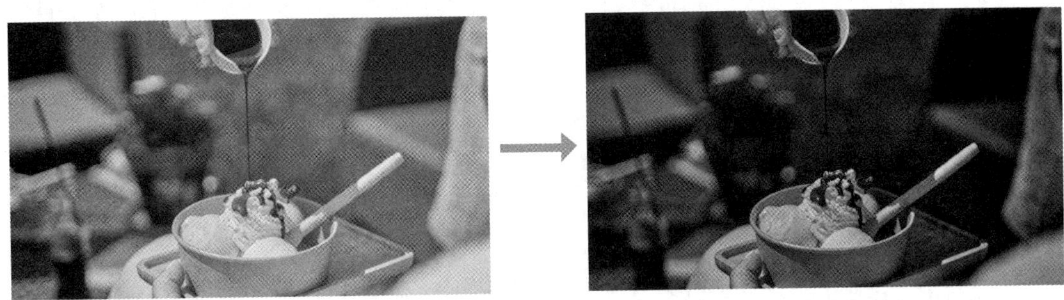

图4-66

2. “RGB曲线”效果

使用“过时”文件夹中的“RGB曲线”效果可以通过调整曲线的方式来修改视频素材的主通道和红、绿、蓝通道的颜色。这与“Lumetri颜色”面板中的曲线功能类似。在“效果控件”面板中，通过拖曳曲线可调整不同通道的明暗度，“辅助颜色校正”栏中的参数用于设置色彩的色相、饱和度和亮度等。图4-67所示为使用该效果将红色花变为紫色花前后的对比效果。

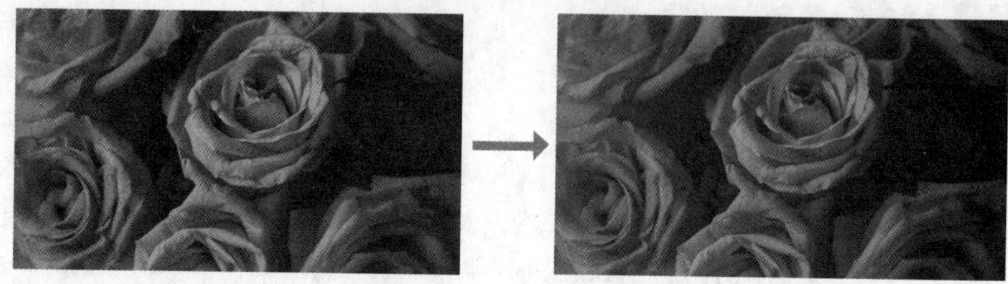

图4-67

3. “保留颜色”效果

使用“过时”文件夹中的“保留颜色”效果可以选择一种需要保留的颜色范围，再降低其他颜色的饱和度。在“效果控件”面板中，“脱色量”参数用于设置色彩的脱色强度；“要保留的颜色”参数用于设置需要保留的颜色；“容差”参数用于设置颜色的容差度；“边缘柔和度”参数用于设置素材边缘的柔和程度；“匹配颜色”参数用于设置颜色的匹配模式。图4-68所示为保留草坪的绿色、降低蓝天饱和度前后的对比效果。

图4-68

4. “阴影/高光”效果

使用“过时”文件夹中的“阴影/高光”效果可以调整画面中的阴影和高光区域。在“效果控件”面板中，勾选“自动数量”复选框，Premiere将自动调整素材中的阴影和高光区域，并且下方的“阴影数量”（用于控制素材中阴影的数量）、“高光数量”（用于控制素材中高光的数量）栏将被禁用；“更多选项”栏中的参数用于更加精细地调整画面。图4-69所示为应用“阴影/高光”效果前后的对比效果。

图4-69

综合实训

4.4.1 制作东北大米视频广告

某食品公司为推广旗下的东北大米，准备为其制作一则视频广告，用来展示东北大米的特点，同时增强消费者对东北大米品质的信任感。表4-1所示为东北大米视频广告制作任务单，其中明确给出了实训背景、制作要求、设计思路和参考效果等。

表 4-1 东北大米视频广告制作任务单

实训背景	为了提高东北大米的销售量，为该商品制作一则视频广告用于推广
尺寸要求	1920 像素 ×1080 像素
时长要求	40 秒以内
制作要求	1. 画面 运用明亮、清新的色彩来呈现稻穗的自然风光，同时突出米粒的纯净和光泽感，提升设计美观度 2. 文本 加入适当的文案（比如“土生土长生态米”“粒粒分明，晶莹洁白”等文本），结合画面和文本的描述，更好地展现出东北大米的特点和品质
设计思路	剪辑多个视频素材，先分析视频画面中的色彩问题，然后使用“Lumetri 颜色”面板中的各个功能处理问题，再根据画面内容输入字幕文本，最后添加并剪辑背景音乐
参考效果	土生土长生态米 粒粒分明，晶莹洁白 粒粒分明，晶莹洁白 东北大米，放心选择！ 东北大米视频广告效果

续 表

素材位置	配套资源 :\ 素材文件 \ 第 4 章 \ 综合实训 \ 大米素材 \
效果位置	配套资源 :\ 效果文件 \ 第 4 章 \ 综合实训 \ 东北大米视频广告 .prproj

操作提示如下。

STEP 01 新建“东北大米视频广告”项目，导入所有素材文件。基于“随风飘扬的稻穗.mp4”素材创建序列并修改序列名称。

STEP 02 依次拖曳“轻拂稻穗.mp4”“大米.mp4”“米饭.mp4”素材至“时间轴”面板中的V1轨道上，删除音频。裁剪并删除部分素材内容，再调整所有素材的入点和出点，以及播放速度。

视频教学：制作东北大米视频广告

STEP 03 利用“Lumetri颜色”面板，降低“随风飘扬的稻穗.mp4”素材的曝光度，并加强色彩对比；增加“轻拂稻穗.mp4”素材的绿色调，并调整明暗对比；提高“大米.mp4”“米饭.mp4”素材的亮度和对比度，突出大米和米饭的外观。

STEP 04 依次输入文本，并添加文本背景加强显示效果，再分别调整文本的入点和出点。

STEP 05 添加“背景音乐.mp3”素材并调整其出点，最后保存项目。

4.4.2 制作美食栏目包装

“食时”是一档以探寻美食为主旨的栏目。现需制作一个栏目包装来凸显该栏目的主题和特色，以吸引观众的注意力。表4-2所示为美食栏目包装制作任务单，其中明确给出了实训背景、制作要求、设计思路和参考效果等。

表 4-2 美食栏目包装制作任务单

实训背景	为吸引更多人观看“食时”栏目，并加深观众对该栏目的印象，需为该栏目制作一个具有吸引力的栏目包装，展现出多种美食的画面
尺寸要求	1920 像素 ×1080 像素
时长要求	25 秒左右
制作要求	1. 画面 依次展示多种美食的画面，让观众能够清晰地看到每道菜肴的细节，从而对该栏目产生兴趣 2. 色彩 将视频素材的色彩调整为与美食较为契合、鲜明、诱人的色彩，比如红色、橙色、黄色等暖色调，使观众可以联想到食物的新鲜和美味，从而增加食欲并提高对该栏目的关注度 3. 文本 在片尾处添加栏目名称“食时”文本，强化观众对该栏目的印象

续 表

设计思路	剪辑多个视频素材，先分析视频画面中的色彩问题，然后选择不同的调色类视频效果进行处理，再在片尾处输入“食时”文本并适当调整位置，最后添加并剪辑背景音乐
参考效果	美食栏目包装效果
素材位置	配套资源 :\ 素材文件 \ 第 4 章 \ 综合实训 \ 美食素材 \
效果位置	配套资源 :\ 效果文件 \ 第 4 章 \ 综合实训 \ 美食栏目包装 .prproj

操作提示如下。

STEP 01 新建“美食栏目包装”项目，导入所有素材文件。基于“美食1.mp4”素材创建序列并修改序列名称。

视频教学：制作美食栏目包装

STEP 02 依次拖曳其他美食视频素材至“时间轴”面板中，并适当调整入点和出点。

STEP 03 综合利用多种调色类视频效果，增加“美食1.mp4”素材的红色调；提高“美食2.mp4”素材的色彩饱和度和对比度；提高“美食3.mp4”素材的明亮度，并适当优化色彩效果；提高“美食4.mp4”素材的明亮度，并适当优化色彩效果；加强“美食5.mp4”素材的明暗对比，突出重点信息。

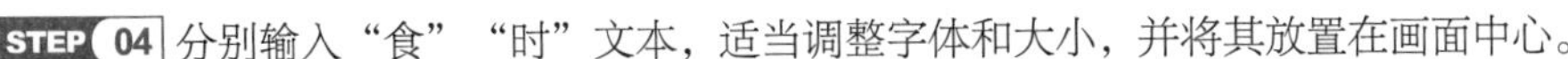

STEP 04 分别输入“食”“时”文本，适当调整字体和大小，并将其放置在画面中心。

STEP 05 添加“背景音乐.mp3”素材并调整其出点，最后保存项目。

4.5 课后练习

练习 1 制作水蜜桃主图视频

【制作要求】利用素材制作水蜜桃主图视频，要求视频画面的色调明亮、色彩鲜艳，能够突出水蜜桃新鲜、可口的特点，以促进消费者购买。

【操作提示】先剪辑视频素材，然后分析不同视频素材中的色彩问题，再利用“Lumetri颜色”面板中的各个功能进行处理。参考效果如图4-70所示。

【素材位置】配套资源:\素材文件\第4章\课后练习\水蜜桃素材\

【效果位置】配套资源:\效果文件\第4章\课后练习\水蜜桃主图视频.prproj

图4-70

练习 2 制作油菜花基地推广短视频

【制作要求】利用素材制作油菜花基地推广短视频，要求视频画面美观，以油菜花的黄色为主色调，并展示出基地的Logo和名称，以吸引消费者前来游玩。

【操作提示】分析不同视频素材中的色彩问题，综合利用多种调色类的视频效果进行处理，再适当剪辑视频素材，最后在视频画面中添加Logo和名称素材。参考效果如图4-71所示。

【素材位置】配套资源:\素材文件\第4章\课后练习\油菜花基地素材\

【效果位置】配套资源:\效果文件\第4章\课后练习\油菜花基地推广短视频.prproj

图4-71

第5章 视频动效

为视频增添生动而富有创意的动态效果，可以有效吸引观众的注意力，并提升观众的视听体验。在Premiere中，用户可以利用关键帧和素材的基本属性来制作关键帧动效，还可以使用形状工具组和钢笔工具绘制图形，并结合关键帧制作出更加丰富的图形动效。

学习要点

◎ 利用不同属性的关键帧制作动效。
◎ 掌握调整关键帧插值的方法。
◎ 使用形状工具组和钢笔工具绘制图形。
◎ 掌握制作图形动效的方法。

素养目标

◎ 提高审美意识，运用视频动效丰富画面内容。
◎ 培养创新思维能力，在视频动效中融入想象力和创意。

扫码阅读

案例欣赏

课前预习

5.1 制作关键帧动效

关键帧动效是制作视频动效较为重要的一部分。通过关键帧动效能够制作出流畅的动效，有效提升视频画面的视觉效果，使视频整体更加生动。

5.1.1 认识关键帧动效

关键帧是指角色或者物体在运动或变化中关键动作所处的那一帧，主要用于定义角色或物体动作中的变化。在编辑视频的过程中，用户可以为不同时间点的关键帧设置不同的参数值，使视频画面在播放过程中产生运动或变化，即关键帧动效。

关键帧动效通常在不同的关键时间点为某个属性设置不同的值，而其他时间点的值则是利用这些关键时间点的值通过特定的插值方法计算出来的，从而得到比较流畅的动画效果。图5-1所示为利用不同属性关键帧制作的动效。

图5-1

5.1.2 课堂案例——制作传统文化栏目片头

【制作要求】为《诗意人生》栏目制作一个分辨率为“1280像素×720像素”的片头，要求充分体现中国传统文化的精髓，展现出浓厚的文化氛围，并通过流畅、自然的动效来吸引观众的注意力，提高画面的艺术表现力。

【操作要点】结合关键帧为不同的素材制作动效，比如为“背景”和“云雾”制作渐显动效、为“船”和“鸟”制作移动动效、为文本制作渐显并放大的动效。参考效果如图5-2所示。

图5-2

图5-2（续）

【素材位置】配套资源:\素材文件\第5章\课堂案例\传统文化栏目素材\

【效果位置】配套资源:\效果文件\第5章\课堂案例\传统文化栏目片头.prproj

具体操作如下。

视频教学：
制作传统文化栏目片头

STEP 01 按【Ctrl+Alt+N】组合键打开“导入”界面，设置项目名称为“传统文化栏目片头”，选择“传统文化栏目素材”文件夹，在右侧取消选择“创建新序列”选项，然后单击创建按钮。

STEP 02 拖曳“背景.jpg”素材至“时间轴”面板中，将自动生成与其同名的序列，然后将序列重命名为“传统文化栏目片头”，再设置“背景.jpg”素材的出点为“00:00:08:00”。

STEP 03 将时间指示器移至00:00:00:00处，选择【窗口】/【效果控件】命令，打开“效果控件”面板，设置不透明度为“0.0%”，然后单击不透明度属性左侧的“切换动画”按钮，使其变为状态，开启并添加关键帧。将时间指示器移至00:00:01:00处，设置“不透明度”为“100.0%”，将自动在该时间点处添加关键帧，如图5-3所示。“背景.jpg”素材的动效如图5-4所示。

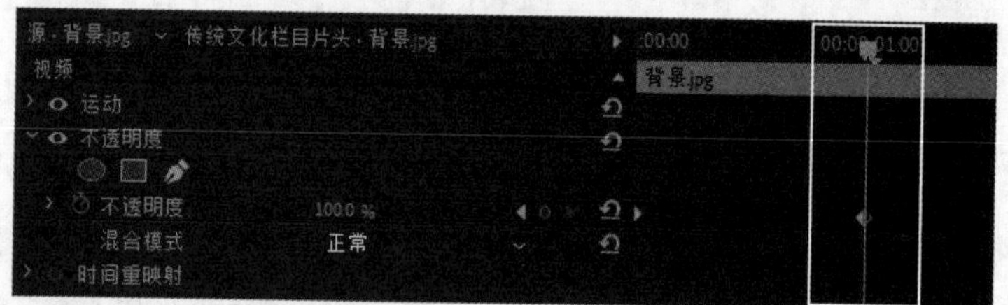

图5-3

图5-4

STEP 04 拖曳“船.png”素材至“时间轴”面板中的V2轨道上，并设置出点为“00:00:08:00”。选择该素材，在“效果控件”面板中调整位置参数，使其位于河面左侧，此处设置为“224.0,596.0”。设置前后的对比效果如图5-5所示。

图5-5

STEP 05 单击位置属性左侧的“切换动画”按钮，使其变为状态，开启并添加关键帧，然后将时间指示器分别移至00:00:03:00、00:00:05:00、00:00:07:00处，同时设置位置分别为“347.0,643.0”“542.0,619.0”“733.0,629.0”，如图5-6所示。“船.png”素材的动效如图5-7所示。

图5-6

图5-7

STEP 06 选择“背景.jpg”素材，在“效果控件”面板中单击不透明度属性，选中该属性的所有关键帧，按【Ctrl+C】组合键复制。然后选择“船.png”素材，在“效果控件”面板中单击不透明度属性，再将时间指示器移至00:00:01:00处，按【Ctrl+V】组合键粘贴。

STEP 07 拖曳“鸟1.png”素材至“时间轴”面板中的V3轨道上，并设置出点为“00:00:08:00”。选择该素材，在“效果控件”面板中调整位置参数，使其位于画面外，此处设置为“-55.0,157.0”。

STEP 08 单击位置属性左侧的“切换动画”按钮，使其变为状态，开启并添加关键帧，然后将时间指示器分别移至00:00:04:00、00:00:07:00处，同时设置位置分别为“274.0,306.0”“594.0,157.0”，制作出鸟向下飞后又向上飞的动效。

STEP 09 添加3个视频轨道，拖曳“鸟2.png”素材至V4轨道上。使用与步骤07相同的方法，设置出点和位置参数（此处设置为“1308.0,360.0”），再设置缩放为“80.0”。在00:00:01:00处开启并添加位置属性的关键帧，然后在00:00:04:00、00:00:07:00处设置位置分别为“942.0,263.0”“363.0,463.0”。两只小鸟飞行的动效如图5-8所示。

图5-8

STEP 10 拖曳“云雾.png”素材至V5轨道上，在00:00:04:00、00:00:05:00处添加不透明度分别为“0%”“100%”的关键帧。云雾逐渐显示的动效如图5-9所示。

图5-9

STEP 11 选择“文字工具”T，输入“诗意人生”文本，设置“入点”“出点”分别为“00:00:05:00”“00:00:08:00”，然后在“基本图形”面板中设置填充为“#000000”。其他参数如图5-10所示。效果如图5-11所示。

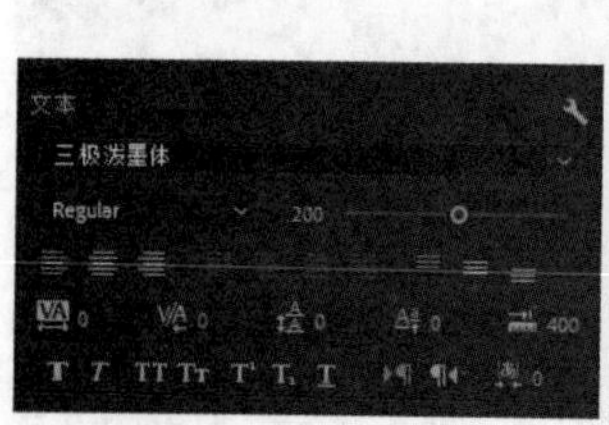

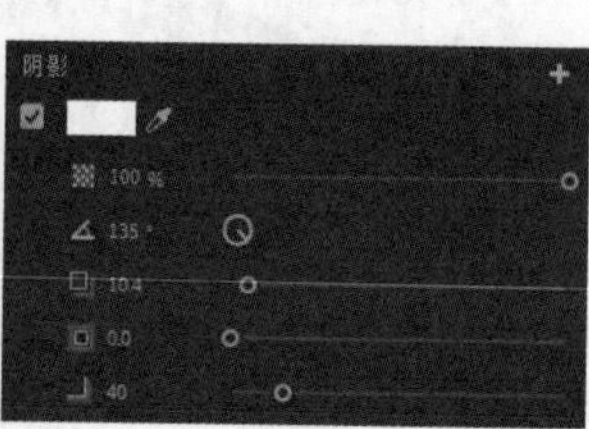

图5-10

图5-11

STEP 12 选择文本“诗意人生”，在00:00:06:00处开启并添加缩放和不透明度属性的关键帧，然后将时间指示器移至00:00:05:00处，设置“缩放”“不透明度”分别为“0.0”“0%”。文本“诗意人生”显示的动效如图5-12所示。最后按【Ctrl+S】组合键保存项目。

图5-12

5.1.3 利用素材的基本属性制作动效

在Premiere中，通过“效果控件”面板可以调整素材的基本属性，如位置、缩放、不透明度等，从而制作出不同类型的关键帧动效。

（1）位置

为“位置”属性设置关键帧，可以使素材在“节目”面板中移动位置。该参数的两个值分别表示素材在序列坐标系X轴和Y轴方向上的值（序列坐标系以“节目”面板画面的左上角为原点，往右为X轴方向上的正值，往上为Y轴方向上的正值）。图5-13所示为利用“位置”属性的关键帧，制作的热气球上升和云朵向右移动的动效。

图5-13

（2）缩放

为“缩放”属性设置关键帧，可以使素材在“节目”面板中变换大小。

（3）旋转

为“旋转”属性设置关键帧，可以使素材围绕中心点或自定义点旋转。图5-14所示为利用“缩放”属性和“旋转”属性的关键帧制作的文本放大和旋转的动效。

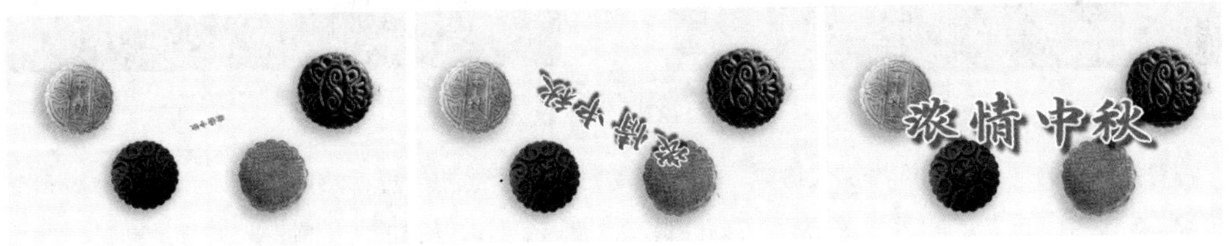

图5-14

（4）锚点

为“锚点”属性设置关键帧，可以改变素材在设置“位置”“旋转”和“缩放”等属性时的中心点，使素材围绕不同轴心进行旋转、以不同点为中心进行缩放。

（5）防闪烁滤镜

当缩小高分辨率素材时，为“防闪烁滤镜”属性设置关键帧，可处理视频画面细节的闪烁问题。要注意的是，随着数值的增加，更多的闪烁将被删除，但视频画面也会变淡。

（6）不透明度

为“不透明度”属性设置关键帧，可以控制素材的不透明度变化，从而实现淡入淡出、渐变消失或透明度变化等动态效果。图5-15所示为利用不透明度属性的关键帧，制作的画面淡入的动效。

图5-15

（7）速度

为“速度”属性设置关键帧，可以调整素材的播放速度，实现快慢放、时间延伸或压缩等动态效果。

5.1.4 关键帧的基本操作

剪辑人员若想成功地制作出关键帧动效，就必须熟练掌握关键帧的基本操作。

1. 开启并添加关键帧

若要为某个属性制作对应的动画效果，需要先开启并添加关键帧。选择需要添加关键帧的素材，将时间指示器移动到需要添加关键帧的位置，在“效果控件”面板中单击需要添加关键帧属性左侧的“切换动画”按钮，将其激活变为状态，表示开启关键帧，并同时在时间指示器所在位置自动添加一个关键帧，如图5-16所示。

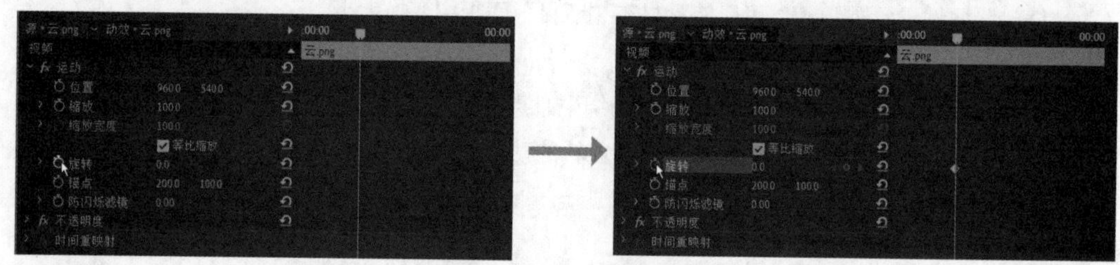

图5-16

若需要继续为同一个属性添加关键帧，则可移动时间指示器的位置，然后修改该属性的参数；或单击按钮组中的“添加/移除关键帧”按钮，添加一个对应参数的关键帧。

知识拓展

当某个属性中存在多个关键帧时，单击按钮组中的“移到上一关键帧”按钮，可将时间指示器从当前位置跳转到上一关键帧所在位置；单击“移到下一关键帧”按钮，可将时间指示器从当前位置跳转到下一关键帧所在位置。

2. 选择关键帧

当需要操作单个或多个关键帧时，可使用以下4种方法选择对应的关键帧。

- 选择单个关键帧：选择“选择工具”，直接在“效果控件”面板中单击要选择的关键帧。当关键帧显示为蓝色时，表示该关键帧已被选中。
- 选择某种属性的全部关键帧：直接在“效果控件”面板中单击属性的名称。
- 选择多个相邻关键帧：选择“选择工具”，在“效果控件”面板中按住鼠标左键不放并拖曳，绘制出一个矩形框，释放鼠标左键后，该矩形框内的关键帧将被全部选中，如图5-17所示。

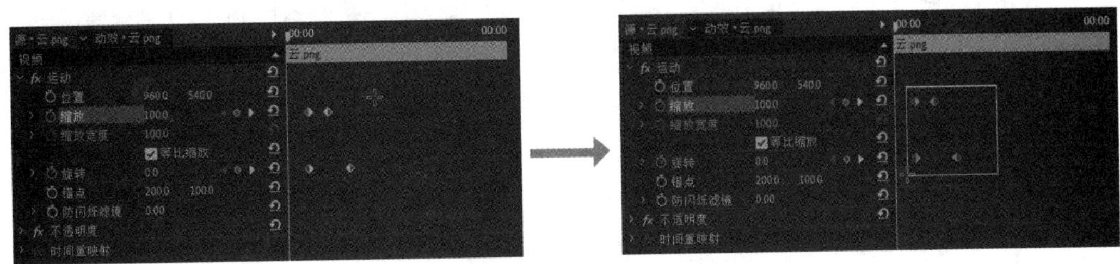

图5-17

- 选择多个不相邻关键帧：选择“选择工具”▶，按住【Shift】键或【Ctrl】键不放，在“效果控件”面板中依次单击要选择的多个关键帧。

3. 复制与粘贴关键帧

制作关键帧动效，有时需要添加多个相同属性值的关键帧，那么可通过复制与粘贴关键帧的操作提高效率。选择需要复制的关键帧，然后选择【编辑】/【复制】命令，或按【Ctrl+C】组合键，或单击鼠标右键，在弹出的快捷菜单中选择“复制”命令。接着将时间指示器移至新的位置，选择【编辑】/【粘贴】命令，或按【Ctrl+V】组合键，或单击鼠标右键，在弹出的快捷菜单中选择“粘贴”命令，可将关键帧粘贴到时间指示器所在位置，如图5-18所示。

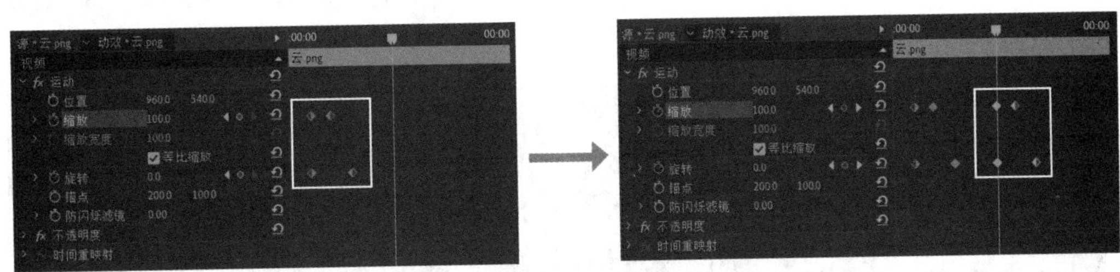

图5-18

另外，选择需要复制的关键帧，按住【Alt】键不放，同时在该关键帧上按住鼠标左键向左或向右拖曳也可以进行复制。释放鼠标左键后，将在释放的时间点处粘贴关键帧。

若需要在不同素材之间复制与粘贴多个属性的关键帧，可在“效果控件”面板中选择并复制素材A的关键帧，然后选择素材B，再在“效果控件”面板中按住【Ctrl】键的同时，单击选择对应的多个属性，最后进行粘贴操作。此时将以最左侧关键帧的位置为基准，在时间指示器所在时间点处粘贴关键帧。

5.1.5 关键帧插值

在Premiere中，可以通过更改和调整关键帧插值，精确控制动画效果中速度的变化状态。在制作一些较为复杂的动画时，这样能够有效进行优化。

1. 认识关键帧插值

Premiere中的关键帧插值主要可分为临时插值和空间插值2种类型。

（1）临时插值

临时插值（也称时间插值）用于控制关键帧在时间线上的变化状态，比如匀速运动和变速运动。在“效果控件”面板“运动”栏的“位置”属性选项中选择一个关键帧，单击鼠标右键，在弹出的快捷菜单中选择“临时插值”命令，可看到其子菜单中包含了7种插值类型，默认为“线性”类型。

（2）空间插值

空间插值用于控制关键帧在空间中位置的变化，比如直线运动和曲线运动。在“效果控件”面板“运动”栏的“位置”属性选项中选择一个关键帧，单击鼠标右键，在弹出的快捷菜单中选择“空间插值”命令，可看到其子菜单中包含了4种插值类型，默认为“自动贝塞尔曲线”类型。

2. 常见的插值类型

常见的插值类型有以下7种。用户可根据动效的具体需求，在关键帧上方单击鼠标右键，然后在弹出的快捷菜单中进行选择。

（1）线性

线性可以使关键帧动效的变化呈现出匀速的效果，即以恒定的速度进行变化。在“效果控件”面板右侧的时间轴视图中可看到线性插值的图表，如图5-19所示。

（2）贝塞尔曲线

贝塞尔曲线可以通过操控关键帧上的控制柄，手动调整关键帧任一侧的图表或运动路径段的形状。如果将贝塞尔曲线插值应用于某个属性中的所有关键帧，则Premiere将在关键帧之间创建平滑的过渡。贝塞尔曲线插值的图表如图5-20所示。

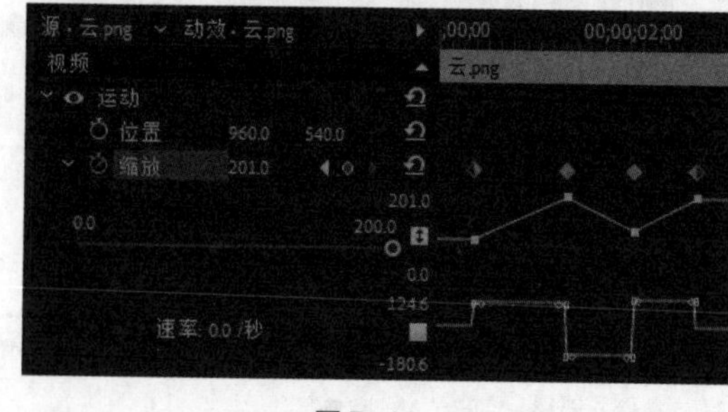

图5-19

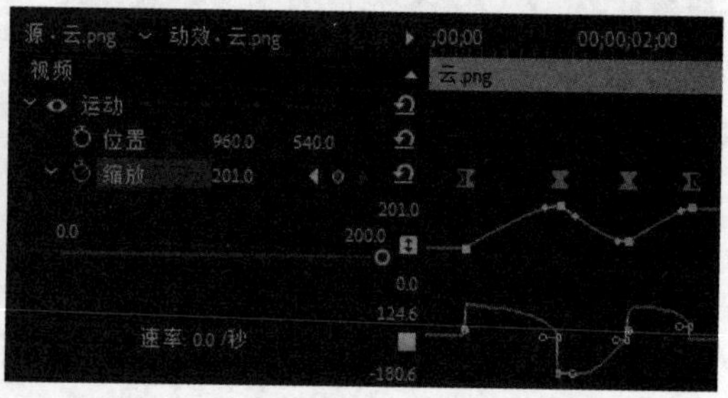

图5-20

（3）自动贝塞尔曲线

自动贝塞尔曲线可以自动创建平滑的变化速率。当更改自动贝塞尔曲线关键帧的值时，将自动调整关键帧任一侧的图表或运动路径段的形状，以实现关键帧之间的平滑过渡。

（4）连续贝塞尔曲线

连续贝塞尔曲线可以通过关键帧创建平滑的变化速率。但是可以手动设置连续贝塞尔曲线的控制柄位置，以更改关键帧任一侧的图表或运动路径段的形状。连续贝塞尔曲线插值的图表如图5-21所示。

（5）定格

定格可以更改属性值，并且不产生渐变的过渡效果，即当关键帧动效播放到该帧时，将保持前一个关键帧画面的效果。定格插值的图表如图5-22所示。

（6）缓入

缓入可以在关键帧动效开始时变化较慢，然后逐渐加速。

（7）缓出

缓出可以使关键帧动效结束时的变化由快变慢，逐渐减速。

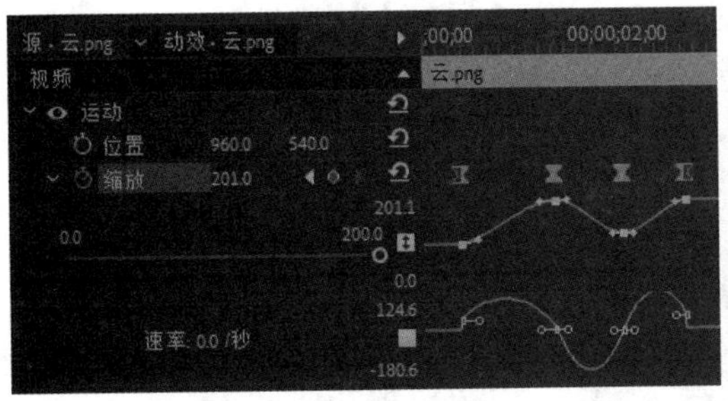

图5-21

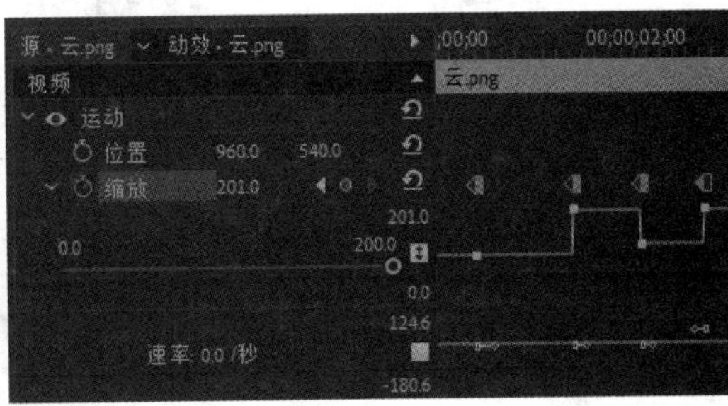

图5-22

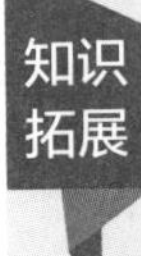

通过观察关键帧图标的外观可以简单判断其对应的插值方法，例如，◆图标代表线性插值，⧗图标代表连续贝塞尔曲线插值、贝塞尔曲线插值、缓入插值或缓出插值，●图标代表自动贝塞尔曲线插值，◀图标代表定格插值。

5.2 制作动态图形

在Premiere中，可以使用工具绘制规则和不规则的图形，再结合关键帧将静态图形转换为动态图形，将其作为动态元素应用在视频画面中，以起到强调关键信息、引导观众视线等作用。另外，Premiere中还有多种动态图形模板可供用户直接调用。

5.2.1 课堂案例——制作凉皮视频广告

【制作要求】为某餐饮店铺的凉皮菜品制作一个分辨率为“1080像素×1920像素”的视频广告，要求画面简洁大方，展现出凉皮的外观以及店铺的相关信息。

【操作要点】创建视频背景，绘制圆形、矩形作为装饰元素，然后添加凉皮图像素材，并输入标题文本和信息文本，再利用“基本图形”面板调整画面的版式，最后依次为视频画面中的元素制作关键帧动效，以吸引消费者注意。参考效果如图5-23所示。

【素材位置】配套资源:\素材文件\第5章\课堂案例\凉皮.png、店铺信息.txt

【效果位置】配套资源:\效果文件\第5章\课堂案例\凉皮视频广告.prproj

图5-23

具体操作如下。

视频教学：
制作凉皮视频广告

STEP 01 按【Ctrl+Alt+N】组合键打开“导入”界面，设置项目名称为“凉皮视频广告”，选择“凉皮素材”文件夹，在右侧取消选择“创建新序列”选项，然后单击创建按钮。

STEP 02 新建一个尺寸为“1080像素×1920像素”、时基为“29.97帧/秒”的序列。在“项目”面板中单击“新建项”按钮，在弹出的下拉菜单中选择“颜色遮罩”命令，打开“新建颜色遮罩”对话框，保持默认设置，单击确定按钮，如图5-24所示。接着将自动打开“拾色器”对话框，设置颜色为“#FFFFFF”，单击确定按钮后，又自动打开“选择名称”对话框，设置名称为“背景”，再单击确定按钮。

STEP 03 从“项目”面板中拖曳“背景”素材到“时间轴”面板中。选择“椭圆工具”，将鼠标指针移至“节目”面板的左上角，按住【Shift】键不放，同时按住鼠标左键不放并拖曳，绘制一个正圆。

STEP 04 选择【窗口】/【基本图形】面板，打开“基本图形”面板，勾选“外观”栏中的“填充”复选框，再单击右侧的色块，打开“拾色器”对话框，设置颜色为“#EB6E31”，单击确定按钮。

STEP 05 在“基本图形”面板中选中“形状01”图层，按【Ctrl+C】组合键复制，再按【Ctrl+V】组合键粘贴4次。选择“选择工具”，将复制所得的任意一个圆形移至画面右上角，如图5-25所示。在“基本图形”面板中按【Ctrl+A】组合键选中所有图层，再单击“对齐并变换”栏中的“水平均匀分布”按钮，5个正圆将被均匀分布，如图5-26所示。

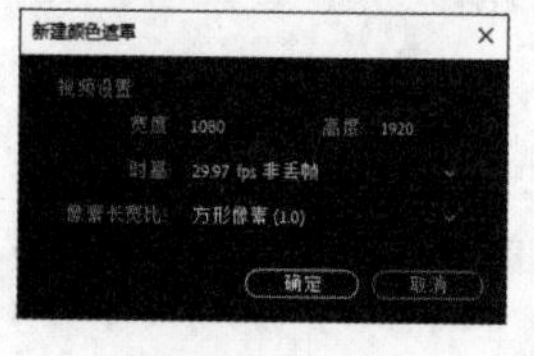

图5-24

图5-25

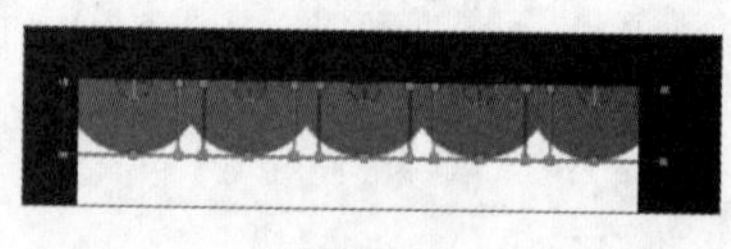

图5-26

STEP 06 取消选中任何轨道上的素材，选择“矩形工具”■，在画面左上角绘制一个填充为“#B83131”的矩形，如图5-27所示。在“基本图形”面板中选中该图层，再单击图层名称，将其修改为“红色矩形”。

提示

在绘制图形或输入文本时，如选中任意一个图形或文本，则绘制的图形或输入文本都将默认存在于所选中的图形或文本中。因此，在绘制图形或输入文本之前，最好先取消选中任何轨道上的素材。

STEP 07 按照与步骤05相同的方法复制一个红色矩形，修改所复制图层的名称为“白色矩形框”，然后在“对齐并变换”栏中单击“设置缩放锁定”图标，使其变为状态，再设置左右两侧的参数分别为“96%”“88%”；在下方的“外观”栏中取消勾选“填充”复选框，再勾选“描边”复选框，设置颜色、描边宽度和描边位置分别为“#FFFFFF”“20.0”“内侧”，如图5-28所示。效果如图5-29所示。

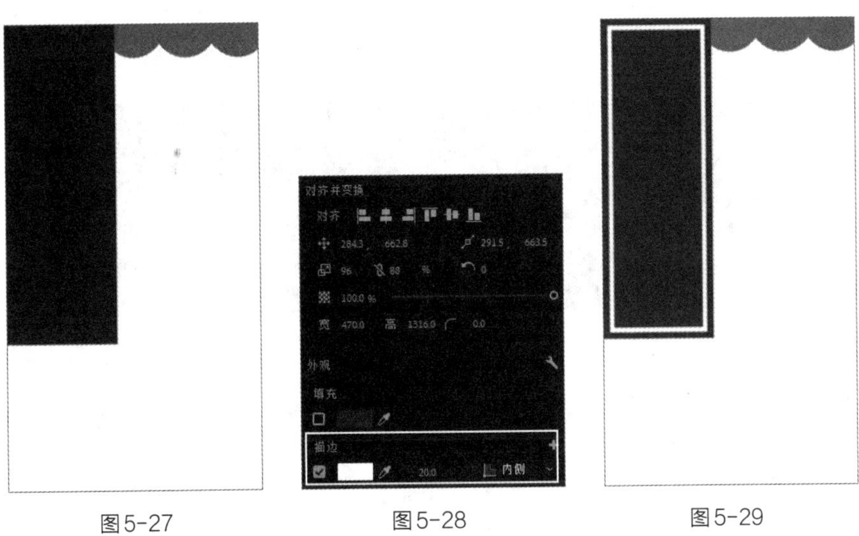

图5-27　图5-28　图5-29

提示

“设置缩放锁定”图标默认为开启状态，此时矩形的长宽比固定不变。因此，在本案例中为保证白色矩形框与红色矩形边界四周的距离更加相近，需关闭该功能。

STEP 08 新建3个视频轨道，拖曳“凉皮.png”素材至“时间轴”面板中的V4轨道上，在“效果控件”面板中设置“缩放”为“120.0”，再适当调整位置参数，使其位于画面右下角。

STEP 09 取消选中任何轨道上的素材，选择“垂直文字工具”，在白色矩形框中输入“特色凉皮”文本，并在“基本图形”面板中设置参数，如图5-30所示。

STEP 10 取消选中任何轨道上的素材，选择“文字工具”，在画面右上角输入“店铺信息.txt”素材中的文本信息，然后在“基本图形”面板中设置参数，如图5-31所示。画面效果如图5-32所示。

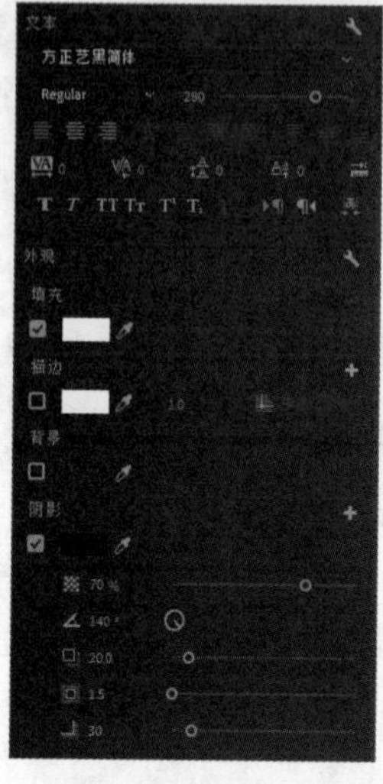

图5-30

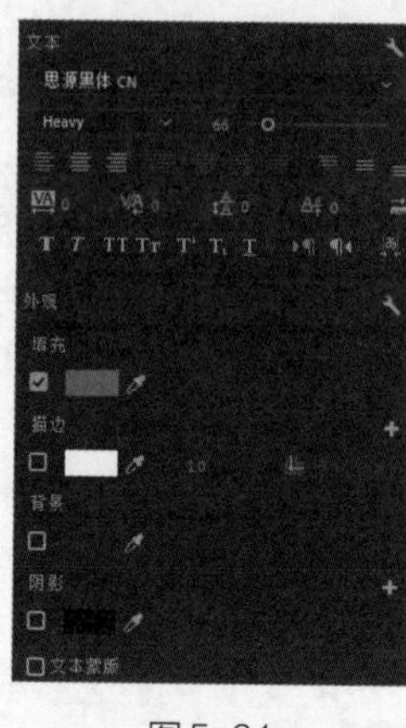

图5-31

图5-32

STEP 11 将所有轨道上素材的出点都设置为“00:00:10:00”，如图5-33所示。

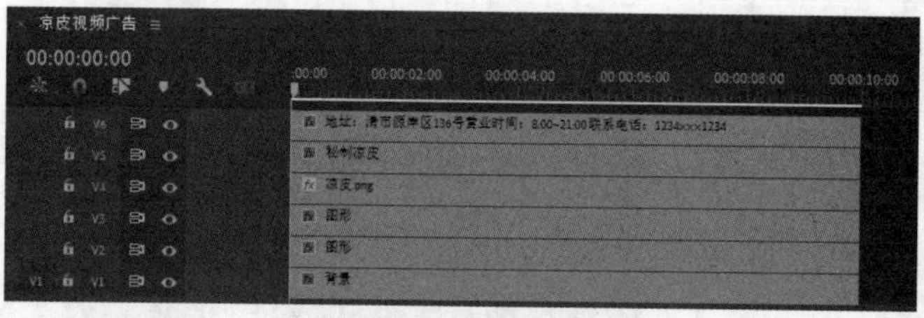

图5-33

STEP 12 隐藏V4、V5、V6轨道，选择V3轨道上的图形，在“效果控件”面板的“视频”栏中开启位置属性的关键帧，然后在00:00:02:00处添加关键帧，再将时间指示器移至00:00:00:00处，减小在Y轴上的位置参数，直至图形在画面外，这样，便于制作出图形从上往下的移动动效。

STEP 13 显示V4轨道，选择“凉皮.png”素材，在00:00:03:00处开启位置属性和旋转属性的关键帧，再将时间指示器移至00:00:00:00处，减小在X轴上的位置参数，直至素材在画面外；再设置“旋转”为“-300°”，使该素材从左至右旋转滚动出现在画面中，效果如图5-34所示。

STEP 14 显示V5轨道，选择V5轨道上的文本，然后选择“选择工具”▶，将鼠标指针移至文本的锚点⊕上方，当鼠标指针变为形状时，按住鼠标左键不放并拖曳，将锚点移至“色”字和“凉”字之间，如图5-35所示。这样，便于制作出文本以锚点位置为中心进行缩放的动效。

STEP 15 保持选择V5轨道上文本的状态，将时间指示器移至00:00:05:00处，在“效果控件”面板的“图形”栏中开启缩放属性的关键帧，再将时间指示器移至00:00:03:00处，设置“缩放”为“0.0”，这样，便于制作出该文本逐渐放大的动效。

STEP 16 显示V6轨道，选择V6轨道上的文本，在00:00:07:00处开启位置属性的关键帧，再将时间指示器移至00:00:05:00处，增大在X轴上的位置参数，直至文本在画面外，便于制作出该文本从右往左的移动动效，如图5-36所示。最后按【Ctrl+S】组合键保存项目。

图5-34

图5-35

图5-36

5.2.2 使用形状工具组绘制图形

Premiere中提供了“矩形工具”■、“椭圆工具”●和“多边形工具”⬢3种用于绘制不同形状图形的工具。这些工具的绘制方法类似，此处以“矩形工具”■为例。选择工具后，将鼠标指针移至“节目”面板中，按住鼠标左键不放并拖曳，可创建相应的矩形图形，如图5-37所示。

图5-37

另外，在使用“矩形工具”和“椭圆工具”时，按住鼠标左键拖曳并按住【Shift】键不放，可创建正方形或正圆形；使用“矩形工具”、“椭圆工具”和“多边形工具”时，按住【Alt】键不放，将以单击点为中心向外创建图形。

5.2.3 使用钢笔工具绘制图形

若需要绘制不规则的图形，可选择钢笔工具，然后在“节目”面板中单击创建锚点，接着在其他位置继续单击创建新的锚点，此时会出现一条连接两个锚点的直线，如图5-38所示。若需要绘制曲线段，则可在创建锚点时，按住鼠标左键不放并拖曳，使直线变为曲线（见图5-39），且鼠标指针默认变为拖曳该锚点的控制柄，通过拖曳可调整曲线的弧度；若需结束绘制，则可将鼠标指针移至创建的第1个锚点上，当鼠标指针变为状态时（见图5-40），单击可闭合图形。

图5-38

图5-39

图5-40

知识拓展

闭合图形后，选择“钢笔工具”，将鼠标指针移至该图形边缘的线段上单击可添加锚点；将鼠标指针移至锚点上，按住鼠标左键不放并拖曳可移动锚点位置；按住【Alt】键不放并单击锚点，可将锚点两侧的曲线变为直线；按住【Alt】键不放，同时单击并拖曳锚点，可将锚点两侧的直线变为曲线；单击激活曲线所在锚点后，可拖曳两侧的控制柄调整曲线。

5.2.4 认识“基本图形”面板

Premiere中的“基本图形”面板主要用于创建和编辑图形与文本。选择【窗口】/【基本图形】命令，打开“基本图形”面板，在“浏览”选项卡（见图5-41）中，可浏览其中的动态图形模板（后缀名为“.mogrt”的文件）；在“编辑”选项卡（见图5-42）中，单击“创建组”按钮，可新建用于管理图层的组；单击“新建图层”按钮，可在弹出的下拉菜单中选择相应的文本或图形，选择其中的“来自文件”选项可基于所选文件新建图形。

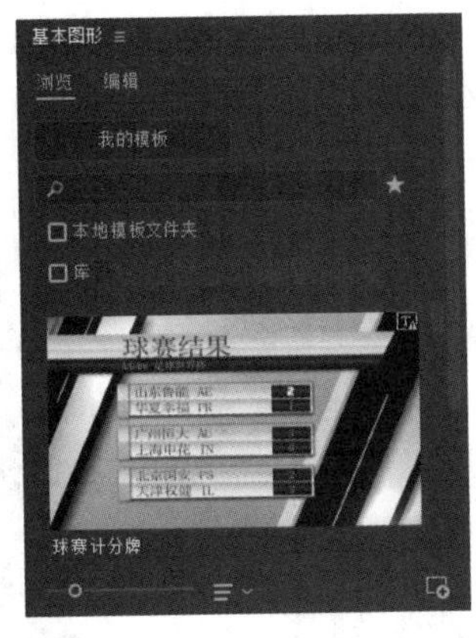

图5-41

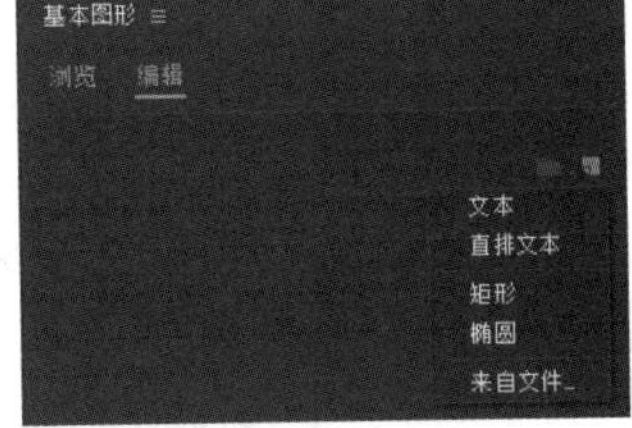

图5-42

1. 应用动态图形模板

在“基本图形”面板的“浏览”选项卡中，可以浏览多种动态图形模板，如图5-43所示。选择任意一个动态图形模板后，直接将其拖曳到视频轨道上，可应用该模板。应用之后，可以在“编辑”选项卡或“效果控件”面板中调整该动态图形模板的参数，使其更符合设计需求。

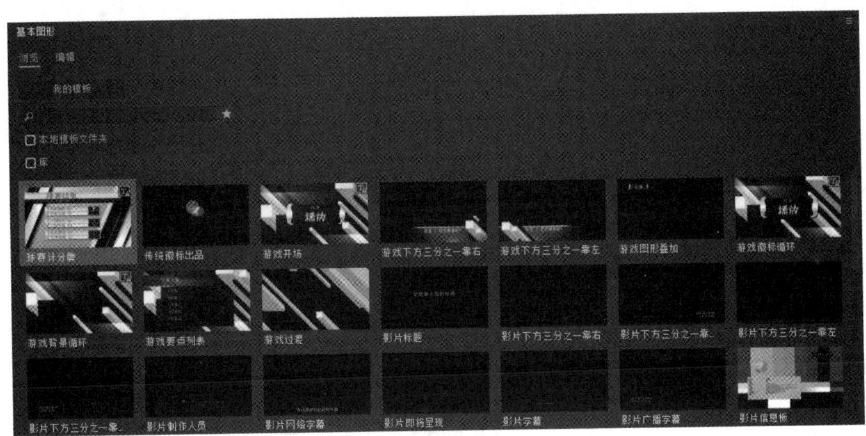

图5-43

若需要将做好的动态图形效果存储到计算机中或发送给他人使用，则可在选择动态图形后，选择【文件】/【导出】/【动态图形模板】命令，打开“导出动态图形模板”对话框，设置名称、目标、兼容性等参数，然后单击 确定 按钮。

2. 设置图形属性

新建图形或文本后，“基本图形”面板中的“编辑”选项卡将出现多个用于调整图形或文本属性的参数，此处以图形为例，如图5-44所示。

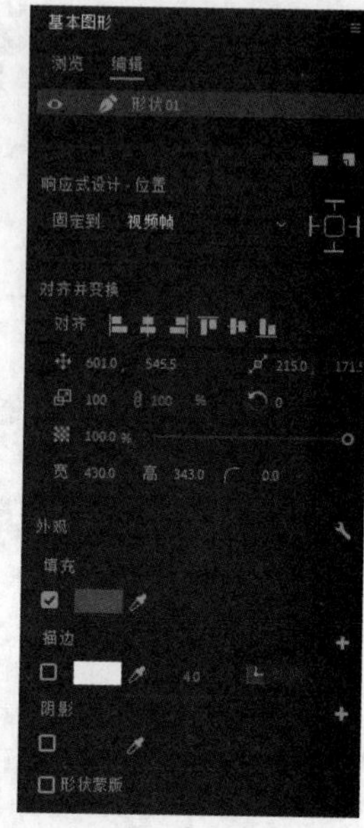

图5-44

（1）图层管理

上方为一个图层管理区，将以图层的形式显示所有新建的图形。选中任一图层，单击鼠标右键，可在弹出的快捷菜单中选择重命名、剪切、复制等命令进行操作。

（2）响应式设计-位置

在“固定到”下拉列表中可为所选图层（子级图层）选择目标图层（父级图层），在右侧设置固定的边缘，当父级图层的边缘发生改变时，为子级图层所设置的固定边缘也会自动发生改变。

（3）对齐并变换

选择图形后，可通过对齐按钮组进行对齐操作，以便更好地排版画面内容。按钮组中从左至右依次为“左对齐”按钮、“水平对齐”按钮、“右对齐”按钮、“顶对齐”按钮、“垂直对齐”按钮、“底对齐”按钮。

按钮组下方的多个参数则分别用于设置图形的位置、锚点、比例、旋转、不透明度、宽度、高度和圆角。

知识拓展

若同时选中3个或3个以上的图层，对齐按钮组下方将出现分布按钮组，可等距离分布多个图形。该按钮组从左至右依次为“垂直均匀分布”按钮、“垂直分布空间”按钮、“水平均匀分布”按钮、“水平分布空间”按钮，其中均匀分布计算的是图形边缘到另一个图形边缘之间的距离，而分布空间计算的是图形之间的空白间隙。

（4）外观

在“外观”栏中，可设置图形的填充、描边、阴影和形状蒙版等参数，分别勾选参数左侧的复选框即可激活。单击色块打开“拾色器”对话框，可在其中设置相应颜色，也可使用右侧的吸管工具直接吸取颜色。勾选“文本蒙版”复选框可将图形设置为蒙版。

5.3 综合实训

5.3.1 制作影视剧片头

《逐梦》是一部讲述了一个年轻人在城市中努力追求梦想的励志题材影视剧，旨在传递积极向上的价值观和鼓舞人心的力量。现需为该影视剧制作一个能引起观众注意，同时传达该影视剧相关信息的片头。表5-1所示为影视剧片头制作任务单，其中明确给出了实训背景、制作要求、设计思路和参考效果等。

表 5-1 影视剧片头制作任务单

实训背景	为了激发观众的兴趣，以促使他们观看，为《逐梦》影视剧制作一个片头
尺寸要求	1920 像素 ×1080 像素
时长要求	30 秒以内
制作要求	1. 画面 结合影视剧主题，并按照从白天到晚上的顺序排列视频素材，最后以主角遥望城市的画面为结尾，以模拟主角追逐梦想的过程 2. 文本 文本内容需要依次展现领衔主演、主演、制片人、监制和导演的信息，最后展现剧名以及剧审号 3. 动效 为文本的出现和消失制作动效，以增强视觉冲击力，吸引观众注意
设计思路	先剪辑多个视频素材，然后依次在画面中输入领衔主演、主演等文本信息，再添加剧名素材，最后依次利用关键帧制作动效
参考效果	影视剧片头效果
素材位置	配套资源 :\ 素材文件 \ 第 5 章 \ 综合实训 \ 影视剧片头素材 \
效果位置	配套资源 :\ 效果文件 \ 第 5 章 \ 综合实训 \ 影视剧片头 .prproj

操作提示如下。

STEP 01 新建“影视剧片头”项目，导入所有素材文件。基于“城市.mp4”素材创建序列并修改序列名称。

视频教学：
制作影视剧片头

STEP 02 依次拖曳“交通.mp4”“人物.mp4”素材至“时间轴”面板中的V1轨道上，适当调整所有素材的播放速度、入点和出点。

STEP 03 输入领衔主演的相关文本信息，调整文本的大小和对齐方式，利用不透明度和位置属性制作向上移动并逐渐显示的动效。

STEP 04 调整文本素材的出点，然后在“时间轴”面板中复制多个文本素材，再依次修改文本内容为主演、制片人、监制和导演信息。

STEP 05 添加“逐梦.png”素材并调整其出点，利用不透明度和缩放属性的关键帧为其制作放大并逐渐显示的动效。

STEP 06 在“人物.mp4”素材下方输入剧审号文本信息，利用不透明度属性的关键帧为其制作逐渐显示的动效。

STEP 07 添加“背景音乐.mp3”素材并调整其出点，最后保存项目。

行业知识

影视剧的片头和片尾是指在剧集开头和结尾处出现的一段特定的视频内容。它们通常包括片名、主要演员、导演、制片人等人员名单，并伴随着配乐和特定的视觉效果，以提升影视剧的专业感和品质感。

在影视剧的片头和片尾中，动效起着非常重要的作用，能够增强视觉冲击力、提升观赏体验。在为这类视频制作动效时，要注意动画元素的选择和动画流畅性的把握，同时也应该适当控制动效的时长，且动效要简洁明了，避免喧宾夺主。

5.3.2 制作魔方主图视频

某智力玩具店铺上新了一系列魔方，其在顺滑度方面有了较大的提升。该店铺准备以顺滑度作为核心卖点来为该系列魔方制作主图视频，用于吸引消费者注意并提高销售量。表5-2所示为魔方主图视频制作任务单，其中明确给出了实训背景、制作要求、设计思路和参考效果等。

表 5-2 魔方主图视频制作任务单

实训背景	为推广新系列魔方，并促进消费者购买，为这一系列的魔方制作主图视频
尺寸要求	1080 像素 ×1080 像素
时长要求	12 秒左右
制作要求	1. 画面内容 画面内容简洁清晰，先依次展示该系列单个魔方的外观，让观众在视觉上有一个过渡的体验，给予观众悬念和期待，最后显示所有魔方及其卖点信息 2. 动效 在展示单个魔方时，可使其依次快速地从上往下坠落，以增强视觉冲击力；再采用逐渐显示的动效来显示所有魔方及其卖点信息
设计思路	先调整单个魔方的大小和位置，依次为其制作显示和下落的动效，再输入文本信息并排版画面，最后为其制作逐渐显示的动效

续 表

参考效果	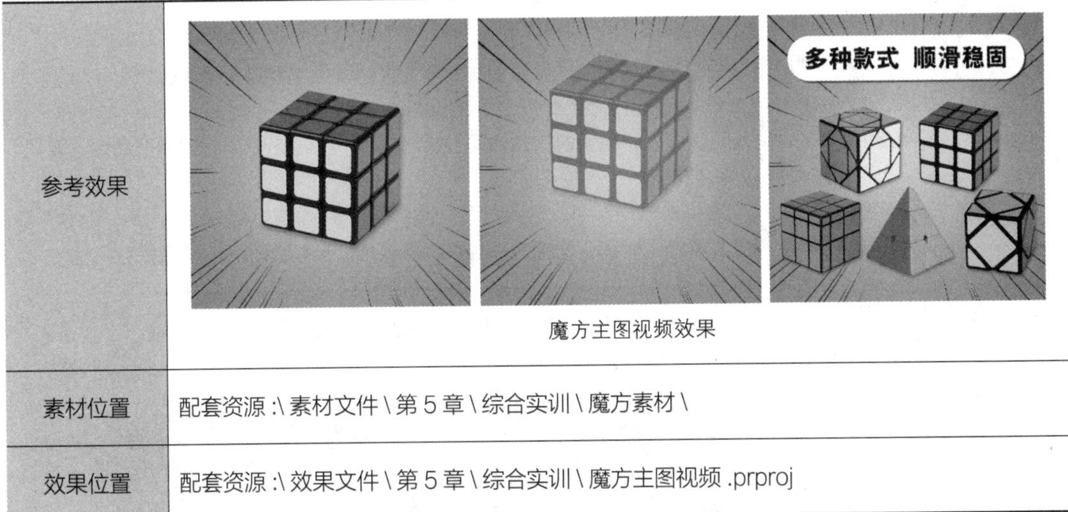魔方主图视频效果
素材位置	配套资源:\素材文件\第 5 章\综合实训\魔方素材\
效果位置	配套资源:\效果文件\第 5 章\综合实训\魔方主图视频.prproj

操作提示如下。

视频教学：制作魔方主图视频

STEP 01 新建"魔方主图视频"项目，导入所有素材文件，创建名称为"魔方主图视频"的序列，分别添加"背景.jpg""漫画框.png"素材到V1、V2轨道上作为背景。

STEP 02 依次拖曳所有魔方素材到"时间轴"面板中的V3～V7轨道上，统一调整缩放参数，利用不透明度和位置属性，依次制作下落并逐渐显示和消失的动效，再将所有魔方素材创建为"魔方依次展现"嵌套序列。

STEP 03 再次拖曳所有魔方素材到"时间轴"面板中的V3～V7轨道上，适当缩小素材，然后进行排版，再将这些素材创建为"魔方"嵌套序列。

STEP 04 绘制矩形并将其调整为带阴影的圆角矩形，在其上方输入文本，然后为该矩形和"魔方"嵌套序列制作逐渐显示的动效，最后保存项目。

5.3.3 制作综艺栏目包装

《欢乐大作战》是一档热门综艺栏目，致力于为观众呈现各种有趣的游戏和挑战。该栏目已经成功播出多季，并深受观众喜爱。为了进一步提升《欢乐大作战》栏目的观赏性和吸引力，制作方决定对其进行包装升级，以更好地迎合观众需求。表5-3所示为综艺栏目包装制作任务单，其中明确给出了实训背景、制作要求、设计思路和参考效果等。

表 5-3 综艺栏目包装制作任务单

实训背景	为吸引更多观众观看新一季《欢乐大作战》栏目，为该栏目制作一个新的栏目包装
尺寸要求	1920 像素 ×1080 像素
时长要求	8 秒左右

续表

制作要求	1. 画面 画面要简洁明了，切勿添加过多元素，以便观众能快速从画面中获取关键信息 2. 动效 栏目包装要保持欢快活泼、轻松愉悦的栏目调性，因此可以通过十分动感的图形动效，增强画面的视觉冲击力和节奏感 3. 色彩 为画面中的图形和文本使用明亮、鲜艳的颜色，比如黄色、亮紫色等，以契合栏目风格
设计思路	先创建背景并添加装饰元素，然后绘制多个圆形作为文本背景，再输入栏目名称文本，最后分别利用不同属性的关键帧为各个元素制作动效
参考效果	欢乐大作战 综艺栏目包装效果
素材位置	配套资源 :\ 素材文件 \ 第 5 章 \ 综合实训 \ 装饰 .psd
效果位置	配套资源 :\ 效果文件 \ 第 5 章 \ 综合实训 \ 综艺栏目包装 .prproj

操作提示如下。

视频教学：制作综艺栏目包装

STEP 01 新建“综艺栏目包装”项目，导入所有素材文件，创建名称为“综艺栏目包装”的序列，新建颜色为“#C457EC”的颜色遮罩作为背景。

STEP 02 依次添加“装饰psd”素材中的山峰图像，利用不透明度和位置属性的关键帧，依次为3个山峰图像制作向上移动并逐渐显示的动效，并使显示时间具有一定的时间差，再将3个山峰嵌套为“山峰”序列。

STEP 03 依次添加“装饰psd”素材中的云图像，利用不透明度和位置属性的关键帧，制作让云逐渐显示并左右移动的动效，再将两个云图像嵌套为“云”序列。

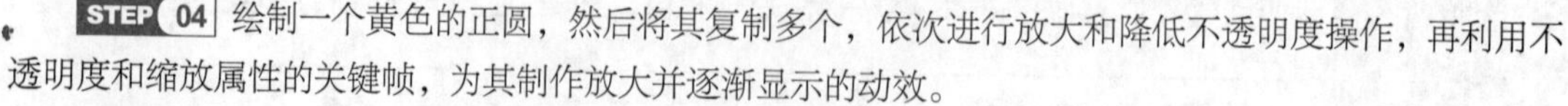

STEP 04 绘制一个黄色的正圆，然后将其复制多个，依次进行放大和降低不透明度操作，再利用不透明度和缩放属性的关键帧，为其制作放大并逐渐显示的动效。

STEP 05 输入文本信息并添加描边效果，为其制作逐渐放大并显示的动效，最后保存项目。

课后练习

练习 1 制作影视剧片尾

【制作要求】利用素材制作影视剧片尾，要求在画面左侧展示所提供的视频素材，然后在右侧依次展示工作人员名单。

【操作提示】先创建黑色背景，然后添加视频素材和名单素材，并分别调整大小和位置，再利用关键帧依次为这两个素材制作动效。参考效果如图5-45所示。

【素材位置】配套资源:\素材文件\第5章\课后练习\影视剧片尾素材\

【效果位置】配套资源:\效果文件\第5章\课后练习\影视剧片尾.prproj

图5-45

练习 2 制作电影解说栏目片头

【制作要求】利用素材制作电影解说栏目《电影知意》的片头，要求画面中有与电影相关的元素，以突出栏目主题，加深观众印象，最后展现出栏目名称和主旨等文本。

【操作提示】先利用颜色遮罩制作视频背景，然后绘制出胶片盘图像，并为其制作动效、输入文本信息，再利用关键帧和动态图形模板制作动效。参考效果如图5-46所示。

【素材位置】配套资源:\素材文件\第5章\课后练习\放映机.mp4

【效果位置】配套资源:\效果文件\第5章\课后练习\电影解说栏目片头.prproj

图5-46

练习 3 制作耳机短视频广告

【制作要求】利用素材制作耳机短视频广告，要求在广告中展示出耳机的外观，以及该耳机的卖点和开售时间等文本，并利用动效吸引消费者的视线，使其能够快速注意到关键信息。

【操作提示】先排版画面内容，然后绘制装饰矩形，并输入文本信息，再利用关键帧分别为各个元素制作动效。参考效果如图5-47所示。

【素材位置】配套资源:\素材文件\第5章\课后练习\耳机素材\

【效果位置】配套资源:\效果文件\第5章\课后练习\耳机短视频广告.prproj

图5-47

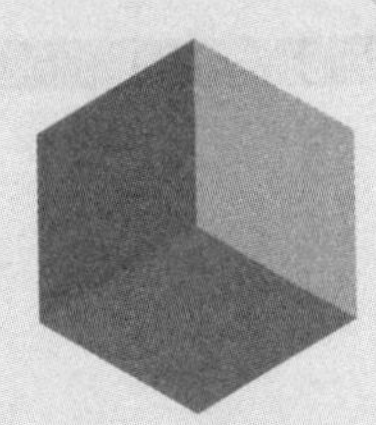

第6章 视频特效

随着计算机技术的发展，视频特效已经成为视频编辑与制作中不可或缺的一部分。应用视频特效能够为画面创造别具一格的视觉效果，不仅可以增强视觉冲击力，还可以塑造氛围。而应用Premiere中的视频效果可以制作出各种各样的视频特效，给观众带来更好的观看体验。

学习要点

◎ 熟悉常用的视频效果。

◎ 掌握制作视频特效的方法。

素养目标

◎ 探索新的视觉特效组合。

◎ 提高自主学习能力，适应行业发展的需求。

扫码阅读

案例欣赏

课前预习

了解视频特效

视频特效是指通过计算机技术，将一些人工制作的假象或者不存在的事情添加到视频当中，让视频画面变得更加生动有趣，从而为观众带来更为新颖的观赏体验。

6.1.1 视频特效的分类

Premiere中的视频特效都存放在“效果”面板的“视频效果”文件夹中，其中的每个文件夹中都包含了多个视频特效，如图6-1所示。

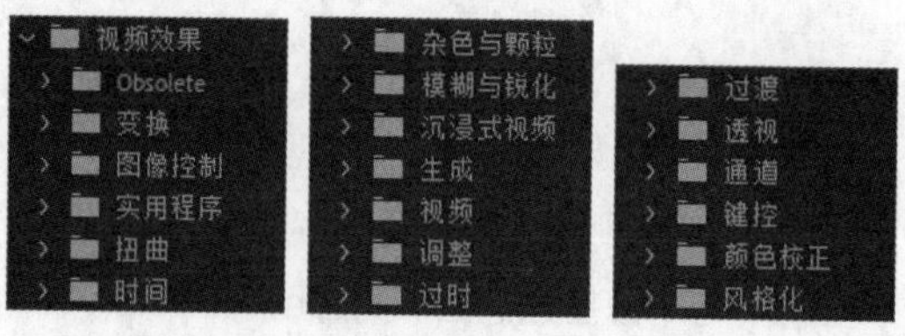

图6-1

由于视频特效种类较多，用户可以单击“效果”面板下方的“新建自定义素材箱”按钮■，在“效果”面板中新建素材箱，然后将使用较为频繁的视频特效直接拖曳进素材箱中，以便在后续编辑与制作视频时能够快速调用。需要注意的是，原始文件夹中的视频特效与拖曳进素材箱中的视频特效会同时存在，不会影响原始文件夹中的内容。

6.1.2 视频特效的基本操作

应用视频特效的方法与应用视频过渡效果的方法相同，即在“效果”面板中选择需要应用的视频特效，将其拖曳到时间轴面板中的素材上；或者选中素材后，双击需要应用的视频特效。

为素材应用视频特效后，可以在“效果控件”面板中设置与该特效相关的参数。图6-2所示为应用“径向阴影”视频特效后“效果控件”面板中的参数。除了调整参数外，用户也可以使用关键帧中的参数制作相应的动效。

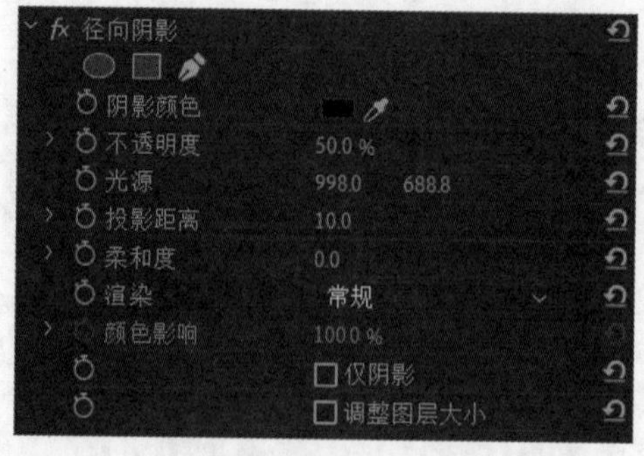

图6-2

6.2 应用效果制作视频特效

综合利用“效果”面板中的各种效果，能够制作出各种各样的视频特效。因此用户需要先熟悉不同效果的具体作用，才能在编辑与制作视频时得心应手。

6.2.1 课堂案例——制作音乐栏目包装

【制作要求】为某音乐栏目制作一个分辨率为“1920像素×1080像素”的包装视频，要求画面色彩具有视觉冲击力，同时还要突出与音乐相关的元素，以契合栏目的主题。

【操作要点】利用“四色渐变”效果优化画面色彩，利用“湍流置换”效果为五线谱制作流动的特效，并利用关键帧为音符制作移动动效。参考效果如图6-3所示。

【素材位置】配套资源:\素材文件\第6章\课堂案例\音乐栏目素材\

【效果位置】配套资源:\效果文件\第6章\课堂案例\音乐栏目包装.prproj

图6-3

具体操作如下。

STEP 01 按【Ctrl+Alt+N】组合键打开“导入”界面，设置项目名称为“音乐栏目包装”，选择“音乐栏目素材”文件夹，在右侧取消选择“创建新序列”选项，然后单击创建按钮。

视频教学:
制作音乐栏目包装

STEP 02 拖曳“背景视频.mp4”素材至“时间轴”面板中，将自动生成与其同名的序列，然后将序列重命名为“音乐栏目包装”，再设置素材的出点为“00:00:08:00”。

STEP 03 选择“背景视频.mp4”素材，打开“效果”面板，搜索“四色渐变”效果，然后双击该效果进行应用。此时“效果控件”面板中的参数如图6-4所示。画面效果如图6-5所示。

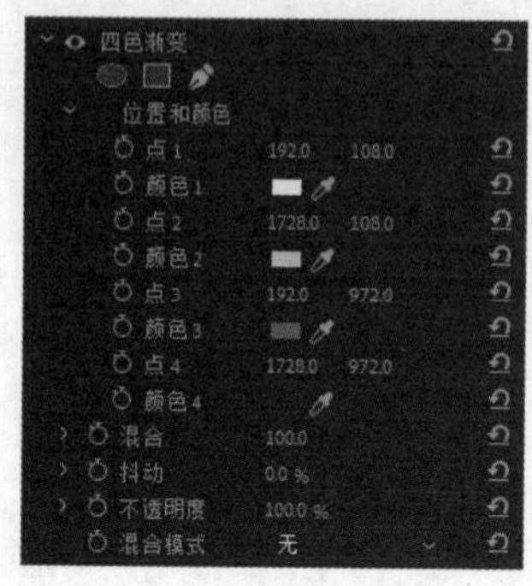

图6-4

图6-5

STEP 04 将“四色渐变”栏中的混合模式设置为“叠加”。“背景视频.mp4”素材画面前后的对比效果如图6-6所示。预览视频整体播放效果，如图6-7所示。

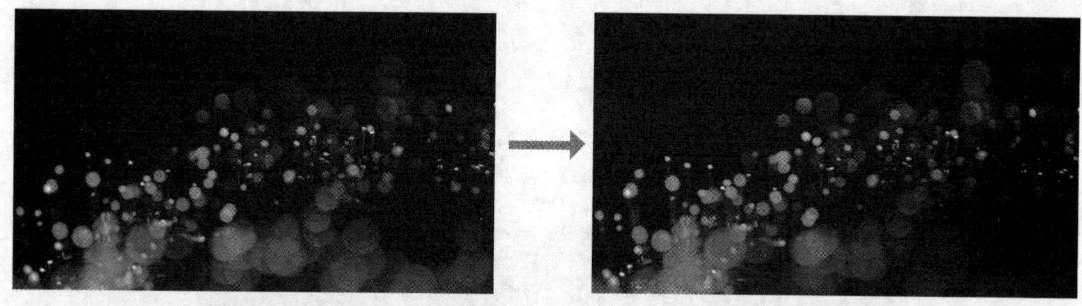

图6-6

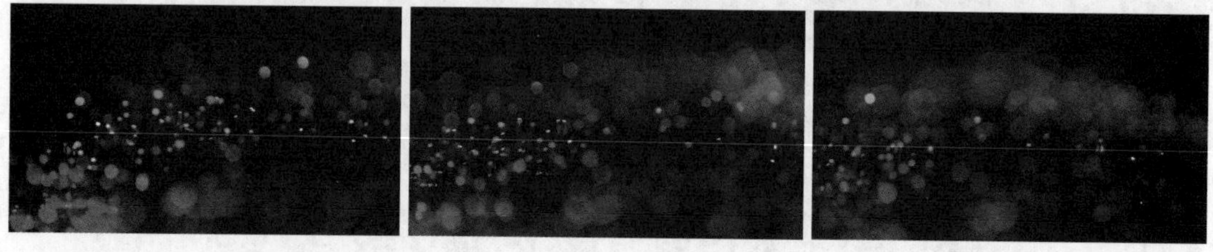

图6-7

STEP 05 选择“矩形工具”，在画面中绘制一个宽为“1920.0”、高为“2.0”、填充为“白色”的矩形，并取消描边。

STEP 06 在“基本图形”面板中选中“形状01”图层，按【Ctrl+C】组合键复制，然后按4次【Ctrl+V】组合键粘贴，再调整其中两个复制矩形的位置，分别向上拖曳和向下拖曳一定距离，然后选中所有形状图层，单击“垂直均匀分布”按钮，使5个矩形的间距相同，制作出五线谱的样式，如图6-8所示。

STEP 07 选择图形素材，在“效果”面板中搜索“湍流置换”效果，双击该效果进行应用，五线谱的形状将自动变成扭曲状态，如图6-9所示。

图6-8

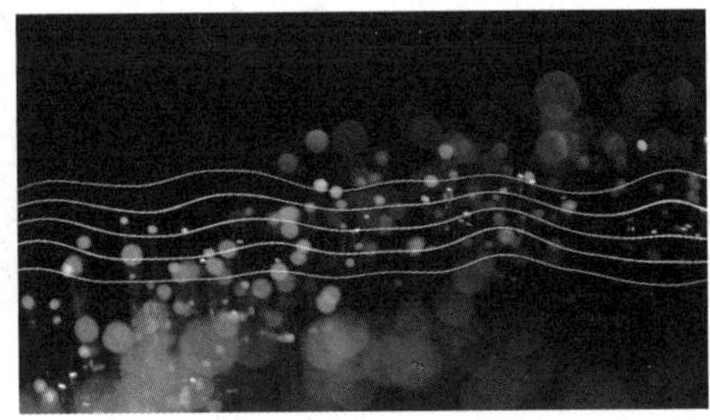

图6-9

STEP 08 在“效果控件”面板中开启并添加大小和偏移（湍流）属性的关键帧，然后将时间指示器移至00:00:08:00处，设置大小和偏移（湍流）分别为“385.0”“2727.0　540.0”，制作五线谱向右流动的效果，如图6-10所示。

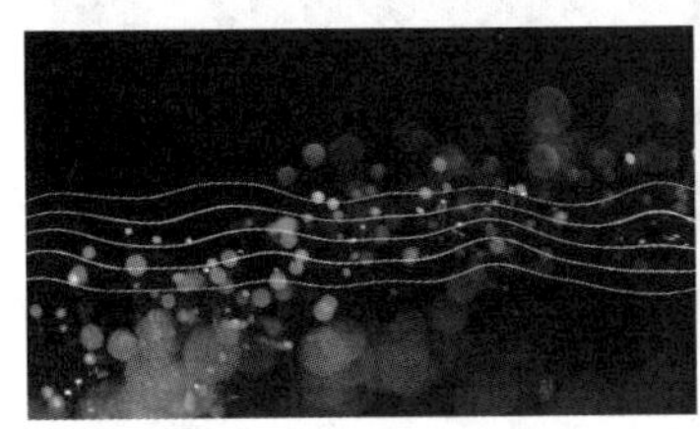

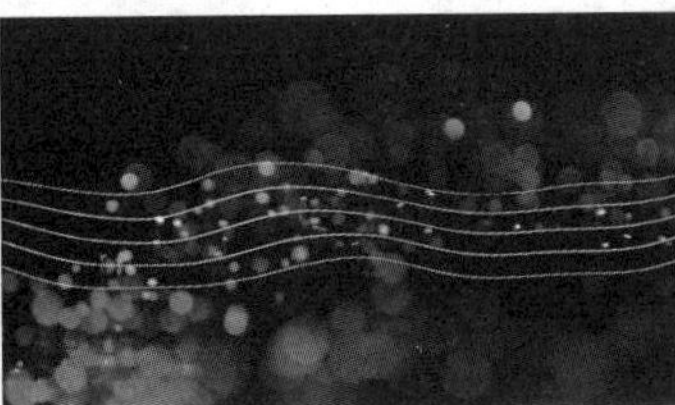

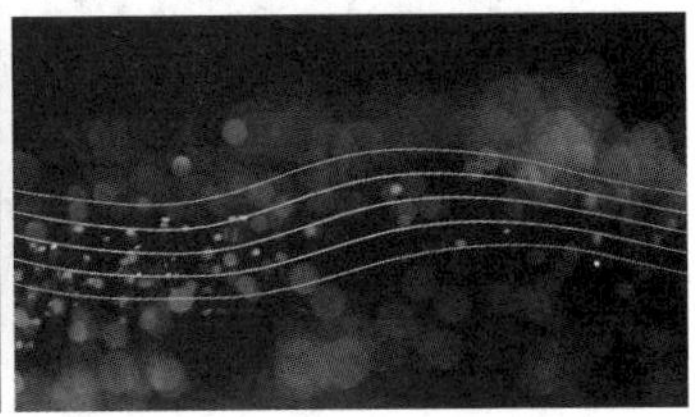

图6-10

STEP 09 将“音符1.png”素材拖曳至V3轨道上，设置其出点为“00:00:08:00”，然后创建“音符”嵌套序列。打开该嵌套序列，创建V4和V5轨道，然后依次添加其他音符素材到“时间轴”面板中，并设置其出点为“00:00:08:00”。

STEP 10 将时间指示器移至00:00:07:24处，依次调整5个音符的位置属性，使画面的效果如图6-11所示。

STEP 11 选择“音符1.png”素材，为“位置”属性开启并添加关键帧，然后在00:00:00:00处将其移至五线谱左侧的画面外，再在两个关键帧之间添加3个关键帧，适当调整Y轴方向上的值，使音符从左至右移动，如图6-12所示。

图6-11

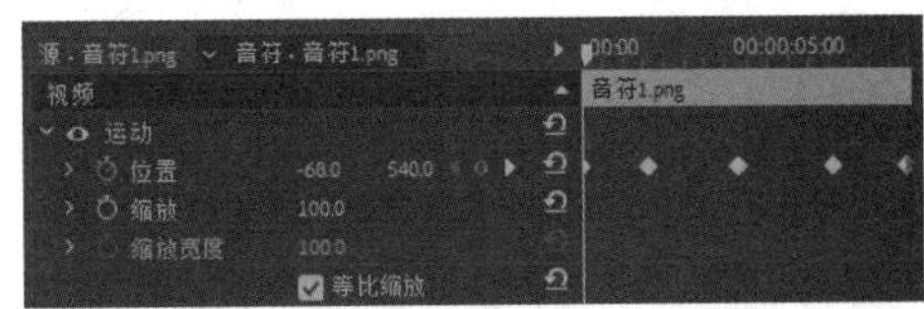

图6-12

STEP 12 使用与步骤11相同的方法，为其他音符素材添加“位置”属性关键帧，并调整起始关键帧的时间点，使音符从左至右依次出现，效果如图6-13所示。

STEP 13 返回“音乐栏目包装”序列，添加“背景音乐.mp3”素材并调整出点。最后按【Ctrl+S】组合键保存项目。

图6-13

6.2.2 “湍流置换”效果

“湍流置换”效果可以使视频画面产生类似于波纹、信号和旗帜飘动等扭曲效果，如图6-14所示。

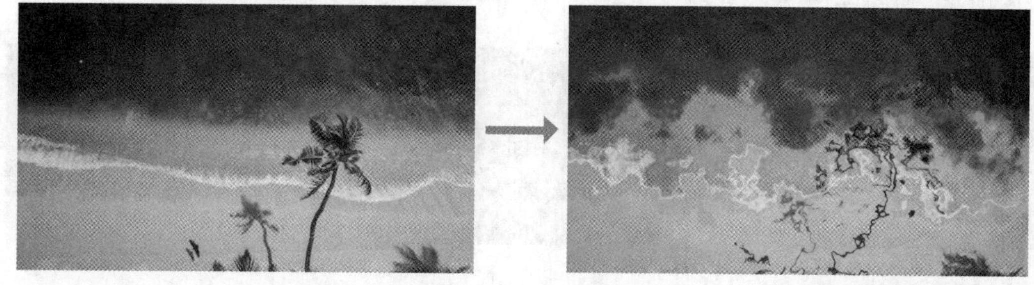

图6-14

选择需要应用该效果的素材后，“效果控件”面板如图6-15所示，其中，“置换”下拉列表用于设置湍流的类型；“数量”用于设置湍流数量的大小；“大小”用于设置湍流数量的区域大小；“偏移（湍流）”用于设置湍流的分形部分；“复杂度”用于设置湍流的细节部分；“演化”用于设置随时间变化的湍流变化；“演化选项”用于设置短周期内的演化效果；“固定”下拉列表用于设置固定的范围；“调整图层大小”复选框用于控制是否自动调整图层大小以适应该效果的扭曲；“消除锯齿最佳品质”下拉列表用于设置消除锯齿的质量。

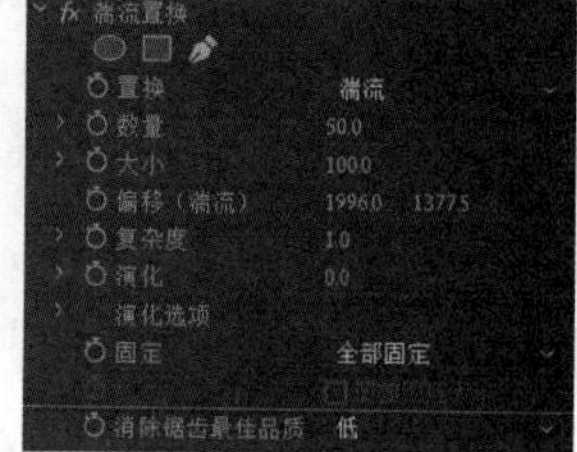

图6-15

6.2.3 “四色渐变”效果

“四色渐变”效果可以为素材增添4种颜色的渐变效果，如图6-16所示。

图6-16

选择需要应用该效果的素材后，“效果控件”面板如图6-17所示，其中，在“点1”～“点4”选项中可分别设置4个颜色的位置；利用“颜色1”～“颜色4”色块可分别设置4个颜色的值；“混合”用于设置该颜色效果与素材的混合程度；“抖动”用于控制颜色之间的过渡效果，增加抖动量会使颜色之间的渐变看起来更加动态，而减少抖动量则会使渐变更加平滑和稳定；“不透明度”用于设置该颜色效果的透明度；“混合模式”用于设置该颜色效果的混合模式。

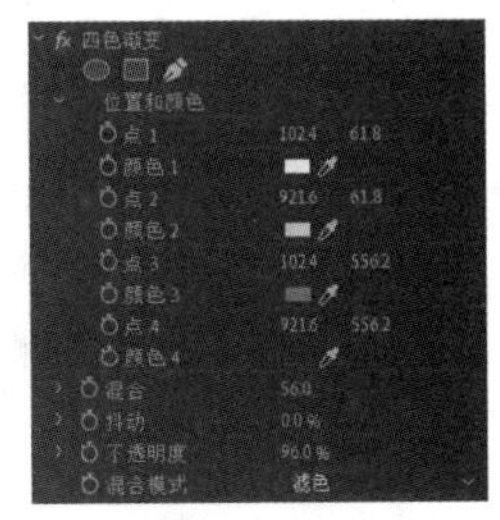

图6-17

6.2.4 课堂案例——制作自媒体片头

【制作要求】为某影映工作室制作一个分辨率为“1920像素×1080像素”的自媒体片头，要求画面具有创意性，能够吸引观众视线，并着重展现该自媒体的特色。

【操作要点】先利用“杂色”效果为画面制作磨砂样式，然后利用“旋转扭曲”效果制作旋涡特效，并利用关键帧分别为Logo和文本制作动效，再利用“球面化”效果强调文本。参考效果如图6-18所示。

【素材位置】配套资源:\素材文件\第6章\课堂案例\自媒体素材\

【效果位置】配套资源:\效果文件\第6章\课堂案例\自媒体片头.prproj

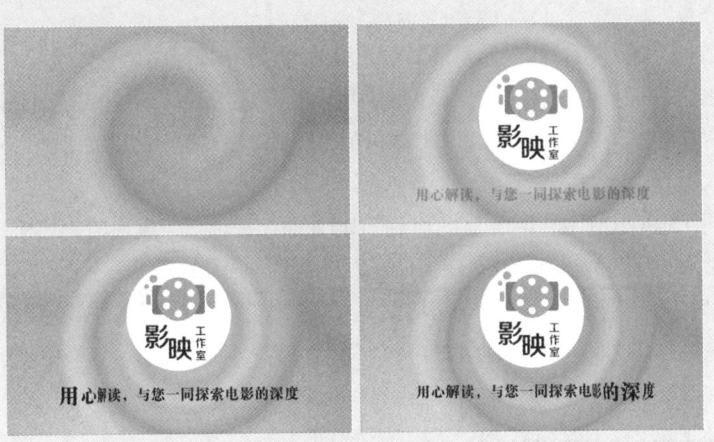

图6-18

具体操作如下。

STEP 01 按【Ctrl+Alt+N】组合键打开“导入”界面，设置项目名称为“自媒体片头”，选择“自媒体素材”文件夹，在右侧取消选择“创建新序列”选项，然后单击创建按钮。

视频教学：
制作自媒体片头

STEP 02 拖曳“背景.mp4”素材至“时间轴”面板中，将自动生成与其同名的序列，然后将序列重命名为“自媒体片头”，再设置其出点为“00:00:08:00”。

STEP 03 选择“背景.mp4”素材，先设置缩放为“120.0”，然后打开“效果”面板，搜索“杂色”效果，并双击该效果进行应用，接着在“效果控件”面板中设置杂色数量为“40.0%”。画面的前后对比效果如图6-19所示。

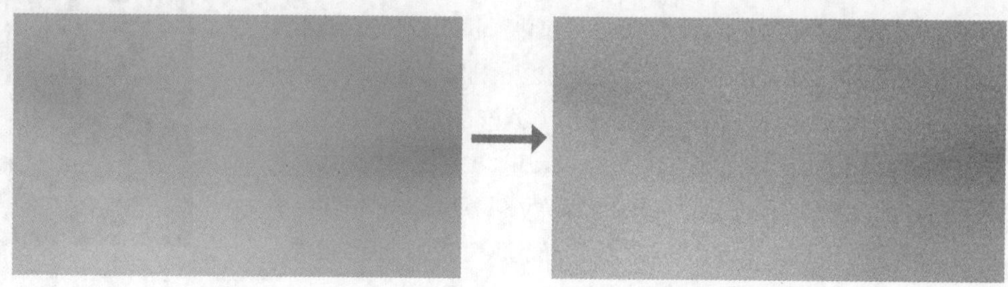

图6-19

STEP 04 在“效果”面板中搜索“旋转扭曲”效果，双击该效果进行应用，然后在“效果控件”面板中开启并添加“角度”属性的关键帧。将时间指示器移至00:00:03:00处，设置“角度”为“2x0.0°”。画面的效果如图6-20所示。

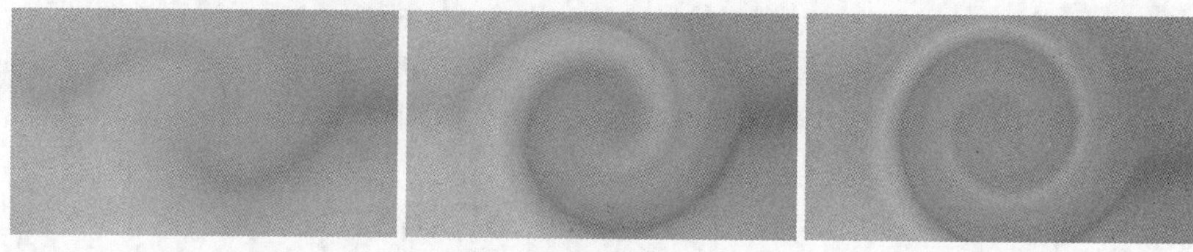

图6-20

STEP 05 拖曳“自媒体Logo.png”素材至V2轨道的00:00:02:00处，并设置其出点为“00:00:08:00”。在“效果控件”面板中开启并添加“不透明度”和“缩放”属性的关键帧，并设置“不透明度”和“缩放”分别为“0.0%”“0.0”，然后将时间指示器移至00:00:03:00处，设置“不透明度”和“缩放”分别为“100.0%”“150.0”。

STEP 06 分别在00:00:03:00和00:00:04:00处添加“位置”属性的关键帧，然后为“自媒体Logo.png”素材制作向上移动的动效，为下方文本的显示留出一定的空间。

STEP 07 将时间指示器移至00:00:03:00处，使用“文字工具”T在“自媒体Logo.png”素材下方输入“用心解读，与您一同探索电影的深度”文本，然后在“基本图形”面板中设置图6-21所示的参数。文本的效果如图6-22所示。

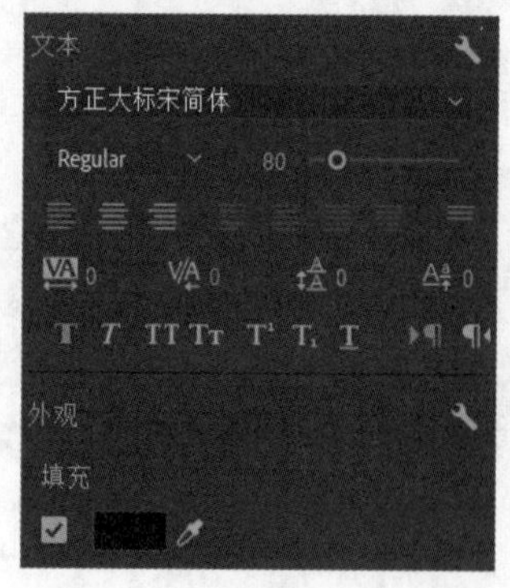

图6-21

图6-22

STEP 08 选择文本素材，分别在00:00:03:00和00:00:04:00处添加“位置”和“不透明度”属性的关键帧，然后为其制作向上移动并逐渐显示的动效，使其与“自媒体Logo.png”素材同步移动。画面的效果如图6-23所示。

图6-23

STEP 09 保持文本素材的选中状态，在“效果”面板中搜索“球面化”效果，双击该效果进行应用，接着在“效果控件”面板中设置半径为“194.0”，调整球面中心至“用”文本的位置，此处设置为“343.7 850.8”，如图6-24所示。此时“用”文本会突出显示，效果如图6-25所示。

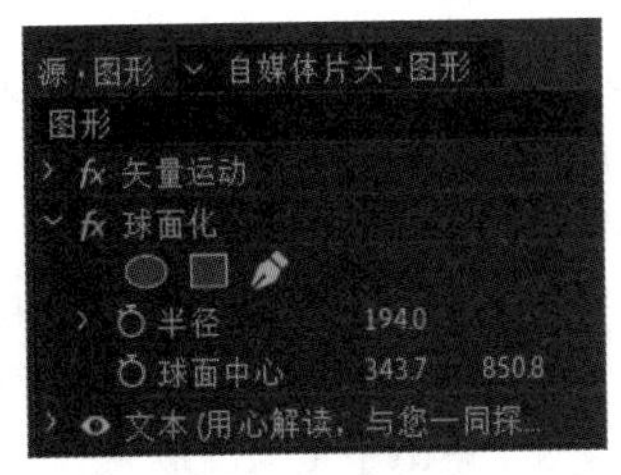

图6-24

图6-25

STEP 10 分别在00:00:04:00和00:00:04:10处添加半径为“0.0”“194.0”的关键帧，使“用”文本逐渐增大。

STEP 11 在00:00:04:10处开启并添加球面中心的属性，然后在00:00:07:24处调整球面中心至“深度”文本右侧，此处设置为“1871.4 850.8”，使文本从左至右依次突出显示，效果如图6-26所示。最后按【Ctrl+S】组合键保存项目。

图6-26

6.2.5 “杂色”效果

应用“杂色”效果可以制作出类似于噪点的效果，如图6-27所示。选择应用该效果后的素材，在效果控件”面板中可以设置杂色的数量、类型等参数。

图6-27

6.2.6 “球面化”效果

应用“球面化”效果可以使平面的画面产生类似于球面的效果，如图6-28所示。选择应用该效果后的素材，在“效果控件”面板中，“半径”用于设置球面的半径，“球面中心”用于调整产生球面效果的中心位置。

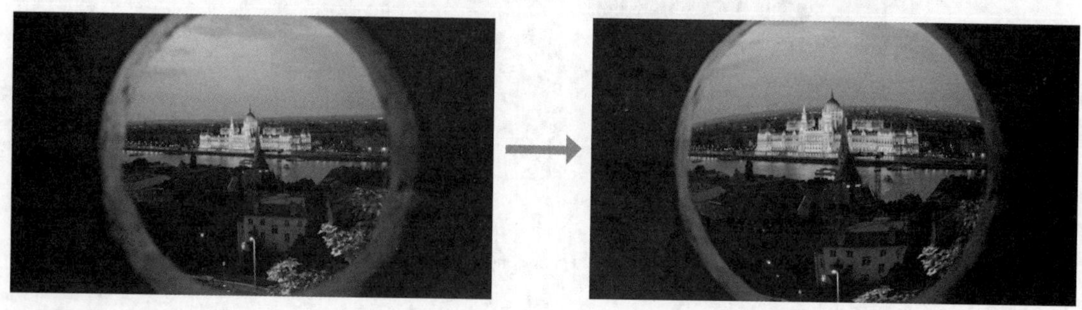

图6-28

6.2.7 “旋转扭曲”效果

应用“旋转扭曲”效果可以使视频画面产生沿中心轴旋转的效果，如图6-29所示。选择应用该效果后的素材，在“效果控件”面板中，“角度”用于设置旋涡的旋转角度；“旋转扭曲半径”用于设置产生旋涡的半径；“旋转扭曲中心”用于设置产生旋涡的中心点位置。

图6-29

6.2.8 课堂案例——制作非遗科普短视频

【制作要求】为某宣传部门制作一个分辨率为“1920像素×1080像素”的非遗科普短视频，要求在画面中添加“非遗”的印章，以突出视频主题，并结合字幕科普非遗知识。

【操作要点】利用“投影”效果增强印章的显示效果，利用“高斯模糊”效果模糊视频画面，利用“镜头光晕”效果为画面添加光效，并使用视频过渡效果为文本制作显示动效。参考效果如图6-30所示。

【素材位置】配套资源:\素材文件\第6章\课堂案例\非遗素材\

【效果位置】配套资源:\效果文件\第6章\课堂案例\非遗科普短视频.prproj

图6-30

具体操作如下。

视频教学：
制作非遗科普
短视频

STEP 01 按【Ctrl+Alt+N】组合键打开“导入”界面，设置项目名称为“非遗科普短视频”，选择“非遗素材”文件夹，在右侧取消选择“创建新序列”选项，然后单击创建按钮。

STEP 02 拖曳“舞狮.mp4”素材至“时间轴”面板中，将自动生成与其同名的序列，然后将序列重命名为“非遗科普短视频”，再设置出点为“00:00:20:00”。

STEP 03 拖曳“非遗.png”素材至V3轨道上，设置出点为“00:00:20:00”，再设置缩放为“60.0”，并将其移至画面右下角。在“效果”面板中搜索“投影”效果，双击该效果进行应用，设置图6-31所示的参数。画面前后的对比效果如图6-32所示。

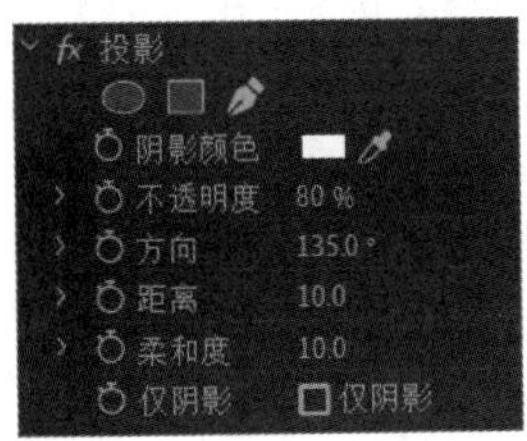

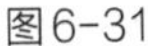

图6-31

图6-32

STEP 04 选择“舞狮.mp4”素材，在“效果”面板中搜索“高斯模糊”效果，双击该效果进行应用，然后在“效果控件”面板中，在00:00:08:00和00:00:10:00处分别添加模糊度为“0.0”“70.0”的关键帧，使画面逐渐模糊，效果如图6-33所示。

图6-33

STEP 05 保持“舞狮.mp4”素材的选中状态，继续在“效果”面板中搜索“镜头光晕”效果，双击该效果进行应用，在“效果控件”面板中设置图6-34所示的参数。效果如图6-35所示。在00:00:10:00和00:00:11:00处分别添加光晕亮度为“0%”“100%”的关键帧，使光晕逐渐出现。

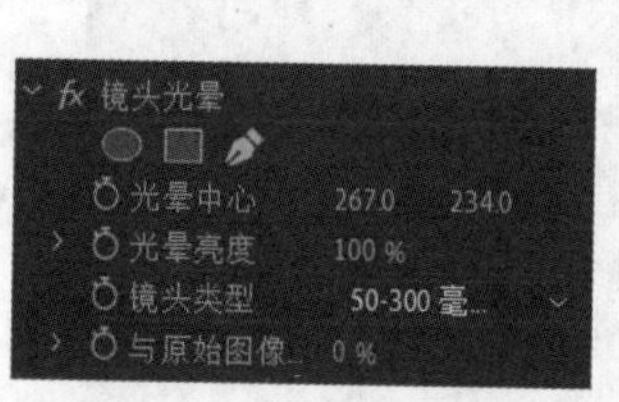

图6-34

图6-35

STEP 06 选择“文字工具”T，在画面中按住鼠标左键不放并拖曳，以绘制一个文本框，然后输入“字幕.txt”素材中有关舞狮的文本，接着在“基本图形”面板中设置图6-36所示的参数，并单独放大标题文本，设置字体大小为“90”。文本效果如图6-37所示。设置该文本的出点为“00:00:20:00”。

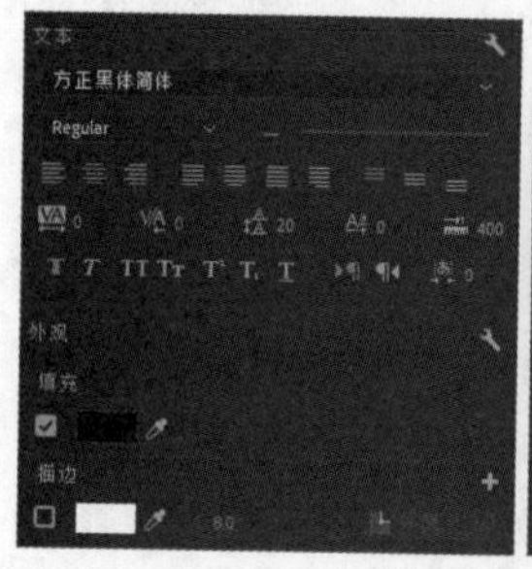

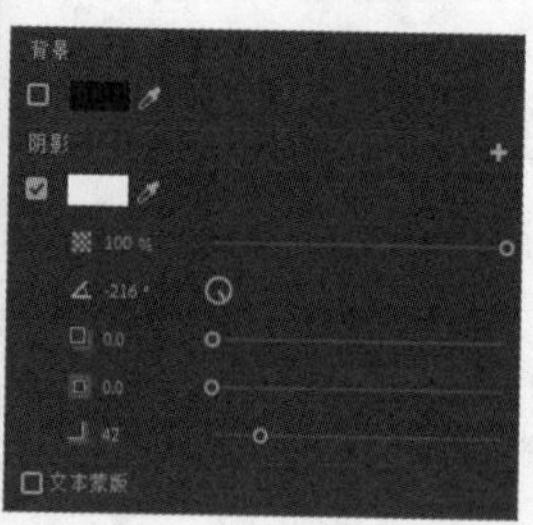

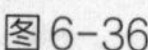

图6-36

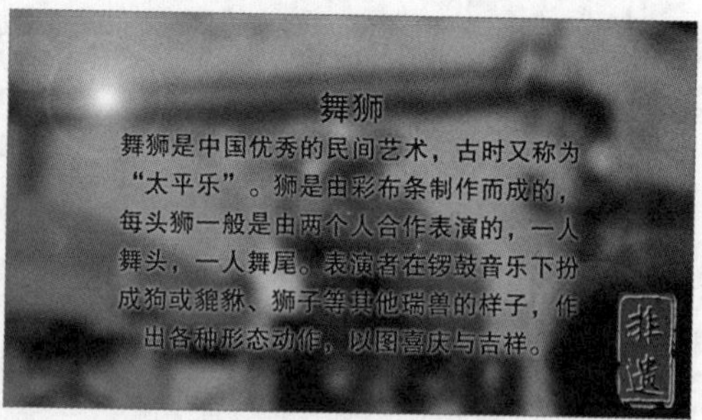

图6-37

STEP 07 在“效果”面板中搜索“随机擦除”效果，然后拖曳该效果至文本的入点处，并设置持续时间为“00:00:06:00”。文本的显示效果如图6-38所示。

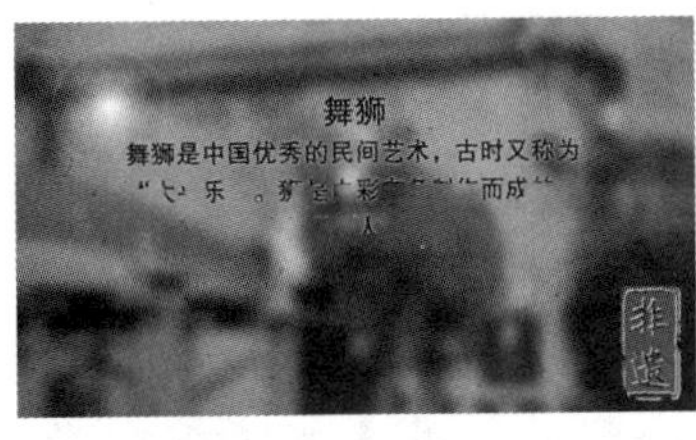

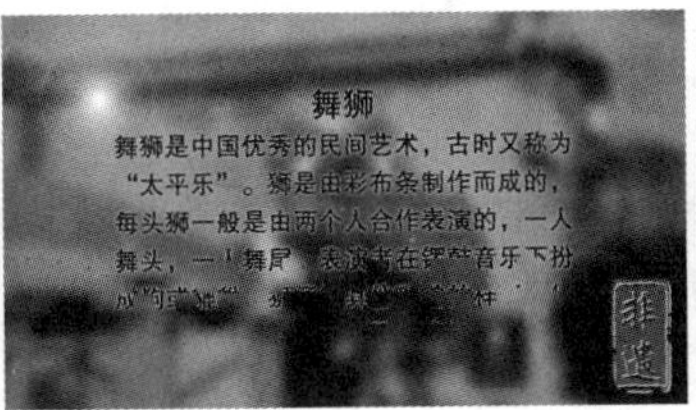

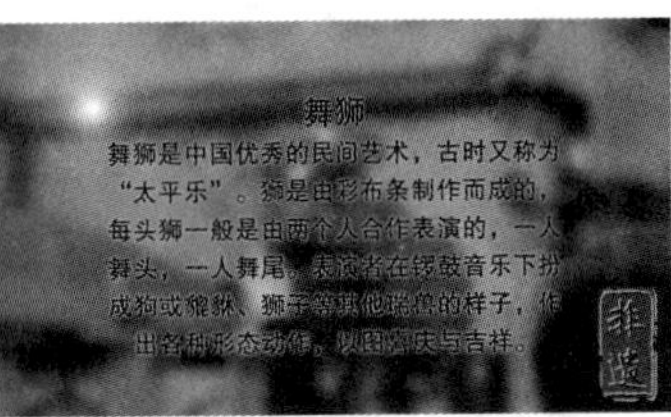

图6-38

STEP 08 在“源”面板中选取“糖画.mp4”素材中“00:00:47:26～00:01:07:25”的片段，并将其拖曳至V1轨道上。使用与步骤04和步骤05相同的方法为该素材添加特效，接着复制文本素材至00:00:31:00处，并修改文本内容为“字幕.txt”素材中有关糖画的文本。

STEP 09 调整“非遗.png”素材的出点至“00:00:40:00”处，效果如图6-39所示。最后按【Ctrl+S】组合键保存项目。

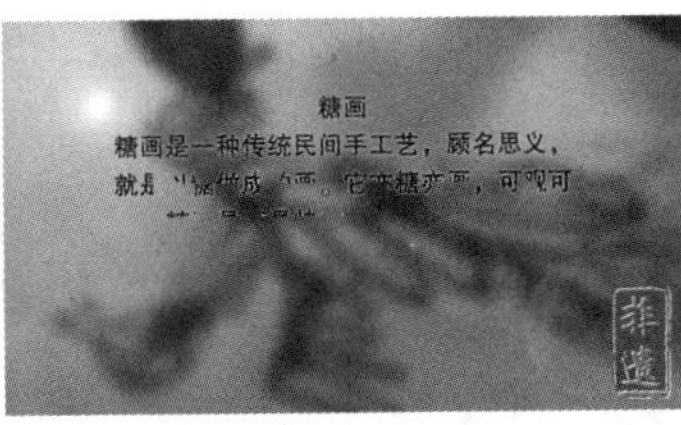

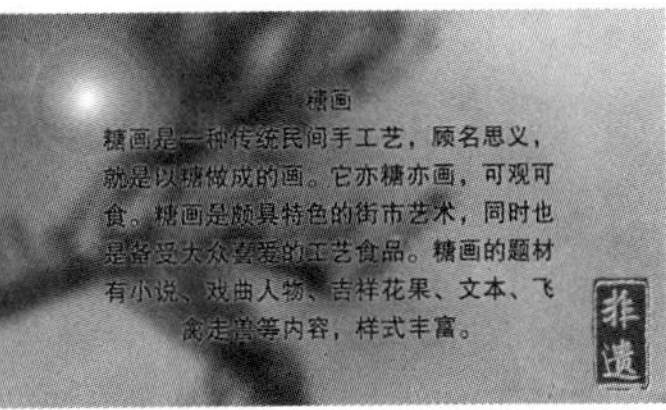

图6-39

6.2.9 “高斯模糊”效果

应用“高斯模糊”效果可以大幅度地模糊视频画面，使其产生虚化的效果，如图6-40所示。选择应用该效果后的素材，在“效果控件”面板中，“模糊度”用于控制模糊程度；“模糊尺寸”下拉列表用于控制模糊的方向；“重复边缘像素”复选框用于控制模糊处理时是否考虑边缘的像素值。

图6-40

6.2.10 “投影”效果

应用“投影”效果可以为带Alpha通道的素材添加投影，如图6-41所示。选择应用该效果后的素材，在“效果控件”面板中可设置投影颜色、不透明度、方向、距离、柔和度等参数。

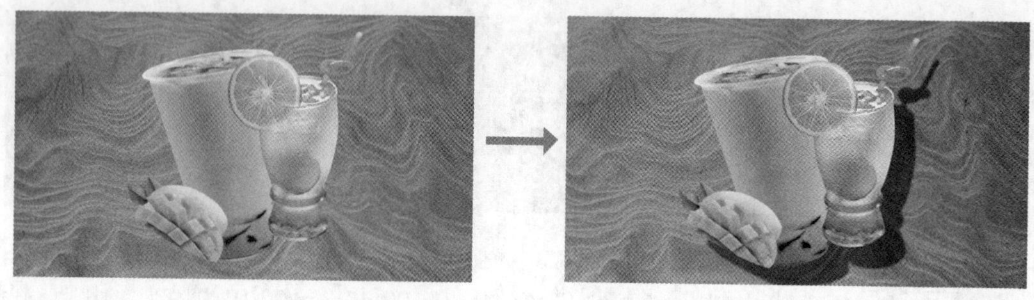

图6-41

6.2.11 “镜头光晕”效果

应用“镜头光晕”效果可以在视频画面中生成闪光灯效果，如图6-42所示。选择应用该效果后的素材，在“效果控件”面板中可设置镜头光晕的光晕中心、光晕亮度、镜头类型及与原始图像混合等参数。

图6-42

6.2.12 常用视频效果详解

Premiere中提供了多种类型的视频效果。这些效果分布在多个视频效果子文件夹中。由于数量较多，本节只对部分常用视频效果进行介绍。

1. 变换视频效果组

变换视频效果组可以实现素材的翻转、羽化、裁剪等操作，其中包含5种效果。图6-43所示为原画面；图6-44～图6-48所示为应用不同效果的画面。

原画面

图6-43

垂直翻转

应用该效果可以上下翻转视频画面

图6-44

水平翻转

应用该效果可以左右翻转视频画面

图6-45

羽化边缘

应用该效果可以虚化视频画面的边缘

图6-46

自动重构

应用该效果可以自动调整视频画面的比例，使其适应不同的屏幕比例和分辨率

图6-47

裁剪

应用该效果可以从上、下、左、右4个方向裁剪视频画面

图6-48

2. 实用程序视频效果组

实用程序视频效果组中只有一个“Cineon转换器”效果。该效果可以利用线性到对数、对数到线性、对数到对数3种不同的转换类型来调整视频画面的色调，如图6-49所示。

线性到对数

对数到线性

对数到对数

图6-49

3. 扭曲视频效果组

扭曲视频效果组主要通过几何扭曲变形视频画面来制作出各种变形效果，其中包含12种效果，常用的有以下6种，如图6-50～图6-55所示。

镜头扭曲

应用该效果可以使视频画面沿水平轴和垂直轴扭曲变形

图6-50

偏移

应用该效果可以使视频画面向其他方向平移，从而产生一种错位的视觉效果

图6-51

变换

应用该效果可以综合设置视频画面的位置、分辨率、不透明度及倾斜度等参数

图6-52

放大

应用该效果可以将视频画面的某一部分放大，并可以调整放大区域的不透明度和羽化放大区域边缘

图6-53

波形变形

应用该效果可以产生类似于波纹的效果

图6-54

边角定位

应用该效果可以改变视频画面4个边角的坐标位置，使画面产生变形

图6-55

4．时间视频效果组

时间视频效果组主要用于控制视频画面的时间特性。该效果组包括“残影”和“色调分离时间”2种效果。图6-56所示为原视频画面；图6-57和图6-58所示为应用这2种效果的画面。

原画面

图6-56

残影

应用该效果可以重复播放视频画面中的帧，使视频画面产生重影的效果，但该效果只能对视频画面中运动的对象起作用

图6-57

色调分离时间

应用该效果可以将视频画面设定为某一个帧速率进行播放，以产生跳帧效果

图6-58

5．模糊与锐化视频效果组

模糊与锐化视频效果组主要用于模糊和锐化处理视频画面，其中包含6种效果。图6-59所示为原画面；图6-60～图6-63所示为应用常用4种效果后的画面。

原画面

图6-59

Camera Blur（镜头模糊）

应用该效果可以使视频画面产生相机没有对准焦距的拍摄效果

图6-60

方向模糊

应用该效果可以在视频画面中添加具有方向性的模糊，使视频画面产生一种运动效果

图6-61

钝化蒙版

应用该效果可以调整视频画面色彩的钝化程度

图6-62

锐化

应用该效果可以通过提高相邻像素间的对比度，使视频画面更清晰

图6-63

6. 沉浸式视频效果组

沉浸式视频效果组可以打造出虚拟现实的奇幻效果，其中包含11种效果，常用的有以下9种，如图6-64～图6-72所示。

VR 分形杂色

应用该效果可以为视频画面添加不同类型和布局的分形杂色，常用于制作云、烟、雾等效果

图6-64

VR 发光

应用该效果可以为视频画面添加发光效果

图6-65

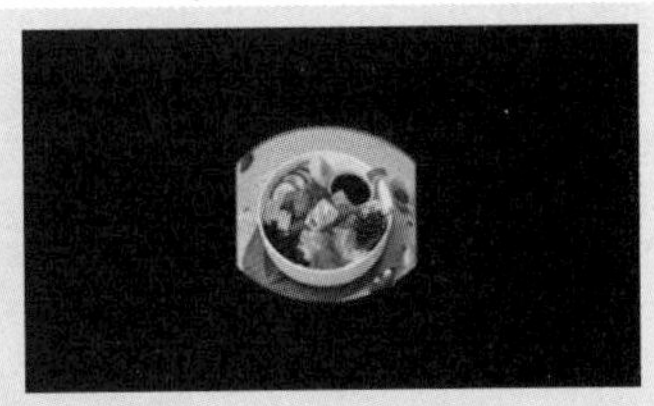

VR 平面到球面

应用该效果可以将视频画面转换为360° 球面效果

图6-66

VR 投影

应用该效果可以调整视频的三轴旋转、拉伸以填充帧，调整视频画面的平移、倾斜和滚动等参数，以产生投影效果

图6-67

VR 数字故障

应用该效果可以为视频画面添加数字信号故障干扰效果

图6-68

VR 旋转球面

应用该效果可以调整视频画面的倾斜、平移和滚动等参数，以产生旋转球面效果

图6-69

VR 色差

应用该效果可以调整视频画面中通道的色差，使视频画面产生色相分离的特殊效果

图6-70

VR 锐化

应用该效果可以调整视频画面的锐化程度

图6-71

VR 颜色渐变

应用该效果可以为视频画面添加渐变颜色效果

图6-72

7. 生成视频效果组

生成视频效果组主要用于生成一些如渐变、闪电等特殊效果，其中包含4种效果，常用的有以下2种，如图6-73和图6-74所示。

渐变

应用该效果可以让视频画面按照线性或径向的方式产生颜色渐变效果

图6-73

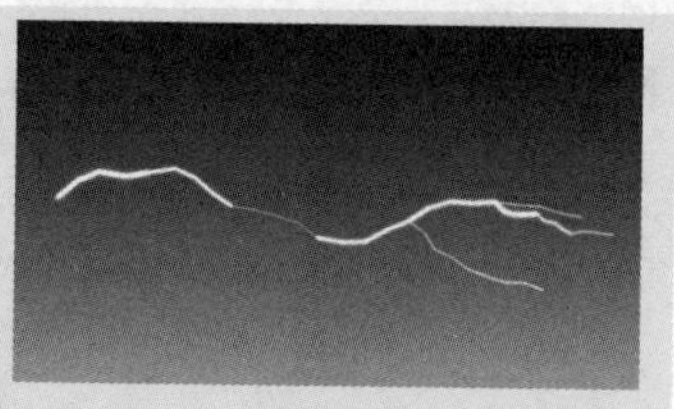

闪电

应用该效果可以在视频画面中生成闪电划过的效果

图6-74

8. 视频效果组

视频效果组主要用于控制视频特性，其中包含5种效果。图6-75所示为原画面；图6-76～图6-79所示为应用常用4种效果后的画面。

原画面

图6-75

SDR 遵从情况

应用该效果可以调整视频画面的亮度、对比度和软阈值

图6-76

剪辑名称

应用该效果可以在视频画面上叠加显示剪辑名称

图6-77

时间码

应用该效果可以在视频画面中显示剪辑的时间码

简单文本

应用该效果可以在视频画面中添加介绍性的文本信息

图6-78　　图6-79

9. 调整视频效果组

调整视频效果组主要用于调整视频画面的亮度、色彩和对比度等属性，其中包含4种效果。图6-80～图6-82所示为应用不同效果后的画面。

提取

应用该效果可以去除视频画面的颜色，使其产生黑白效果

色阶

应用该效果可以调整视频画面中的高光、中间色和阴影等属性

ProcAmp（处理放大器）

应用该效果可以调整视频画面的亮度、对比度、色调和饱和度等属性

图6-80　　图6-81　　图6-82

10. 透视视频效果组

透视视频效果组主要用于制作三维透视效果，使视频画面产生立体效果，其中包含“基本3D”和“投影”2种效果。图6-83所示为应用“基本3D”效果的画面。该效果可以通过旋转和倾斜视频画面，模拟视频画面在三维空间中的效果。

图6-83

11. 通道视频效果组

通道视频效果组主要用于处理视频画面的通道，以改变视频画面的亮度和色彩。该效果组中只有“反转”一个效果，用于反转视频画面的颜色，使原视频画面中的颜色都变为对应的互补色，如图6-84所示。

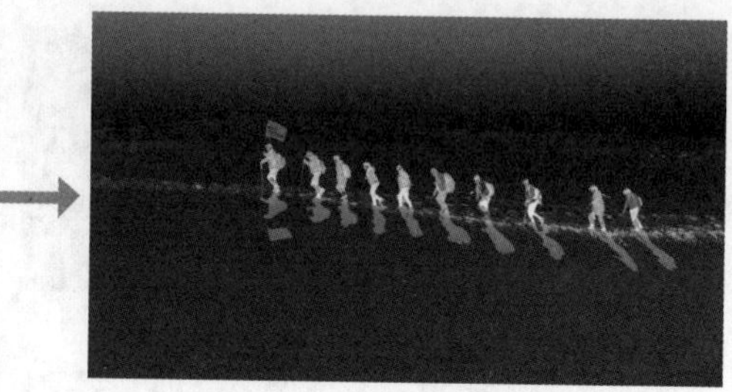

图6-84

12. 风格化视频效果组

风格化视频效果组主要用于艺术化处理视频画面，其中包含9种效果。图6-85～图6-92所示为应用不同效果后的画面。

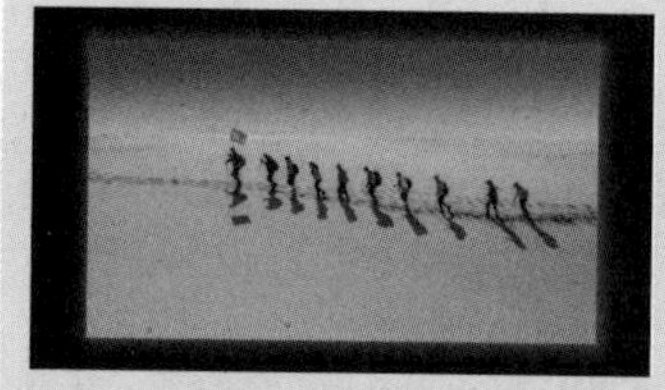

Alpha 发光

应用该效果可以在带Alpha通道的视频画面边缘处添加辉光效果

图6-85

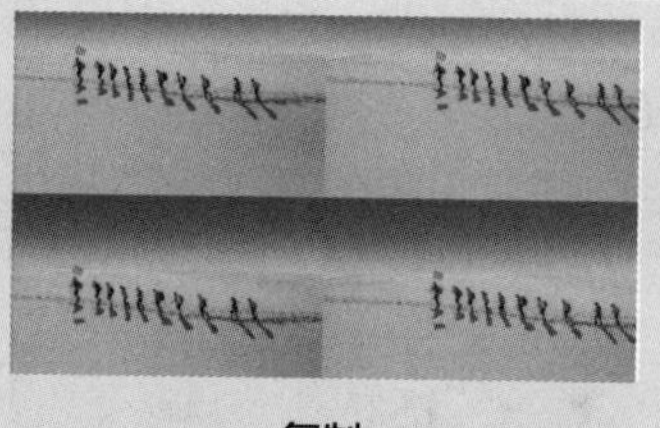

复制

应用该效果可以复制指定数目的视频画面

图6-86

彩色浮雕

应用该效果可以锐化视频画面的轮廓，使视频画面产生彩色的浮雕效果

图6-87

查找边缘

应用该效果可以强化视频画面中物体的边缘，使视频画面产生类似于底片或铅笔素描的效果

图6-88

画笔描边

应用该效果可以模拟美术画笔绘画的效果

图6-89

粗糙边缘

应用该效果可以使视频画面的Alpha通道边缘变得粗糙

图6-90

色调分离

应用该效果可以分离视频画面的色调

图6-91

马赛克

应用该效果可以在视频画面中添加马赛克，以遮盖视频画面

图6-92

13. 过渡效果组

过渡效果组与“视频过渡”文件夹中的效果类似，但可以使其在某个过渡的瞬间保持画面不变。而若是制作过渡动画，则需要通过关键帧来调整。该效果组中包含3种效果，如图6-93～图6-95所示。

块溶解

通过随机产生的像素块溶解上层画面，使下层画面逐渐显示

图6-93

渐变擦除

通过指定层（渐变效果层）与原图层（渐变层下方的图层）之间的亮度值来进行过渡

图6-94

线性擦除

从上层画面左侧开始擦除素材，使下层画面逐渐显示

图6-95

14. 过时效果组

过时效果组中包含了47种不同的效果。图6-96所示为原画面；图6-97～图6-126所示为应用常用30种效果后的画面。

原画面

图6-96

颜色平衡（RGB）

该效果可以通过RGB值调节画面中三原色的数量值

图6-97

卷积内核

该效果可以使用数学回旋的方式改变视频画面的亮度，增加像素边缘的锐化程度

图6-98

RGB 曲线

该效果可以通过调整曲线的方式来修改画面的主通道和红、绿、蓝通道的颜色

图6-99

书写

应用该效果可以在画面中添加彩色笔触，结合关键帧可以创建出笔触动画，还能调整笔触轨迹

图6-100

亮度曲线

应用该效果可以调整画面暗部和亮部的明暗度

图6-101

单元格图案

该效果可以作为一种特殊的背景使用

图6-102

吸管填充

应用该效果可以从画面中选取一种颜色来填充画面，并设置混合程度

图6-103

均衡

应用该效果可以改变画面的像素值，并对画面颜色进行平均化处理

图6-104

复合模糊

该效果可以通过模拟摄像机的快速变焦和旋转镜头来产生具有视觉冲击力的模糊效果

图6-105

快速模糊

应用该效果可以快速调整画面的模糊程度

图6-106

快速颜色校正器

应用该效果可以快速校正画面的色彩

图6-107

斜面 Alpha

应用该效果可以为画面创建具有倒角的边，使画面中的Alpha通道变亮，从而使画面产生三维效果

图6-108

更改颜色

应用该效果可以将画面中指定的一种颜色变为另一种颜色

图6-109

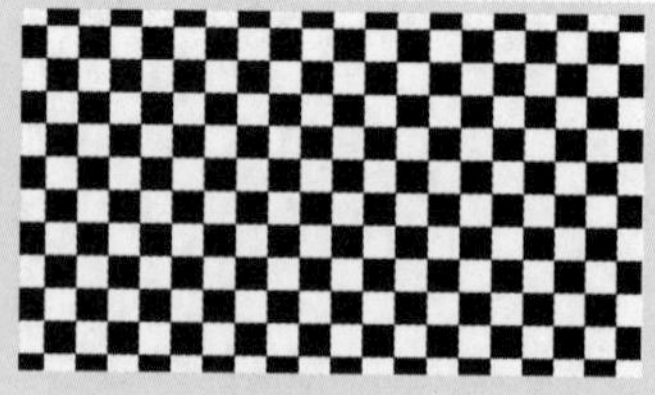

棋盘

应用该效果可以在画面中创建一个黑白的棋盘背景

图6-110

油漆桶

应用该效果可以为画面中的某个区域着色或应用纯色

图6-111

浮雕

该效果可以通过锐化物体轮廓使画面产生灰色浮雕的效果

图6-112

算术

该效果可以通过不同的数学运算修改画面的红、绿、蓝色值

图6-113

纯色合成

应用该效果可以基于所选的混合模式，将某种颜色覆盖在画面上

图6-114

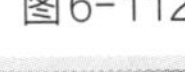

纹理

应用该效果可以使不同轨道上的画面以纹理的形式，在指定的画面上显示

图6-115

网格

应用该效果可以在画面中创建网格，并将网格作为蒙版来使用

图6-116

自动对比度

应用该效果可以自动调整画面的对比度

图6-117

自动色阶

应用该效果可以自动调整画面的色阶

图6-118

自动颜色

应用该效果可以自动调整画面的颜色

图6-119

蒙尘与划痕

应用该效果可以修改画面中不相似的像素并创建杂波

图6-120

边缘斜面

应用该效果可以使画面边缘产生一个高亮的三维效果

图6-121

通道模糊

应用该效果可以模糊素材的红、蓝、绿和Alpha通道

图6-122

通道混合器

应用该效果可以调整画面中红、绿、蓝通道之间的颜色来创建颜色特效，将彩色转换为灰度或浅色等效果

图6-123

阴影 / 高光

应用该效果可以调整素材的阴影和高光部分

图6-124

百叶窗

应用该效果可以条纹的形式切换画面

图6-125

径向擦除

应用该效果可以在指定的位置沿顺时针或逆时针方向擦除

图6-126

6.3 综合实训

6.3.1 制作学习教程片头

某工作室准备策划制作一系列的Premiere学习教程，以帮助受众快速掌握视频编辑软件Premiere的基本技能。现需要为该系列的学习教程设计一个精美的片头效果，作为每个章节的开头。表6-1所示为学习教程片头制作任务单，其中明确给出了实训背景、制作要求、设计思路和参考效果等。

表6-1 学习教程片头制作任务单

实训背景	为了吸引受众注意，并起到引导学习的作用，为学习教程的第1章“认识 Premiere”制作片头
尺寸要求	1920 像素 ×1080 像素

续 表

时长要求	7 秒左右
制作要求	1. 画面 学习教程片头需要具有吸引力，可制作色彩明亮、鲜艳的背景 2. 文本 可为文本背景设计一个手绘特效，以吸引受众注意，在文本显示后，再利用特效引导受众的视线，使其了解该教程的名称
设计思路	为背景画面添加多彩的效果，然后制作文本背景的手绘特效，再逐渐显示教程名称文本，并利用特效按照从左至右的顺序强调名称文本
参考效果	学习教程片头效果
素材位置	配套资源 :\ 素材文件 \ 第 6 章 \ 综合实训 \ 学习教程素材 \
效果位置	配套资源 :\ 效果文件 \ 第 6 章 \ 综合实训 \ 学习教程片头 .prproj

操作提示如下。

STEP 01 新建“学习教程片头”项目，导入所有素材文件。基于“背景.mp4”素材创建序列并修改序列名称。

视频教学：制作学习教程片头

STEP 02 为“背景.mp4”素材应用“四色渐变”效果，并分别调整4个点的颜色，再设置不透明度和混合模式。

STEP 03 为“背景.mp4”素材应用“书写”效果，先设置画笔的大小和不透明度，然后分别在不同的时间点为画笔位置添加关键帧，同时调整画笔位置，使其形成手动绘制线条的特效。

STEP 04 输入文本并调整样式，先利用“不透明度”属性关键帧使所有文本逐渐显示，然后为“认识Premiere”文本添加“球面化”效果，再结合“半径”和“球面中心”属性关键帧，制作文本从左至右移动动效，以符合受众的阅读习惯，最后保存项目。

6.3.2 制作“毕业季”晚会开场视频

临近毕业，某大学准备举办一场以“毕业季”为主题的晚会，希望通过一个开场视频将在场师生带入一个充满回忆和感动的氛围中。表6-2所示为“毕业季”晚会开场视频制作任务单，其中明确给出了实训背景、制作要求、设计思路和参考效果等。

表6-2 “毕业季”晚会开场视频制作任务单

实训背景	为引入“毕业季”晚会内容，制作一个用于渲染氛围的开场视频
尺寸要求	1920 像素 ×1080 像素
时长要求	20 秒左右
制作要求	1. 画面 视频画面以毕业相关的内容为主（比如“拿证书”“抛学士帽”“空教室”等），以带动在场师生的情绪，激发大家对毕业的感慨，最后展现晚会主题 2. 特效 在展示“拿证书”画面时，可利用羽化边缘的效果让画面产生一种纵深感，渲染出回忆的氛围。在展示片尾文本时，可先利用特效调整画面背景，然后为文本制作具有冲击力的特效，以抓住在场师生的视线
设计思路	先剪辑素材，为片头的素材制作羽化边缘特效，然后为片尾的素材制作模糊特效，以作为文本背景，再添加和优化文本，并为文本制作旋转特效
参考效果	“毕业季”晚会开场视频效果
素材位置	配套资源 :\ 素材文件 \ 第 6 章 \ 综合实训 \ 毕业季素材 \
效果位置	配套资源 :\ 效果文件 \ 第 6 章 \ 综合实训 \ “毕业季”晚会开场视频 .prproj

操作提示如下。

STEP 01 新建"'毕业季'晚会开场视频"项目，导入所有素材文件。基于"背影.jpg"素材创建序列并修改序列名称。

视频教学：
制作"毕业季"
晚会开场视频

STEP 02 依次拖曳视频素材到"时间轴"面板中，并使其位于图像素材前方，再适当调整入点、出点和播放速度，并在最后两个素材之间添加过渡效果。

STEP 03 为"拿证书.mp4"素材应用"羽化边缘"效果，结合关键帧制作逐渐羽化的动效。

STEP 04 为"背影.jpg"素材应用"高斯模糊"效果，结合关键帧制作逐渐模糊的动效。

STEP 05 输入和优化文本，为主题文本应用"基本3D"效果并制作旋转特效；为其他文本制作逐渐显示的动效。

STEP 06 添加背景音乐并调整出点，最后保存项目。

6.4 课后练习

练习1 制作企业招聘短视频

【制作要求】利用素材制作企业招聘短视频，要求视频画面简洁，文案清晰易识别，并制作各种特效，以增强视觉冲击力，让受众能够快速了解该企业的招聘信息。

【操作提示】为画面中的各个元素制作特效，并结合关键帧制作具有创意性的动效。参考效果如图6-127所示。

【素材位置】配套资源:\素材文件\第6章\课后练习\企业招聘素材\

【效果位置】配套资源:\效果文件\第6章\课后练习\企业招聘短视频.prproj

图6-127

练习 2 制作求婚短视频

【制作要求】利用素材制作求婚短视频，要求画面美观、风格独特，整体效果具有创意性和吸引力，营造出浪漫温馨的氛围。

【操作提示】将其中一个视频素材模糊化作为背景使用，然后综合应用多种视频效果为另一个视频素材制作创意性的画面和色调，再制作书写文本的特效。参考效果如图6-128所示。

【素材位置】配套资源:\素材文件\第6章\课后练习\求婚素材\

【效果位置】配套资源:\效果文件\第6章\课后练习\求婚短视频.prproj

图6-128

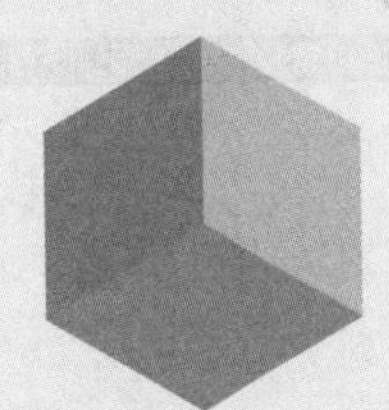

第7章 视频字幕与音频

在视频编辑与制作中，字幕与音频都是至关重要的元素。这是因为字幕可以为观众提供准确的文本信息，帮助他们更好地理解和欣赏视频内容；而音频则能够赋予视频情感和氛围，提升观众的观看体验。

学习要点

◎ 掌握添加并调整字幕的不同方法。
◎ 掌握调整音频的方法。

素养目标

◎ 提高对字幕样式和字幕排版的审美能力。
◎ 提高对音频的鉴赏能力。

扫码阅读

案例欣赏

课前预习

7.1 添加字幕

字幕是指以文本形式显示电视、电影和舞台作品中的对话、讲解、旁白等非影像内容，也泛指视频作品后期加工的文本。

7.1.1 课堂案例——制作“保护野生动物”公益视频

【制作要求】为某公益组织制作一个分辨率为“1280像素×720像素”的公益视频，要求以“保护野生动物”为主题，并根据配音内容为视频添加字幕，以增强视频画面的感染力，从而呼吁更多的人加入保护野生动物的行列。

【操作要点】将配音转录为文本，然后转化为字幕，并适当进行调整和美化，再在片尾输入主题文本，利用动效加强视觉效果。参考效果如图7-1所示。

【素材位置】配套资源:\素材文件\第7章\课堂案例\动物素材\

【效果位置】配套资源:\效果文件\第7章\课堂案例\“保护野生动物”公益视频.prproj

图7-1

具体操作如下。

STEP 01 按【Ctrl+Alt+N】组合键打开“导入”界面，设置项目名称为“‘保护野生动物’公益视频”，选择“动物素材”文件夹，在右侧取消选择“创建新序列”选项，然后单击 按钮。

视频教学：制作“保护野生动物”公益视频

STEP 02 拖曳“考拉.mp4”素材至“时间轴”面板中，将自动生成与其同名的序列，然后将序列重命名为“‘保护野生动物’公益视频”，再调整“考拉.mp4”素材的出点至00:00:07:00处。

STEP 03 拖曳“小熊猫.mp4”素材至V1轨道上，只保留“00:00:17:10～

00:00:24:09”的素材片段，再依次拖曳“花松鼠.mp4”“老虎.mp4”“猴子.mp4”素材至V1轨道上，并保留“00:00:00:00～00:00:04:24”“00:00:00:00～00:00:09:00”“00:01:53:16～00:02:02:15”的素材片段，再删除部分素材对应的音频，如图7-2所示。

图7-2

STEP 04 拖曳“配音.mp3”素材至“时间轴”面板中的A1轨道上，选择【窗口】/【文本】命令，打开“文本”面板，在“转录文本”选项卡中单击（创建转录）按钮，打开“创建转录文本”对话框，设置语言为“简体中文”，并在“音频正常”单选项下方的下拉列表中选择“音频1”选项，单击（转录）按钮，如图7-3所示。转录完成后的“文本面板”如图7-4所示。

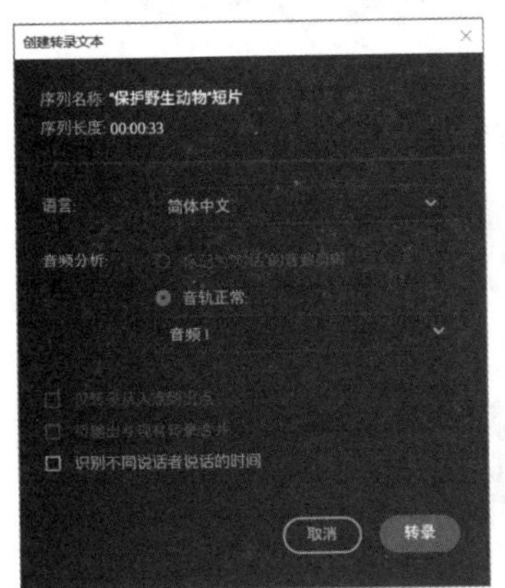

图7-3

图7-4

STEP 05 双击文本内容，激活文本框，在其中应断句的位置输入“，”文本，以提升创建字幕的精确度，如图7-5所示。然后单击文本框之外的区域完成修改。

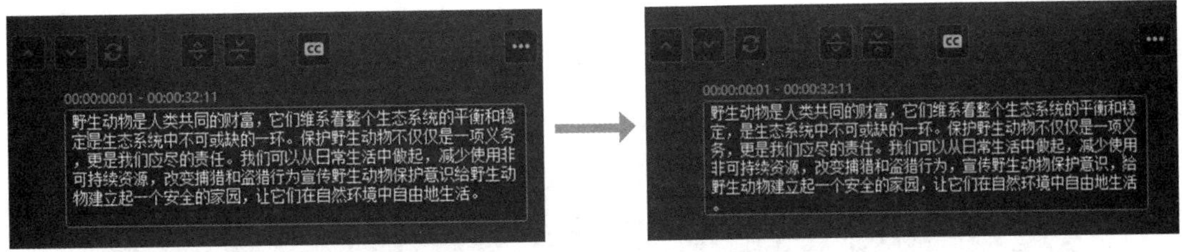

图7-5

STEP 06 单击“文本”面板上方的“创建说明性字幕”按钮，打开“创建字幕”对话框，单击选中“单行”单选项，然后单击（创建字幕）按钮，如图7-6所示。创建的字幕在“文本”面板的“字幕”选项卡中的显示效果如图7-7所示。

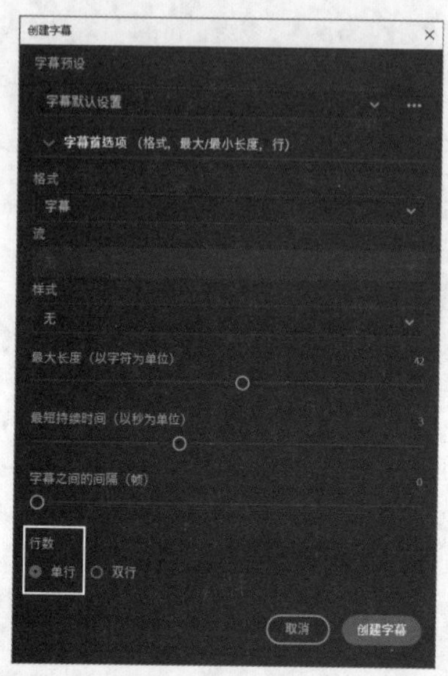

图7-6

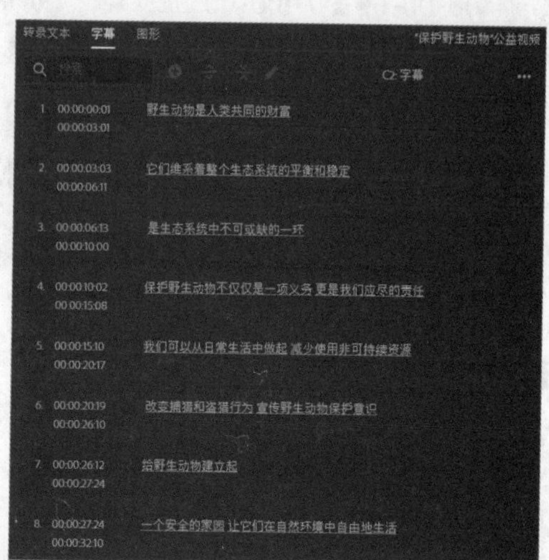

图7-7

STEP 07 由于部分字幕的长度过长，因此需要进行调整。选择第4段字幕，单击上方的“拆分字幕”按钮，将自动拆分为第4段和第5段字幕。先双击第4段字幕，激活文本框，选择并删除后一句话，然后单击文本框之外的区域完成修改，再使用相同的方法删除第5段字幕中的前一句话。调整前后的对比效果如图7-8所示。

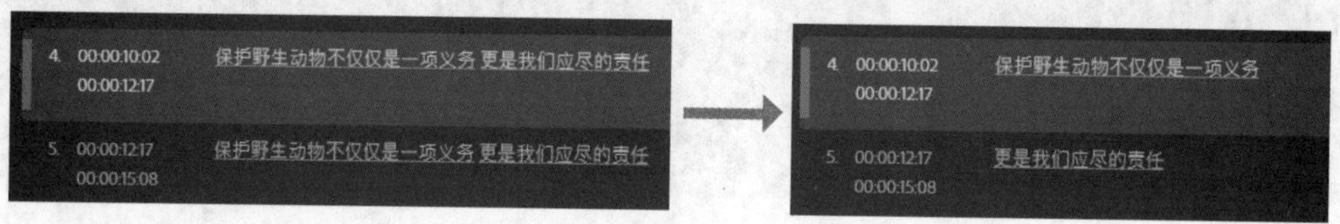

图7-8

STEP 08 使用与步骤07相同的方法，继续拆分并调整第6段和第7段字幕内容。由于最后一段（第11段）字幕中的前一句话应属于上一段（第10段）字幕，因此可先拆分该段字幕。分别删除多余的部分后，在按住【Shift】键的同时，选择此时的第10段和第11段字幕，单击上方的“合并字幕”按钮。调整前后的对比效果如图7-9所示。

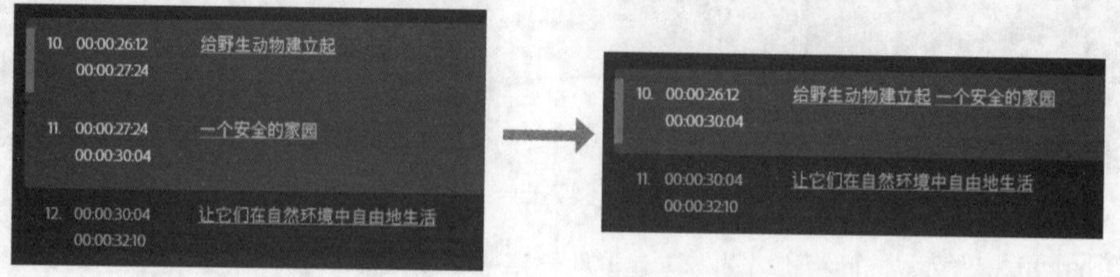

图7-9

STEP 09 在“时间轴”面板中的C1轨道上选择第1段字幕，打开“基本图形”面板，设置参数如图7-10所示，其中阴影颜色为“#006916”。字幕效果如图7-11所示。

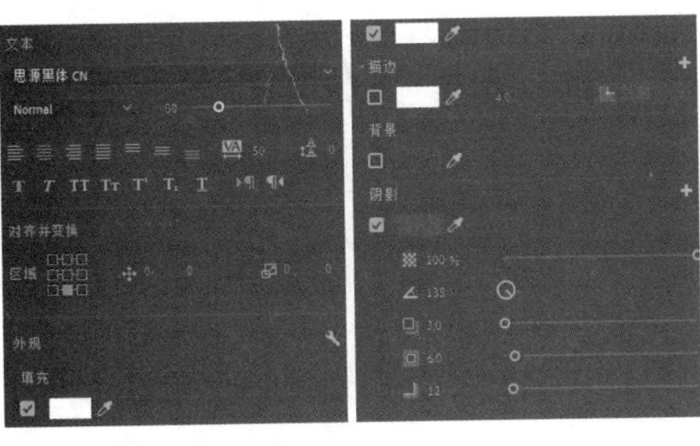

图7-10

图7-11

STEP 10 单击“基本图形”面板中“轨道样式”下拉列表右侧的“推送至轨道或样式”按钮，打开“推送样式属性”对话框，单击选中“轨道上的所有字幕”单选项，单击确定按钮，以修改C1轨道上所有字幕的样式。

STEP 11 打开“效果”面板，依次展开“视频效果”“模糊与锐化”文件夹，将“高斯模糊”效果拖曳到“猴子.mp4”素材上，然后打开“效果控件”面板，在00:00:32:10和00:00:33:10处分别添加模糊度为“0.0”“40.0”的关键帧，使画面逐渐模糊，如图7-12所示。

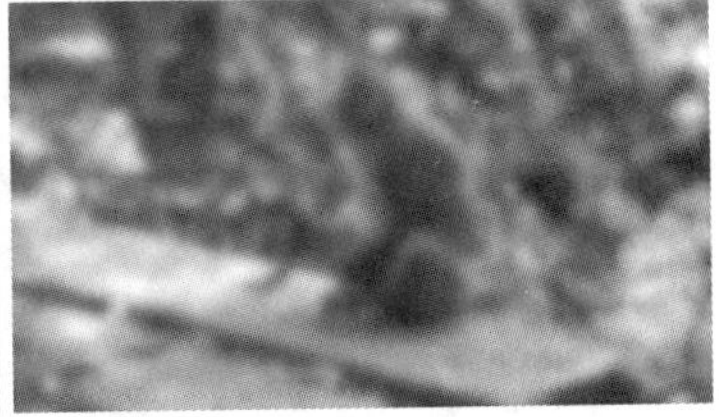

图7-12

STEP 12 将时间指示器移至00:00:32:16处，选择“文字工具”，输入“保护野生动物　守护生态平衡”文本，设置出点为“00:00:37:00”，然后在“基本图形”面板中设置参数如图7-13所示。画面效果如图7-14所示。

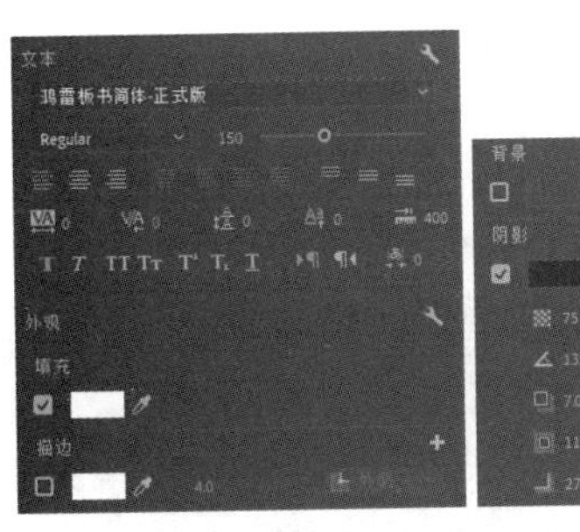

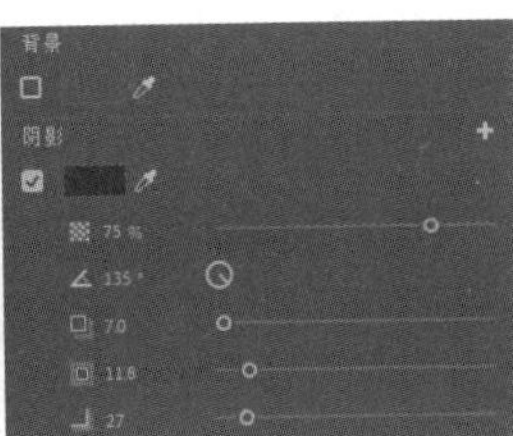

图7-13

图7-14

STEP 13 选择V2轨道上的文本素材，打开“效果控件”面板，在00:00:33:10和00:00:34:10处分别添加缩放为“0.0”“100.0”的关键帧，使文本逐渐变大，效果如图7-15所示。最后按【Ctrl+S】组合键保存项目。

图7-15

7.1.2 使用文字工具组添加字幕

在Premiere中，添加的字幕可分为点文本和段落文本两种类型。其中，点文本不论文本字数有多少，都不会自动换行，而是需要手动换行；段落文本则以文本框范围为参照位置，每行文本的字数会根据文本框的大小自动换行。

（1）创建点文本

选择“文字工具”T或“垂直文字工具”IT，在“节目”面板中单击定位插入点（显示为红色竖线，默认位于边框左侧），然后输入文本内容（此时插入点会跟随最后输入的文本显示在边框右侧），再按【Ctrl+Enter】组合键，或选择其他工具，完成字幕的输入，如图7-16所示。

图7-16

（2）创建段落文本

选择“文字工具”T或“垂直文字工具”IT，在“节目”面板中按住鼠标左键不放并拖曳，以绘制一个文本框，然后在文本框内输入文本内容，如图7-17所示。再按【Ctrl+Enter】组合键，或选择其他工具，完成字幕的输入。

图7-17

提示

完成字幕的输入后，文本周围将出现多个控制点。此时可选择“选择工具”，再将鼠标指针移至控制点上。当鼠标指针变为↔形状时，按住鼠标左键不放并拖曳，可调整整体文本的大小或段落文本框的大小，但不会改变段落文本字号的大小。

添加字幕后，通过“基本图形”面板中的“编辑”选项卡可调整文本样式，大部分与设置图形属性的参数相同，其余参数如图7-18所示。

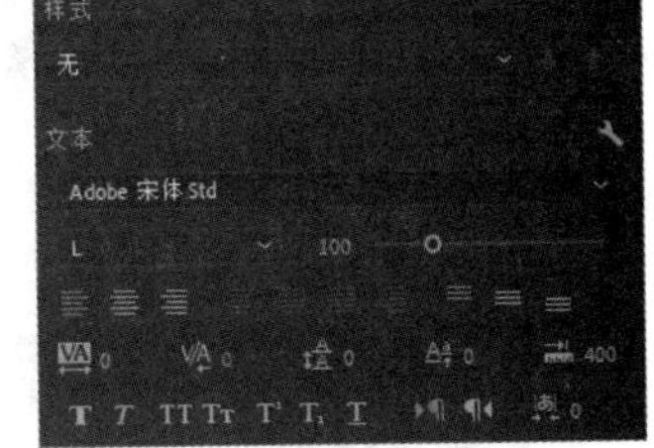

图7-18

（1）“样式”栏

在“样式”栏的下拉列表中选择“创建样式”选项，可存储当前文本样式的相关设置；单击“从样式中同步”按钮，可将调整后的样式恢复为存储的样式；单击“推送至轨道或样式”按钮，可将轨道上的字幕设置为当前样式，或更新所有应用该样式的文本。

（2）“文本”栏

第一个下拉列表用于设置文本的字体；第二个下拉列表用于设置字体的样式，如常规、斜体、粗体和细体；字体大小用于设置文本字号的大小。

文本对齐按钮组用于设置文本对齐方式，从左到右依次为“左对齐文本”按钮、“居中对齐文本”按钮、“右对齐文本”按钮、“最后一行左对齐”按钮、“最后一行居中对齐”按钮、“对齐”按钮、“最后一行右对齐”按钮、“顶对齐文本”按钮、“居中对齐文本垂直”按钮、“底对齐文本”按钮。

字距用于设置字符的间距；字偶间距用于使用度量标准字偶间距或视觉字偶间距来自动微调文字的间距；行距用于设置文本的行间距；基线位移用于设置文字的基线位移量；制表符宽度用于设置按【Tab】键产生字符所占的宽度。

特殊样式按钮组用于设置文本的特殊样式，从左向右依次为“仿粗体”按钮、“仿斜体”按钮、“全部大写字母”按钮、“小型大写字母”按钮、“上标”按钮、“下标”按钮、“下划线”按钮。

文本方向按钮组用于设置文本从左到右（）或从右到左（）排列；比例间距用于以百分比的方式设置两个字符的间距。

7.1.3 应用“文本”面板

Premiere中提供了用于添加字幕和转录文本的“文本”面板，用户灵活应用该面板可以有效提升制作字幕的工作效率。

1. 使用“文本”面板添加字幕

选择【窗口】/【文本】命令，打开“文本”面板，如图7-19所示。单击按钮，可打开“新字幕轨道”对话框，如图7-20所示。在其中可设置字幕轨道格式和样式（一般保持默认设置），然后单击按钮，在“时间轴”面板中将自动添加一个C1轨道。接着在“文本”面板中单击“添加新字幕分段”按钮，如图7-21所示。此时在“文本”面板、“时间轴”面板和“节目”面板中将出现创建的字幕，如图7-22所示。在不同的面板中双击该字幕后，均可修改字幕内容。

图7-19　　图7-20　　图7-21

图7-22

使用“选择工具”▶在“节目”面板中单击创建的字幕，其周围将显示文本框，此时将鼠标指针移至文本框的控制点处，按住鼠标左键不放并拖曳可调整文本框的大小；将鼠标指针移至文本框内部，按住鼠标左键不放并拖曳可调整文本框的位置，如图7-23所示。

图7-23

默认情况下，在“文本”面板中添加的字幕都会居中显示在文本框底部，而文本框同时也会居中显示在视频画面的底部。除了可以通过调整文本框的位置来改变字幕位置外，在“节目”面板中选中字幕后，“基本图形”面板的“对齐与变换”栏中会出现一个九宫格。通过单击九宫格中的方格，可以设置字幕相对于文本框，以及文本框相对于视频画面的位置。

在“文本”面板中添加字幕后，在字幕上方单击鼠标右键，在弹出的快捷菜单中选择“在之前/之后添加字幕”命令，可在该字幕之前/之后创建新的字幕（需要注意的是，在“时间轴”面板中，若该字幕之前/之后无空间，则不可创建）；选择“删除文本块”命令，可删除该文本块（在“文本”面板中，一个字幕中可包含多个文本块）；选择“将新的文本块添加到字幕”命令，可在该字幕中添加新的文本块，且新文本块的样式、位置等参数都可单独调整。

2. 使用“文本”面板转录文本

自动转录字幕时，应先创建转录文本，然后简单编辑转录文本（比如编辑发言者、查找和替换转录中的文本、拆分和合并转录文本等），最后生成字幕。

（1）创建转录文本

先在“时间轴”面板中添加包含音频的序列，然后在“文本”面板的“转录文本”选项卡中单击按钮（或在“字幕”选项卡中单击按钮），将打开“创建转录文本”对话框，如图7-24所示。

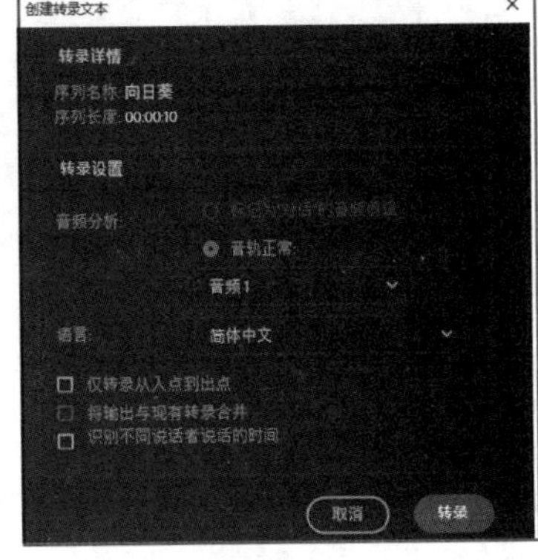

图7-24

在“创建转录文本”对话框中，“音频分析”栏用于选择需要转录的音频；“语言”下拉列表用于选择转录的语言；“仅转录从入点到出点”复选框用于指定转录范围；“将输出与现有转录合并”复选框用于在现有转录文本和新转录文本之间建立连续性；“识别不同说话者说话的时间”复选框用于启用人声识别。

在“创建转录文本”对话框中设置完成后，单击按钮。Premiere开始转录并在“文本”面板的“转录文本”选项卡中显示结果，双击显示结果中的字幕可修改其中的文本，如图7-25所示。

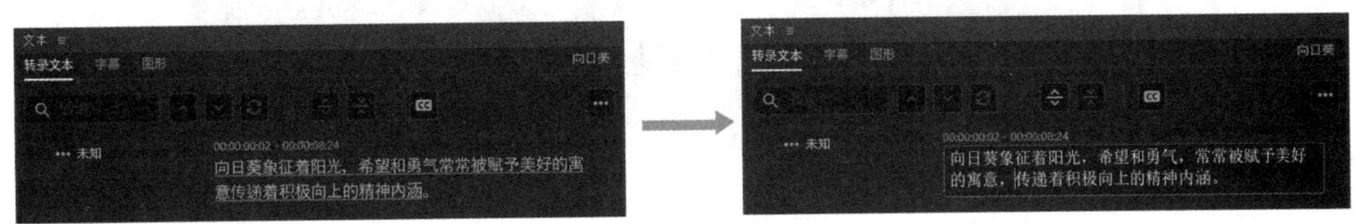

图7-25

（2）编辑发言者

单击字幕左侧的“未知”按钮，在打开的下拉菜单中选择“编辑发言者”选项，打开“编辑发言者”对话框，单击编辑图标可以更改发言者的名称，如图7-26所示。若要添加新发言者，可单击按钮并更改发言者名称，最后单击按钮。

（3）查找和替换转录中的文本

在“转录文本”选项卡左上角搜索框中输入搜索词，会突出显示搜索词在转录文本中的所有实例，如图7-27所示。单击“向上”按钮和“向下”按钮可浏览搜索词的所有实例，单击“替换”按钮后输入替换文本。若要仅替换搜索词的选定实例，则可单击“替换”按钮；若要替换搜索词的所有实例，则可单击“全部替换”按钮。

图7-26

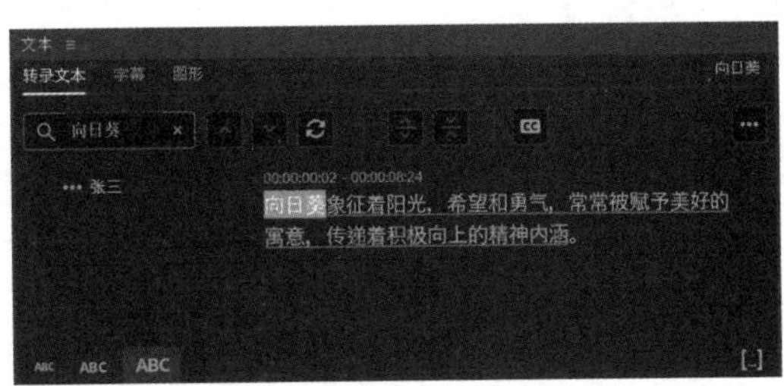

图7-27

（4）拆分和合并转录文本

在“转录文本”选项卡中单击“拆分区段”按钮，可将所选文本在文本选中处分段，如图7-28所示；单击“合并区段”按钮，可将所选文本合并为一段。

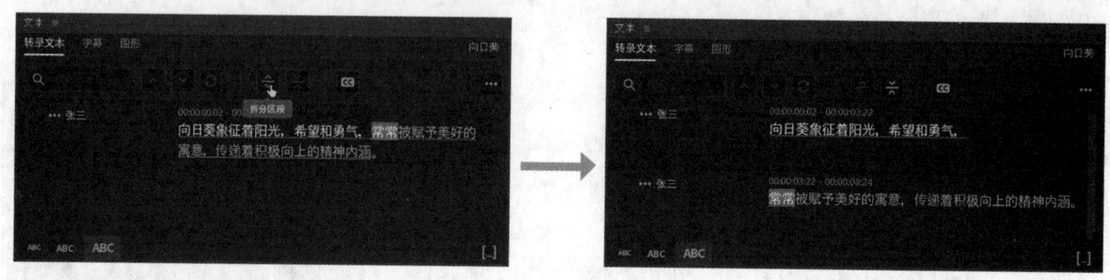

图7-28

（5）生成字幕

编辑好转录的文本内容后，可单击“创建说明性字幕”按钮，打开“创建字幕”对话框，设置字幕预设、格式等参数，然后单击按钮，将自动根据转录的文本生成字幕。该字幕与使用“文本”面板直接输入的字幕类似，同样会在“时间轴”面板中创建一个C1轨道，如图7-29所示。

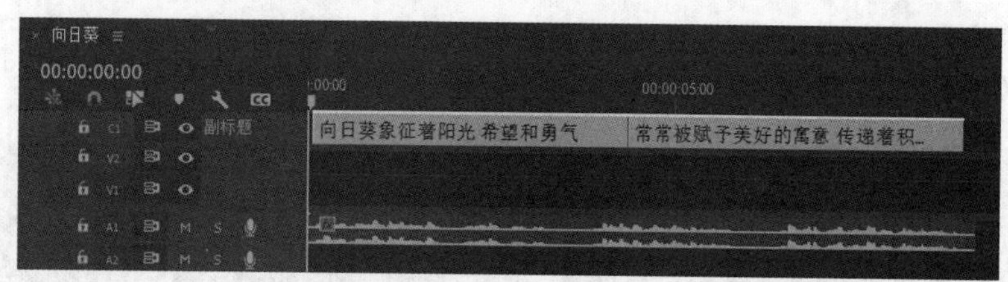

图7-29

7.2 添加音频

人类能够听到的所有声音都可以称为音频。将音频与画面内容相结合，可以起到补充说明、渲染气氛的作用，从而更好地传递视频所要表达的情感。

7.2.1 课堂案例——制作旅游卡点短视频

【制作要求】为某旅游公司制作一个分辨率为“720像素×1280像素”的旅游卡点短视频，要求节奏明快、视觉冲击力强，以吸引更多的潜在客户。

【操作要点】先调整音频素材的音量大小，然后根据音频的鼓点利用标记进行划分，再制作视频封面，接着依次添加其他素材并调整入点和出点，最后添加视频过渡效果。参考效果如图7-30所示。

【素材位置】配套资源:\素材文件\第7章\课堂案例\旅游素材\

【效果位置】配套资源:\效果文件\第7章\课堂案例\旅游卡点短视频.prproj

图7-30

具体操作如下。

视频教学：制作旅游卡点短视频

STEP 01 按【Ctrl+Alt+N】组合键打开“导入”界面，设置项目名称为“旅游卡点短视频”，选择“旅游素材”文件夹，在右侧取消选择“创建新序列”选项，然后单击按钮，新建名称为“旅游卡点短视频”、尺寸为“720像素×1280像素”、时基为“25.00帧/秒”的序列。

STEP 02 拖曳“卡点音频.mp3”素材至“时间轴”面板中的A1轨道上，试听音频，可发现音频速度较快，因此设置播放速度为“80%”。同时观察右侧的“音频仪表”面板，可发现音频的音量较低，如图7-31所示。在“效果控件”面板中展开“音量”文件夹，设置级别为“15dB”，此时音频的音量处于正常，如图7-32所示。

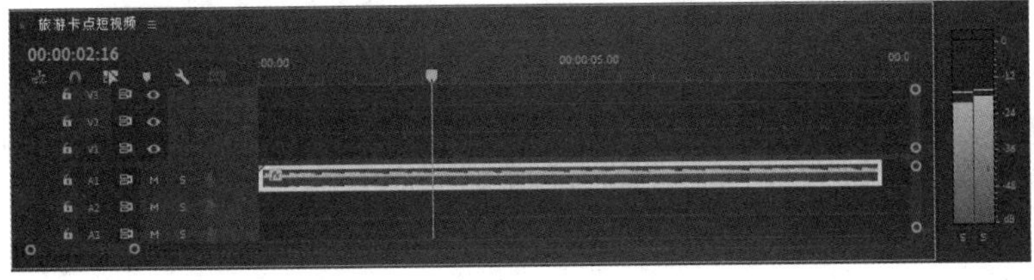

图7-31

图7-32

STEP 03 通过拖曳时间指示器试听音频，将其拖曳到00:00:00:14处，可听到明显的鼓点声。此时可单击“节目”面板中的“添加标记”按钮添加标记，以便后续添加素材。

STEP 04 继续试听音频，使用与步骤03相同的方法，在后续的每个鼓点处添加标记。由于旅游的视频素材和图像素材总共有13个，因此可在标记13个点后，适当调整音频素材的出点，如图7-33所示。

STEP 05 拖曳“背景.jpg”素材到“时间轴”面板中的V1轨道上，调整出点至00:00:00:14处。选择“矩形工具”，在画面中间偏下的位置绘制一个白色矩形，并在“基本图形”面板中设置“不透明度”为“50%”。

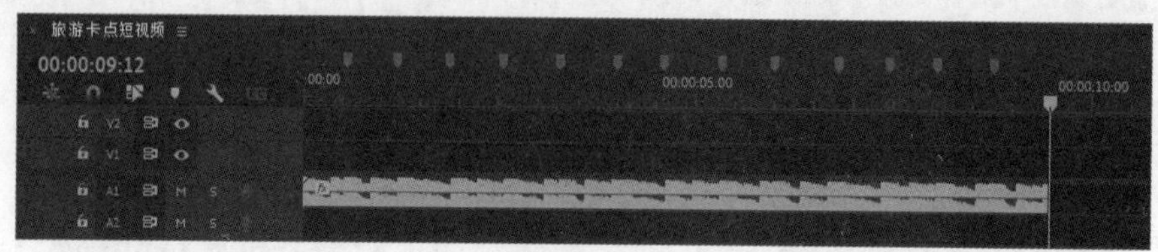

图7-33

STEP 06 选择“文字工具”T，在白色矩形中输入“旅游风光”文本，在“基本图形”面板中设置文本样式如图7-34所示。效果如图7-35所示。

STEP 07 打开“效果控件”面板，在00:00:00:00和00:00:00:04处分别添加“不透明度”为“0.0%”“100.0”的关键帧，使其逐渐显示，如图7-36所示。

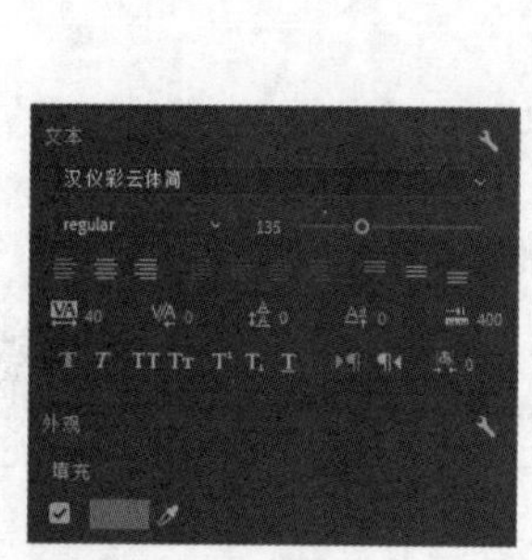

图7-34

图7-35

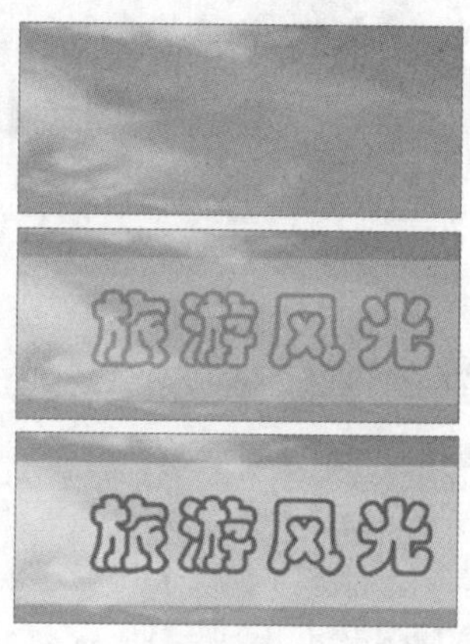

图7-36

STEP 08 拖曳“风景1.jpg”素材至V1轨道上，并调整出点至00:00:01:05处，即第二个标记所在时间点，如图7-37所示。

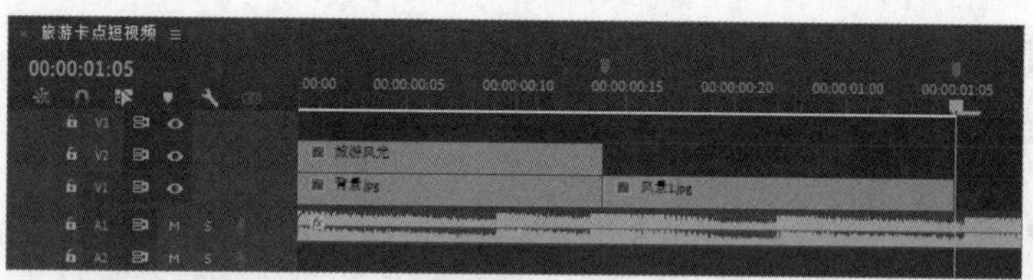

图7-37

STEP 09 使用与步骤05相同的方法，依次拖曳其他视频素材和图像素材至V1轨道上，并根据标记的位置调整出点，如图7-38所示。

STEP 10 打开“效果”面板，展开“视频过渡”文件夹中的“内滑”文件夹，拖曳“急摇”过渡效果至“背景.jpg”和“风景1.avi”素材之间，并在“效果控件”面板中设置持续时间为“00:00:00:02”、对齐为“中心切入”，如图7-39所示。效果如图7-40所示。

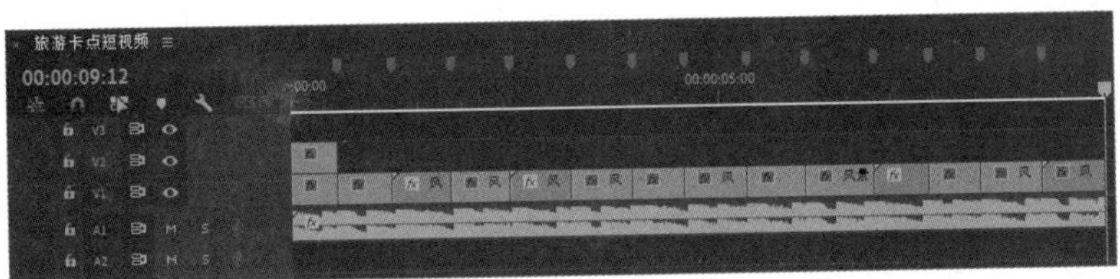

图7-38

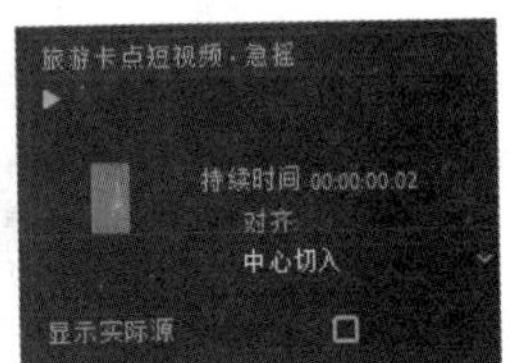

图7-39

图7-40

STEP 11 使用与步骤10相同的方法，依次为其他素材之间添加“急摇”过渡效果，并调整持续时间和对齐，效果如图7-41所示。

图7-41

STEP 12 在“效果”面板中依次展开“音频过渡”“交叉淡化”文件夹，拖曳“指数淡化”效果至“卡点音频.mp3”素材的入点和出点处（见图7-42），以实现音频淡入淡出的效果。最后按【Ctrl+S】组合键保存项目。

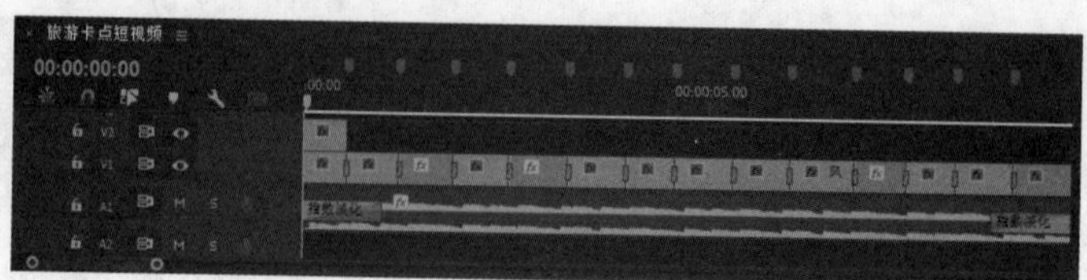

图7-42

7.2.2 认识音频轨道

按【Ctrl+N】组合键，打开“新建序列”对话框。在“轨道”选项卡中，除了可以设置序列中的音频轨道数量外，还可以单独设置混合轨道（“时间轴”面板中所有音频输出的合集）和单个音频轨道的参数，如图7-43所示。

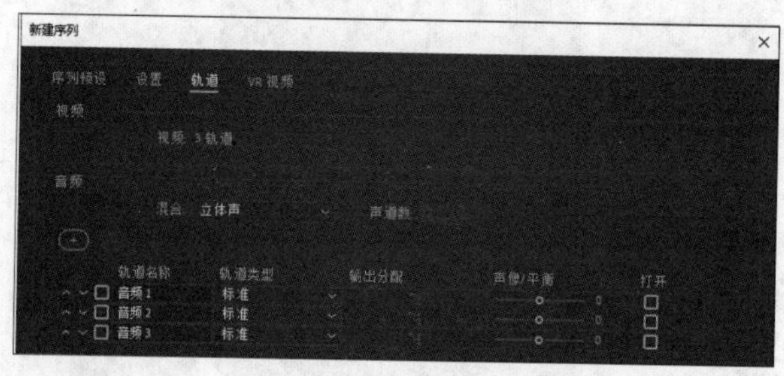

图7-43

在“新建序列”对话框中可设置的音频轨道类型有以下几种。

● 标准：标准是替代旧版本的立体声音轨道，可以同时剪辑单声道和立体声音频。

● 5.1声道：5.1声道包含了中央声道、前置左声道、后置左环绕声道、后置右环绕声道，以及通向低音炮扬声器的低频效果音频声道。在5.1声道中，只能添加5.1音频素材。

● 自适应：自适应可以剪辑单声道和立体声音频，并且能实际控制每个音频轨道的输出方式。

● 单声道：单声道是一条音频声道。将立体声音频素材添加到单声道轨道上，立体声音频通道将汇总为单声道。

● 立体声：立体声是指通过两个或多个声道来模拟人耳对声音方向和距离的感知，以达到更真实、更立体的声音效果。

● 子混合：子混合是指输出轨道的合并信号，或向它发送的信号，常用于管理混音和效果。

提示

在创建完序列后，音频轨道的参数设置将无法改变。若是需要更改参数，则用户可以新建一个序列，重新设置相关参数，再复制原序列中的素材到新序列中。

7.2.3 认识“音频仪表”面板

不同设备（比如扬声器、耳机、音响等）的音频输出特性不同，会导致音频在不同设备中的表现存

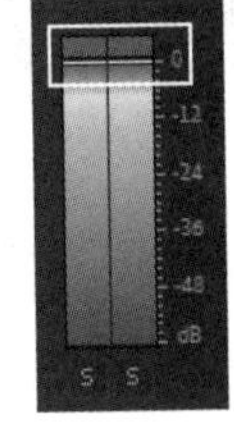

图7-44

在差异。这种差异可能会导致用户在不同设备上听到的声音音量不一致，甚至出现音频失真或削减的情况。Premiere中提供了“音频仪表”面板来监测音频信号的强度和质量。该面板可显示时间线上所有音频轨道混合而成的主声道音量大小。当主声道音量超出安全范围时，柱状的音频仪表顶端会显示红色警告，如图7-44所示。此时就需要及时调低主声道的音量，以免损伤音频设备。

“音频仪表”面板右侧的数字表示音频的分贝值（dB），分贝是一种用于测量音频信号强度和音量级别的单位。该面板的下方存在两个S按钮，单击左侧的S按钮可独奏左侧声道，单击右侧的S按钮可独奏右侧声道。

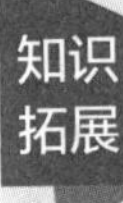

知识拓展

除了“音频仪表”面板外，Premiere 中还提供了“音轨混合器”面板（可以混合多个轨道的音频素材，还可录制声音和分离音频等）、“音频剪辑混合器”面板（可以调控音频轨道上音频素材的音量）以及“基本声音”面板（提供了混合音频技术和修复音频的一整套工具集）。

资源链接：其他与音频相关的面板

7.2.4 调整音频音量和增益

音量是指输出音频素材的音量，而音频增益是指输入音频素材的音量。这两个音频参数都会影响到音频素材的最终效果，因此用户可根据需要调整音频的音量和增益。

1. 调整音频音量

常用的调整音频音量的方法有以下2种。

（1）通过“效果控件”面板调整

在“时间轴”面板中选择音频后，打开“效果控件”面板，展开“音频”效果属性中的“音量”栏，可通过设置“级别”参数来调节所选音频素材的音量大小。

（2）通过“时间轴”面板调整

在“时间轴”面板中添加音频后，双击音频轨道左侧的空白处，将放大音频轨道，并且轨道上会出现一条白色的线，此时选择“选择工具”，将鼠标指针移至白线处，当鼠标指针变为状态时，按住鼠标左键不放并向上拖曳白线可提高音量，向下拖曳白线可降低音量，如图7-45所示。

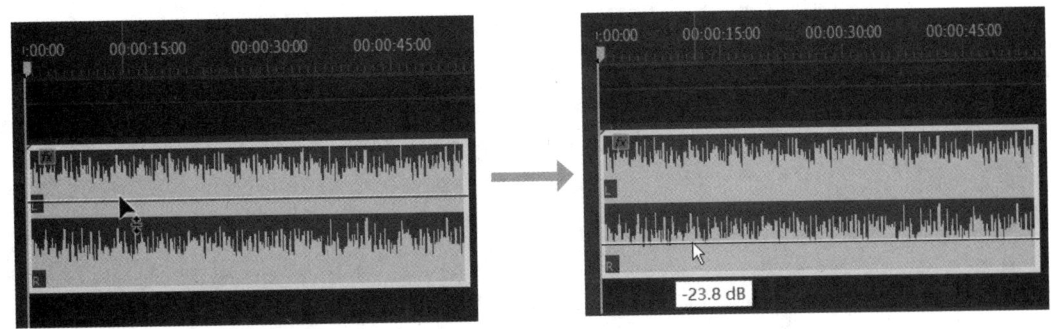

图7-45

提示

在"时间轴"面板中选择音频后，按【[】键可将音量减小1dB，按【]】键可将音量增加1dB，按【Shift+[】组合键可将音量减小6dB，按【Shift+]】组合键可将音量增加6dB。

2. 调整音频增益

在"时间轴"面板中选择音频后，选择【剪辑】/【音频选项】/【音频增益】命令，将打开"音频增益"对话框，如图7-46所示。其中，单击选中"将增益设置为"单选项，可允许用户为增益设置某一特定值；单击选中"调整增益值"单选项，可允许用户调大或调小增益（如果输入非零值，"将增益设置为"值会自动更新，以反映应用于该音频的实际增益值）；单击选中"标准化最大峰值为"单选项，可将选定剪辑的最大峰值振幅调整为用户指定的值；单击选中"标准化所有峰值为"单选项，可将选定音频的所有峰值振幅调整为用户指定的值。

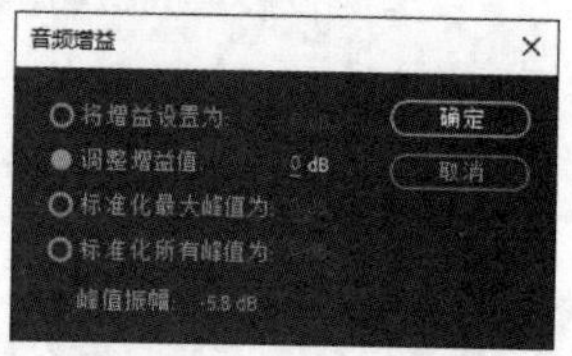

图7-46

7.2.5 音频效果和音频过渡

Premiere的"效果"面板中提供了音频效果组和音频过渡效果组，用于调整音频的最终播放效果，使其更符合制作需求。

1. 音频效果组

音频效果组主要用于调节音频的各种属性，以改变或增强视频素材中的音频部分。在"效果"面板中展开"音频效果"文件夹（见图7-47），其中有多种音频效果供用户选择。它们分别用于改善声音的质量、增强音频效果、修复录音中的问题，以及创造各种音频创意效果。部分音频效果介绍如下。

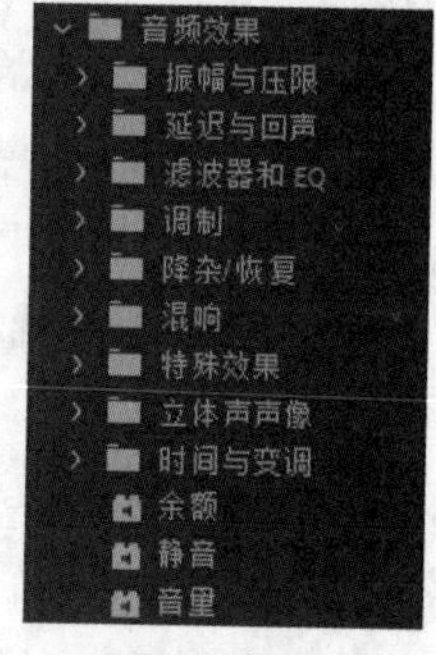

图7-47

- 吉他套件：该音频效果可以模拟吉他的声音和效果。
- 多功能延迟：该音频效果可以利用延迟产生回音。
- 多频段压缩器：该音频效果可以制作较为柔和的音频效果。
- 模拟延迟：该音频效果可以模拟不同样式的回音。
- 带通：该音频效果可移除音频中的噪声。
- 降噪：该音频效果可以降低或消除音频中的各种噪声。
- 低通：该音频效果可以移除高于指定频率以下的频率，使音频产生浑厚的低音效果。
- 低音：该音频效果可以调整音频中的重音部分。
- 卷积混响：该音频效果可以制作混响的效果。
- 互换声道：该音频效果可以交换立体声轨道上的左声道和右声道。
- 人声增强：该音频效果可以提升音频中人声的清晰度和音量。
- 反转：该音频效果可以反转设置每个声道的音频相位。
- 和声/镶边：该音频效果可以产生一个与原始音频相同的音频，并附带一定的延迟，使其与原始音频混合，产生一种推动的效果。
- 通道音量：该音频效果可以调整声道的音量，比如立体声、5.1素材或其他轨道的声道音量。

- 室内混响：该音频效果可以产生类似于房间内的声音和音响效果，可以在电子声音中加入充满人群氛围的声音。
- 延迟：该音频效果可以为音频制作回音效果。
- 母带处理：该音频效果可以模拟各种声音场景。
- 消除齿音：该音频效果可以消除音频中的齿音。
- 消除嗡嗡声：该音频效果可以消除音频中某一范围内的嗡嗡声。
- 环绕声混响：该音频效果可以模仿室内的声音和音响效果，增加音频氛围感。
- 移相器：该音频效果可以对音频中的一部分频率进行相位反转操作，并与原始音频混合。
- 高通：该音频效果可以删除音频信号中的低频部分，只保留高频部分。
- 高音：该音频效果可以调整4000Hz及更高的频率，在“效果控件”面板的“提升”选项中可以设置调整的效果。

2. 音频过渡效果组

在“效果控件”面板中展开“音频过渡”文件夹，其中只包括一个交叉淡化效果组。该效果组主要用于制作两个音频素材间的流畅切换效果，也可放在音频素材之前创建音频淡入的效果，或放在音频素材之后创建音频淡出的效果。交叉淡化效果组内又包括以下3种过渡效果。

- 恒定功率：该过渡效果在音频之间提供平滑的过渡。它会根据时间线上的持续时间线性地降低或提高音频信号的音量。
- 恒定增益：该过渡效果可以将音频的音量平滑地从一个音频素材过渡到另一个音频素材。与“恒定功率”效果不同，该效果在整个过渡期间都保持恒定的增益（音量），表示音频之间音量的变化是线性的，没有加速或减速的过程。
- 指数淡化：该过渡效果可以通过应用对数函数来改变音频的音量，在过渡期间逐渐改变音频的音量，创造出类似于音量曲线的效果。音频在过渡的开始和结束阶段变化较为缓慢，而在过渡的中间阶段变化较快。

7.3 综合实训

7.3.1 制作玉米主图视频

玉米即将迎来收获季，某店铺希望通过主图视频来宣传该商品的特点和优势，以吸引更多消费者关注和购买该商品。表7-1所示为玉米主图视频制作任务单，其中明确给出了实训背景、制作要求、设计思路和参考效果等。

表 7-1 玉米主图视频制作任务单

实训背景	为了促进玉米的销售量，为该商品制作主图视频

续 表

尺寸要求	1080 像素 ×1080 像素
时长要求	20 秒以内
制作要求	1. 画面 视频画面需要突出展示玉米商品的特点，比如产地信息、口感、外观等，以便消费者能够更加了解该商品 2. 文本 结合素材的画面内容，添加字幕进行描述，以便消费者能够更加直观地获取到有效信息 3. 音频 为提升主图视频的整体观感，可添加背景音乐和配音，以增加视频的吸引力并产生情感共鸣。同时背景音乐的音量不能高于配音的音量，否则会掩盖主要的配音信息
设计思路	先剪辑视频素材和图像素材，调整播放速度、时长并添加视频过渡效果，然后根据配音生成文本并适当修改其内容，再将其转化为字幕，最后优化字幕显示效果并添加背景音乐
参考效果	好品来自好产地 爆浆水果玉米 颗粒饱满，色泽诱人 玉米主图视频效果
素材位置	配套资源 :\ 素材文件 \ 第 7 章 \ 综合实训 \ 玉米素材 \
效果位置	配套资源 :\ 效果文件 \ 第 7 章 \ 综合实训 \ 玉米主图视频 .prproj

操作提示如下。

STEP 01 新建“玉米主图视频”项目，导入所有素材文件，创建符合制作要求的序列。

视频教学：
制作玉米主图视频

STEP 02 适当剪辑视频素材，并设置播放速度为“140%”。依次拖曳图像素材至“时间轴”面板中，适当调整所有图像素材的入点和出点。

STEP 03 在素材之间添加“内滑”过渡效果，并调整持续时间。

STEP 04 添加“配音.mp3”素材，先转录成文本，然后修改文本中不通顺或者错误的内容。

STEP 05 使用转录后的文本生成字幕，然后根据画面内容剪辑“配音.mp3”素材，使其与画面内容的时长相匹配。

STEP 06 根据配音时长同步调整字幕的时长，再根据视频画面优化字幕的显示效果。

STEP 07 添加“背景音乐.mp3”素材并调整其出点，再适当减小音量，最后保存项目。

7.3.2 制作奶茶宣传卡点短视频

致味奶茶店即将开业，为了能在开业当天取得销售佳绩，店长决定采取一系列营销策略，以增加开业初期的客流量，现需制作具有创意和吸引力的奶茶宣传卡点短视频。表7-2所示为奶茶宣传卡点短视频制作任务单，其中明确给出了实训背景、制作要求、设计思路和参考效果等。

表 7-2 奶茶宣传卡点短视频制作任务单

实训背景	为快速提高品牌知名度以及消费者的关注度，为店内的奶茶制作宣传卡点视频
尺寸要求	720 像素 ×1280 像素
时长要求	8 秒左右
制作要求	1. 卡点效果 利用卡点音频的节奏点切换不同的奶茶素材，赋予短视频一定的节奏感，从而增强趣味性和吸引力 2. 画面过渡 在展示奶茶图像时，可利用过渡效果进行切换，使视频的转场更加明显和鲜明，同时也可以增强视频的冲击力
设计思路	提高音频素材的音量并制作淡入淡出效果，标记其中的节奏点，然后依次添加奶茶素材，在奶茶素材之间添加过渡效果，再在画面中添加奶茶店名称文本
参考效果	致味奶茶店 致味奶茶店 致味奶茶店 奶茶宣传卡点短视频效果
素材位置	配套资源 :\ 素材文件 \ 第 7 章 \ 综合实训 \ 奶茶素材 \
效果位置	配套资源 :\ 效果文件 \ 第 7 章 \ 综合实训 \ 奶茶宣传卡点短视频 .prproj

操作提示如下。

STEP 01 新建“奶茶宣传卡点短视频”项目，导入所有素材文件，创建名称为“奶茶宣传卡点短视频”的序列。

视频教学：制作奶茶宣传卡点短视频

STEP 02 拖曳音频素材至“时间轴”面板中，适当提高音量，并在入点和出点处添加音频过渡效果。

STEP 03 试听音频，标记所有节奏点，然后依次拖曳奶茶素材至“时间轴”面板中，再调整入点和出点位置。

STEP 04 在视频画面中输入“致味奶茶店”文本，复制多个并调整其入点和出点，然后根据画面的色调调整文本颜色，最后保存项目。

7.4 课后练习

练习1 制作美食教程短视频

【制作要求】利用素材制作美食教程短视频，要求按照美食制作顺序来剪辑视频素材，并根据配音内容在对应的画面中添加字幕。

【操作提示】先创建橙色背景，并输入主题文本作为封面，接着剪辑视频素材，然后将配音素材转录为文本并生成字幕，最后添加背景音乐并调整音量。参考效果如图7-48所示。

【素材位置】配套资源:\素材文件\第7章\课后练习\美食教程素材\

【效果位置】配套资源:\效果文件\第7章\课后练习\美食教程短视频.prproj

图7-48

练习 2 制作“森林防火”公益视频

【制作要求】利用素材制作“森林防火”公益视频，要求在画面中结合火焰燃烧的声音，突出森林火灾的危险性，然后通过字幕强调视频的主题。

【操作提示】先剪辑视频素材并适当进行调色，然后分别利用“文本”面板和文字工具输入字幕，再为片尾的宣传文本制作显示动效，最后添加背景音乐和火焰燃烧的音效，并适当进行优化。参考效果如图7-49所示。

【素材位置】配套资源:\素材文件\第7章\课后练习\森林防火素材\

【效果位置】配套资源:\效果文件\第7章\课后练习\“森林防火”公益视频.prproj

图7-49

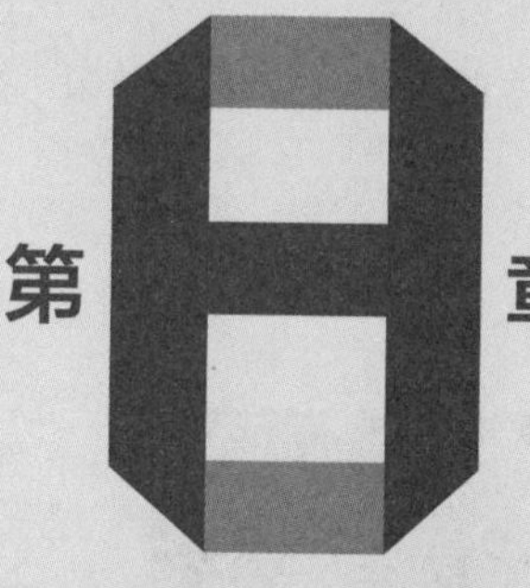

第8章 视频抠像与合成

视频抠像是指抠取视频画面中的部分区域，将目标对象与背景分离开来；而视频合成是指将两个或两个以上的视频组合在一起，形成多个视频画面叠加混合的效果。在Premiere中， 利用视频抠像与合成技术可以创造出无限的想象空间。

学习要点

◎ 掌握视频抠像的方法。
◎ 掌握视频合成的方法。

素养目标

◎ 保持自我学习和持续进步的习惯。
◎ 提高分析问题、解决问题的能力。

扫码阅读

案例欣赏

课前预习

8.1 视频抠像

Premiere中提供了多种视频效果用于视频抠像。用户可根据视频画面的具体内容，选择更为合适的效果。

8.1.1 课堂案例——制作“致敬航天人”短片

【制作要求】为某航天兴趣小组制作一个分辨率为“1920像素×1080像素”的短片，要求以“致敬航天人”为主题，融合宇航员和星空背景，弘扬航天精神，让观众能够从中感受航天人强烈的责任感与奋勇拼搏的精神。

【操作要点】去除宇航员素材中的背景，将其融入星空背景中，然后添加主题文本并为部分元素制作动效，最后添加字幕。参考效果如图8-1所示。

【素材位置】配套资源:\素材文件\第8章\课堂案例\航天素材\

【效果位置】配套资源:\效果文件\第8章\课堂案例\“致敬航天人”短片.prproj

图8-1

具体操作如下。

视频教学：制作“致敬航天人”短片

STEP 01 按【Ctrl+Alt+N】组合键打开“导入”界面，设置项目名称为“‘致敬航天人’短片”，选择“航天素材”文件夹，在右侧取消选择“创建新序列”选项，然后单击创建按钮。

STEP 02 拖曳“背景1.mp4”素材至“时间轴”面板中，将自动生成与其同名的序列，然后将序列重命名为“‘致敬航天人’短片”，再调整“背景1.mp4”素材的出点至00:00:06:00处。

STEP 03 依次拖曳“背景2.mp4”“背景3.mp4”“背景.jpg”素材至V1轨道

上，并设置出点分别为“00:00:12:00”“00:00:18:00”“00:00:23:00”，然后删除自带的音频，如图8-2所示。

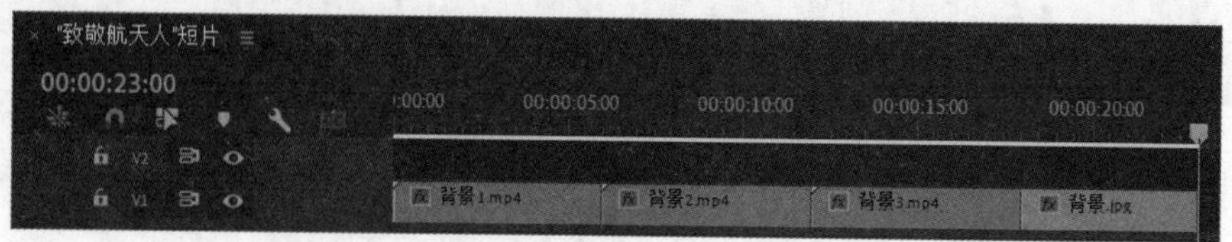

图8-2

STEP 04 拖曳“宇航员1.mp4”素材至“时间轴”面板中的V2轨道上，调整其出点至与“背景1.mp4”素材对齐。选择【窗口】/【效果】命令，打开“效果”面板，在上方输入“非红色键”文本进行搜索，然后双击“非红色键”效果进行应用。

STEP 05 选择【窗口】/【效果控件】命令，打开“效果控件”面板，设置阈值为“35.0%”、屏蔽度为“30.0%”，以去除绿色背景。画面抠像前后的对比效果如图8-3所示。

图8-3

STEP 06 依次拖曳“宇航员2.mp4”“宇航员3.mp4”素材至V2轨道上，并调整“宇航员2.mp4”素材的持续时间为“00:00:06:00”。在“效果控件”面板中复制“宇航员1.mp4”素材中的“非红色键”效果，然后分别粘贴到“宇航员2.mp4”“宇航员3.mp4”素材中，效果如图8-4所示。

图8-4

STEP 07 拖曳“宇航员.jpg”素材至V2轨道上，将时间指示器移至00:00:18:01处，设置缩放为“70.0”，再适当调整位置，使其位于画面的右下角，然后在“效果”面板中依次展开“视频效果”“键控”文件夹，双击“颜色键”效果进行应用。

STEP 08 在“效果控件”面板中单击主要颜色右侧的“吸管工具”，然后单击视频画面中的淡黄色背景，再设置颜色容差为“68”。画面前后的对比效果如图8-5所示。

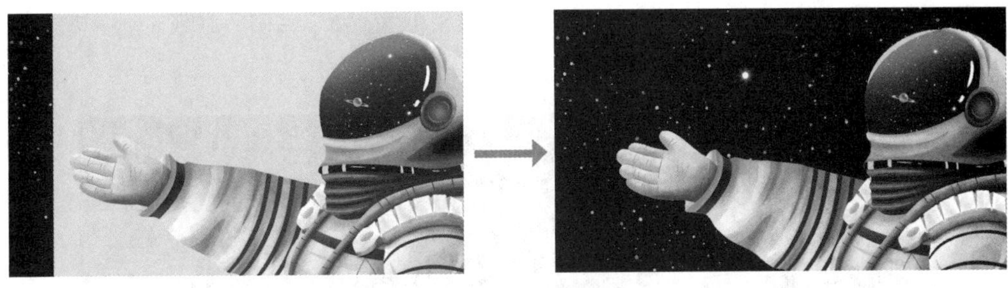

图8-5

STEP 09 将时间指示器移至00:00:20:00处，选择“文字工具”，在画面上方输入“致敬航天人”文本，打开“基本图形”面板，设置参数如图8-6所示。文本效果如图8-7所示。

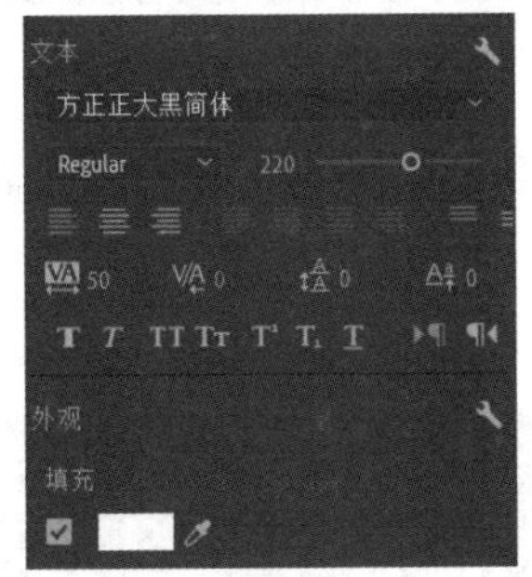

图8-6

图8-7

STEP 10 选择“宇航员.jpg”素材，在“效果控件”面板中，在00:00:18:00和00:00:19:00处分别添加不透明度为“0.0%”“100.0%”的关键帧，使其逐渐显示。在“效果”面板中拖曳“急摇”过渡效果至文本素材的入点处，画面效果如图8-8所示。

图8-8

STEP 11 将时间指示器移至00:00:00:00处，在“文本”面板中单击按钮，打开“新字幕轨道”对话框，单击按钮，然后通过单击“文本”面板中的“添加新字幕分段”按钮，依次添加“文本.txt”素材中的文本，并根据文本长短调整持续时长，如图8-9所示。

图8-9

STEP 12 选择任意一个字幕，在“基本图形”面板中设置参数，如图8-10所示。字幕效果如图8-11所示。

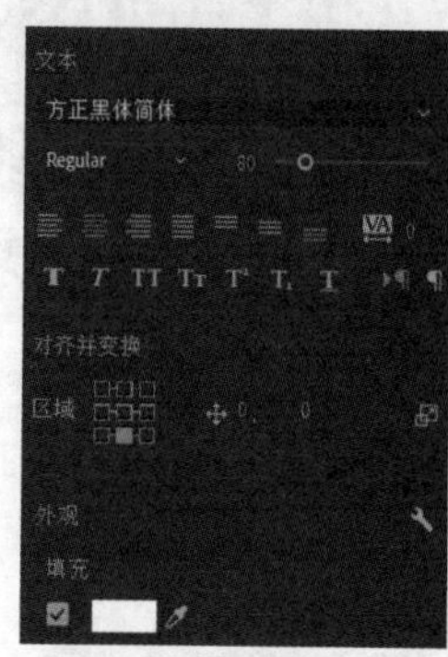

图8-10

图8-11

STEP 13 在“基本图形”面板中单击“推送至轨道或样式”按钮，以设置所有字幕样式，效果如图8-12所示。添加“背景音乐.mp3”素材并调整出点至00:00:23:00处。最后按【Ctrl+S】组合键保存项目。

图8-12

8.1.2 视频抠像的原理

“抠像”一词是从早期电视制作中得来的，英文为“Key”，意思是吸取画面中的某一种颜色作为透明色，将它从画面中抠去，从而使背景透出来。而视频抠像则是指从视频中将目标对象与背景画面分离的过程，其基本原理是通过计算机视觉和图像处理技术，将目标对象从背景画面中提取出来，如图8-13所示。

图8-13

用户在拍摄一些视频素材时，可将绿幕或蓝幕作为背景（因为人物皮肤不包含蓝色和绿色信息，所以在抠像时很容易将人物与绿幕和蓝幕背景分离），以便后期更好地进行处理。

8.1.3 基于颜色进行抠像

若需要抠取的素材背景色彩较为单一，则用户可使用“超级键”“非红色键”“颜色键”3种效果来抠像。

1. “超级键”效果

应用“超级键”效果可以指定一种特定或相似的颜色变为透明，并设置其透明度、高光、阴影等属性，也可以校正素材中的色彩。图8-14所示为将画面中的绿色区域变为透明区域前后的对比效果。

图8-14

选择应用该效果后的素材，“效果控件”面板如图8-15所示，其中，“输出”下拉列表用于设置素材的输出类型；“设置”下拉列表用于设置抠像的类型；“主要颜色”用于设置透明对象的颜色值；“遮罩生成”用于设置遮罩的生成方式；“遮罩清除”用于调整抑制遮罩的属性；“溢出抑制”用于抑制抠像后素材的边缘颜色；“颜色校正”用于调整素材色彩。

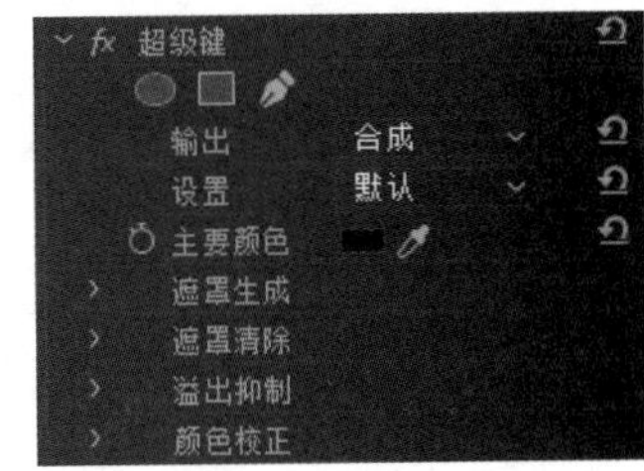

图8-15

2. “非红色键”效果

应用“非红色键”效果可以一键去除素材中的蓝色和绿色背景，因此常用于抠取在绿幕和蓝幕背景下拍摄的视频画面，如图8-16所示。

图8-16

选择应用该效果后的素材，“效果控件”面板如图8-17所示，其中，“阈值”用于调整素材背景的透明程度；“屏蔽度”用于设置素材中效果的控制位置和图像屏蔽度；“去边”下拉列表用于选择去除素材的绿色或者蓝色边缘；“平滑”下拉列表用于设置素材的平滑程度；“仅蒙版”复选框用于指定是否显示素材的Alpha通道。

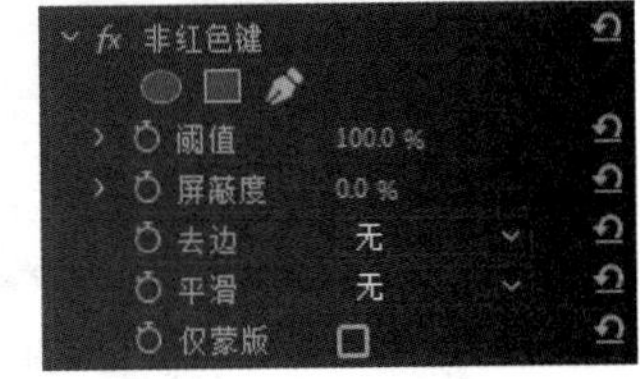

图8-17

3. “颜色键”效果

应用“颜色键”效果可以使某种指定的颜色及其相似范围内的颜色变得透明，如图8-18所示。

图8-18

选择应用该效果后的素材，“效果控件”面板如图8-19所示，其中“主要颜色”用于吸取需要被键出的颜色，即需要变透明的颜色；“颜色容差”用于设置颜色的透明程度；“边缘细化”用于设置颜色边缘的大小；“羽化边缘”用于设置颜色边缘的羽化程度。

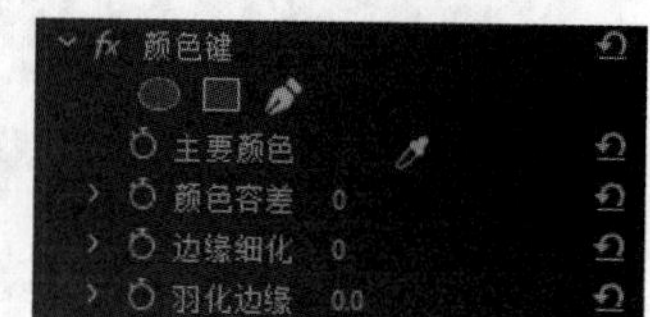

图8-19

“颜色键”效果与“超级键”效果的原理基本相同，都是让指定的颜色变为透明，只是“颜色键”效果不能校正素材的颜色。

8.1.4 课堂案例——制作古镇宣传片

【制作要求】为南浔古镇制作一个分辨率为“1280像素×720像素”的宣传片，要求画面能表现古镇的韵味和意境，呈现出独特的视觉效果。

【操作要点】利用水墨素材和“轨道遮罩键”效果，抠取视频素材的画面内容，从而调整显示范围。参考效果如图8-20所示。

【素材位置】配套资源:\素材文件\第8章\课堂案例\古镇素材\

【效果位置】配套资源:\效果文件\第8章\课堂案例\古镇宣传片.prproj

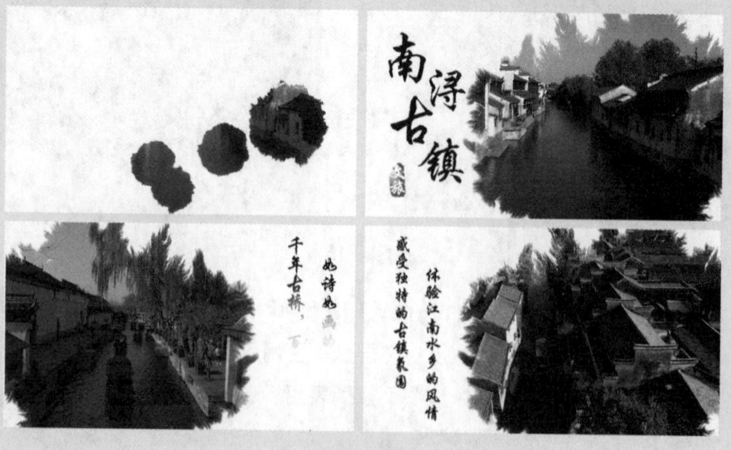

图8-20

具体操作如下。

视频教学：
制作古镇宣传片

STEP 01 按【Ctrl+Alt+N】组合键打开“导入”界面，设置项目名称为“古镇宣传片”，选择“古镇素材”文件夹，在右侧取消选择“创建新序列”选项，然后单击创建按钮。

STEP 02 双击“南浔古镇1.mp4”素材，在“源”面板中设置入点和出点分别为“00:00:12:00”“00:00:19:29”，再拖曳该素材至“时间轴”面板中，将自动生成与其同名的序列，然后将序列重命名为“古镇宣传片”。

STEP 03 使用与步骤02相同的方法，分别选取“南浔古镇2.mp4”“南浔古镇3.mp4”素材“00:00:00:00~00:00:07:29”的片段，再依次拖曳至V1轨道上。

STEP 04 新建一个白色的颜色遮罩，并设置名称为“背景”，然后拖曳V1轨道上的所有素材至V2轨道上，再拖曳“背景”素材至V1轨道上，并设置出点为“00:00:24:00”。

STEP 05 拖曳“水墨素材.mp4”素材至V3轨道上，设置出点为“00:00:08:00”，然后在按住【Alt】键的同时向右拖曳复制两次，再删除所有素材的音频，如图8-21所示。

图8-21

STEP 06 将时间指示器移至00:00:04:00处，选择“南浔古镇1.mp4”素材，在“效果”面板中搜索“轨道遮罩键”效果，双击应用该效果，然后在“效果控件”面板中设置遮罩为“视频3”、合成方式为“亮度遮罩”，再勾选“反向”复选框。应用“轨道遮罩键”效果前后的对比效果如图8-22所示。“南浔古镇1.mp4”素材的显示效果如图8-23所示。

图8-22

图8-23

STEP 07 分别复制“轨道遮罩键”效果到“南浔古镇2.mp4”“南浔古镇3.mp4”素材中，然后选择第二个“水墨素材.mp4”素材，再为其应用“水平翻转”效果，使“南浔古镇2.mp4”素材画面的布局方式与另外两个素材有所不同，画面效果如图8-24所示。

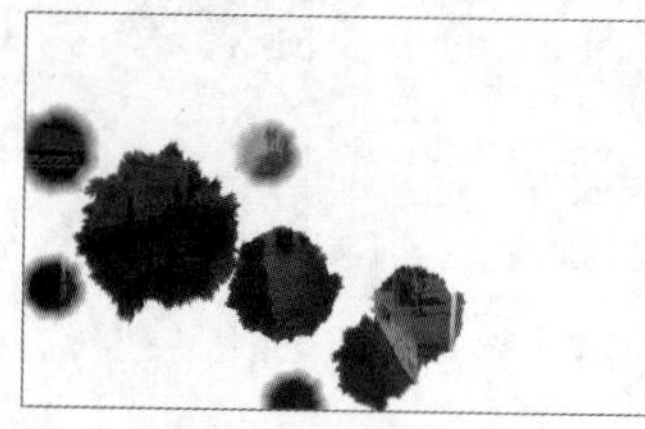

图8-24

STEP 08 新建V4轨道，拖曳“印章.png”素材至该轨道上，设置“缩放”为“20.0”，然后调整位置属性，使其位于画面左下角。

STEP 09 将时间指示器移至00:00:02:00处，选择“文字工具”T，依次输入“南”“浔”“古”“镇”文本，设置出点为“00:00:08:00”，然后在“基本图形”面板中设置参数如图8-25所示。画面效果如图8-26所示。

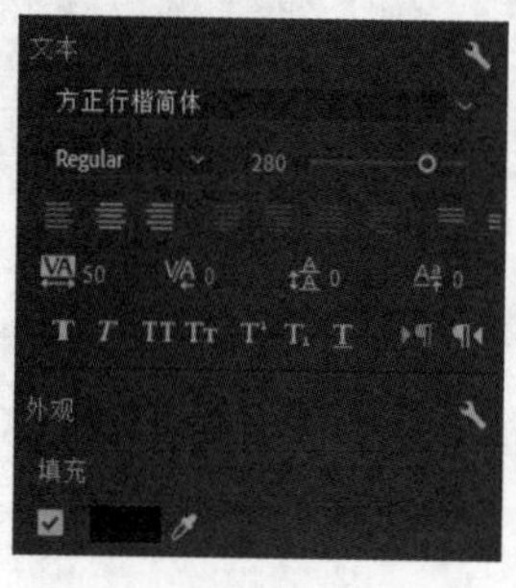

图8-25

图8-26

STEP 10 将V4轨道和V5轨道上的内容嵌套为“南浔古镇”嵌套序列，拖曳“水墨素材2.mov”素材至V5轨道上，并调整其出点，使时长与“南浔古镇”嵌套序列相等，然后设置缩放为“73.0”、旋转为“90.0°”，再适当调整位置，使其完全遮住文本和印章。

STEP 11 选择“南浔古镇”嵌套序列，应用“轨道遮罩键”效果，设置遮罩为“视频5”、合成方式为“Alpha遮罩”，取消勾选“反向”复选框。嵌套序列的显示效果如图8-27所示。

图8-27

STEP 12 使用与步骤09～11相同的方法，在00:00:10:00和00:00:18:00处分别输入文本并调整文本样式，再利用“水墨素材2.mov”素材和“轨道遮罩键”效果制作显示动画，效果如图8-28所示。

添加“古镇.mp3”素材，并调整出点至00:00:24:00处。最后按【Ctrl+S】组合键保存项目。

图8-28

8.1.5 基于遮罩进行抠像

Premiere中还提供了“轨道遮罩键”“图像遮罩键”“差值遮罩键”“移除遮罩”效果。这几种效果都能利用遮罩来抠像或调整抠像效果。

1. “轨道遮罩键”效果

应用“轨道遮罩键”效果能够将视频画面与遮罩画面中黑色区域对应的部分设置为透明，白色区域对应的部分设置为不透明，灰色区域对应的部分设置为半透明，如图8-29所示。

图8-29

选择应用该效果后的素材，“效果控件”面板如图8-30所示，其中，“遮罩”下拉列表用于选择充当遮罩的视频画面；“合成方式”下拉列表用于选择合成的方式，包括“Alpha遮罩”和“亮度遮罩”2个选项；“反向”复选框用于使遮罩反向显示。

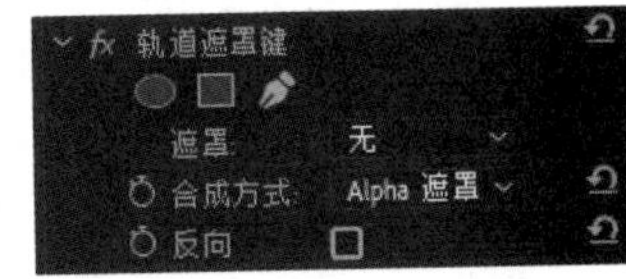

图8-30

2. “图像遮罩键”效果

应用“图像遮罩键”效果能够将图像以底纹的形式叠加到素材中。

选择应用该效果后的素材，“效果控件”面板如图8-31所示，在其中单击“设置”按钮，可在打开的“选择遮罩图像”对话框中选择需要设置为底纹的图像；“合成使用”下拉列表用于指定创建复合效果的遮罩方式。应用该效果后，与遮罩白色区域对应的区域不透明，与遮罩黑色区域对应的区域透明，与遮罩灰色区域对应的区域半透明，如图8-32所示。

图8-31

图8-32

3. “差值遮罩”效果

应用“差值遮罩”效果能够将两个素材中不同区域的纹理相叠加，并将两个素材中相同区域的纹理去除，如图8-33所示。

图8-33

选择应用该效果后的素材，“效果控件”面板如图8-34所示，其中，“视图”下拉列表用于设置显示视图的模式；“差值图层”下拉列表用于指定作为差值图层的视频轨道上的素材；“如果图层大小不同”下拉列表用于设置图层是否居中或者伸缩；“匹配容差”用于设置素材匹配时的容差值；“匹配柔和度”用于设置素材边缘的羽化、柔和程度；“差值前模糊”用于设置素材的模糊程度。

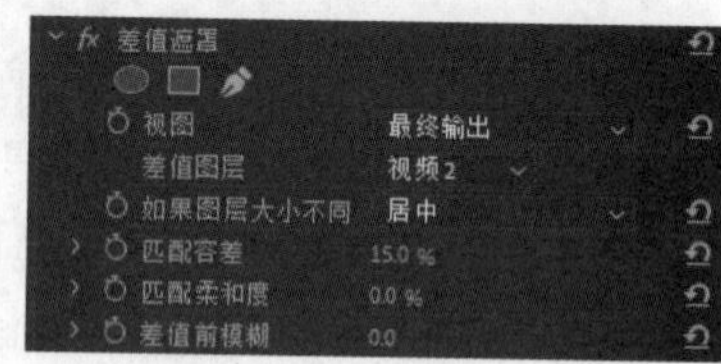

图8-34

4. “移除遮罩”效果

应用“移除遮罩”效果能够将应用蒙版的素材所产生的白色区域或黑色区域彻底移除。应用该效果后，可以在“效果控件”面板中选择要移除的颜色。

8.1.6 其他常见的视频抠像效果

除了之前提到的基于颜色和遮罩进行抠像的效果外，Premiere中还提供了基于Alpha通道或亮度的抠像效果，以满足用户不同的抠像需求。

1. “Alpha调整”效果

应用“Alpha调整”效果能够调整包含Alpha通道素材的不透明度，使当前素材与下方轨道上的素材产生叠加效果，如图8-35所示。

图8-35

选择应用该效果后的素材，“效果控件”面板如图8-36所示，其中，“不透明度”用于设置素材的不透明程度；“忽略Alpha”复选框用于忽略Alpha通道；“反转Alpha”复选框用于反转Alpha通道；“仅蒙版”复选框用于只显示Alpha通道的蒙版，而不显示其中的画面内容。

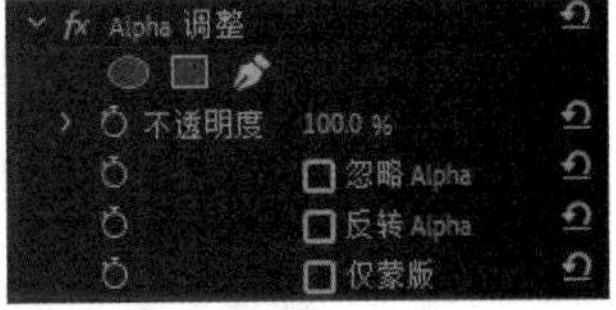

图8-36

2. “亮度键”效果

应用“亮度键”效果能够将视频画面中较暗的区域设置为透明，并保持颜色的色调和饱和度不变，从而有效去除视频画面中较暗的区域，适用于明暗对比强烈的视频画面，如图8-37所示。

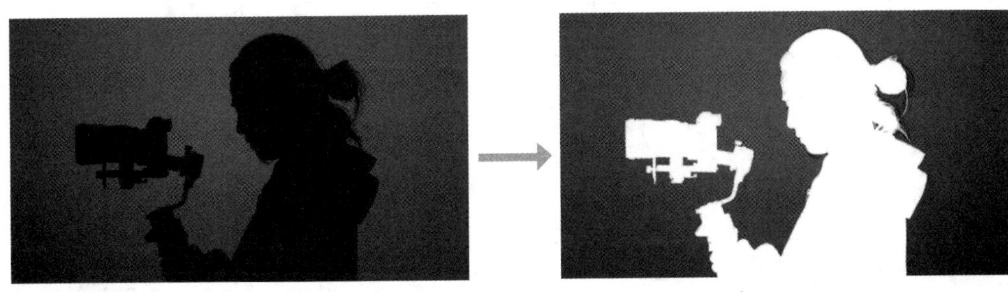

图8-37

选择应用该效果后的素材，“效果控件”面板如图8-38所示，其中，“阈值”用于调整较暗区域的范围；“屏蔽度”用于控制透明度。

图8-38

8.2 视频合成

Premiere中提供了蒙版和混合模式2种方法用于视频合成，其中，蒙版用于控制视频画面的显示范围和透明程度，混合模式用于混合两个或多个视频层中的像素颜色。

8.2.1 课堂案例——制作彩妆店铺推广短视频

【制作要求】为至度彩妆店铺制作一个分辨率为“720像素×1280像素”的推广短视频，要求以创意性的方式展示出店铺内销售的彩妆商品图像，店铺的名称以及优势文本信息，以吸引消费者视线。

【操作要点】结合蒙版路径、蒙版扩展和不透明度等功能来设计彩妆商品的展示效果，再利用蒙版路径使添加的文本从上至下逐渐显示。参考效果如图8-39所示。

【素材位置】配套资源:\素材文件\第8章\课堂案例\彩妆素材\

【效果位置】配套资源:\效果文件\第8章\课堂案例\彩妆店铺推广短视频.prproj

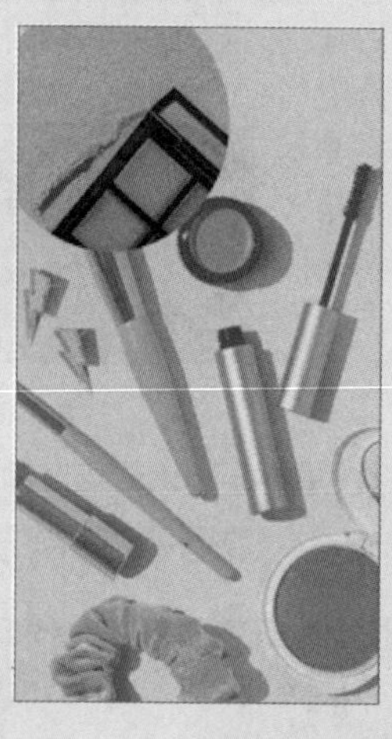

图8-39

具体操作如下。

视频教学：制作彩妆店铺推广短视频

STEP 01 按【Ctrl+Alt+N】组合键打开“导入”界面，设置项目名称为“彩妆店铺推广短视频”，选择“彩妆素材”文件夹，在右侧取消选择“创建新序列”选项，然后单击创建按钮。创建分辨率为“720像素×1280像素”，名称为“彩妆店铺推广短视频”的序列。

STEP 02 新建白色的颜色遮罩，并设置名称为“白色背景”，然后将该素材拖曳至V1轨道上，再设置出点为“00:00:14:00”。

STEP 03 拖曳“彩妆1.jpg”素材至V2轨道上，在“效果控件”面板的“不透明度”栏中选择“创建椭圆形蒙版”，画面中将默认出现一个椭圆形蒙版，将鼠标指针移至最下方的正方形控制点处，按住鼠标左键不放并向上拖曳，当蒙版形状接近正圆时释放鼠标左键，如图8-40所示。

STEP 04 按住【Shift】键不放，将鼠标指针移至靠近蒙版边缘，当鼠标指针变成↔形状时，按住鼠标左键不放并向外拖曳，以等比例放大蒙版。再将鼠标指针移至蒙版区域中，当鼠标指针变成形状时，按住鼠标左键不放并拖曳至画面的左上角，如图8-41所示。

STEP 05 在“效果控件”面板中开启并添加蒙版路径属性的关键帧，然后将时间指示器移至00:00:00:20处，将蒙版移至图8-42所示位置。

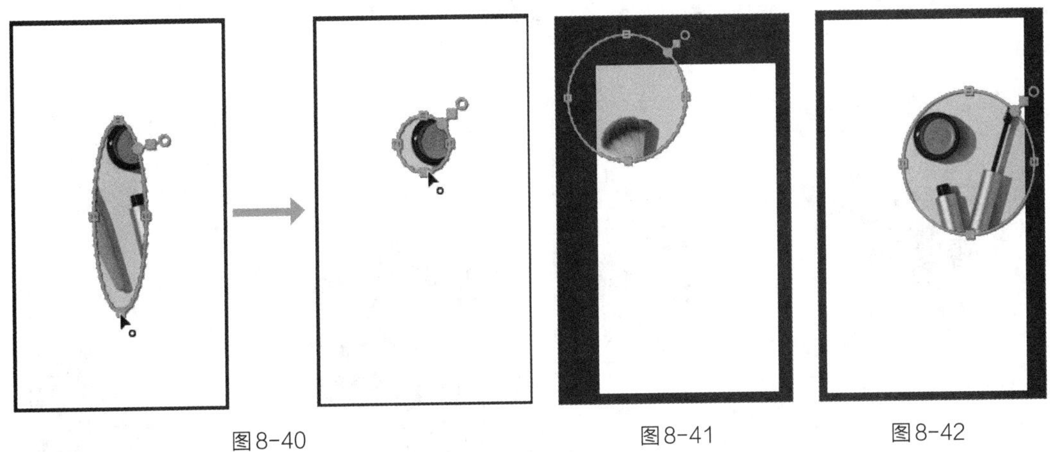

图8-40　　图8-41　　图8-42

STEP 06 使用与步骤05相同的方法，继续在00:00:01:11和00:00:02:00处调整蒙版的位置，使蒙版先往左下角移动，再往右下角移动。

STEP 07 在00:00:02:00处开启并添加蒙版扩展属性的关键帧，将时间指示器移至00:00:02:21处，加大蒙版扩展的参数，直至画面完全显示，此处设置为“1045.0”。“彩妆1.jpg”素材的画面效果如图8-43所示。

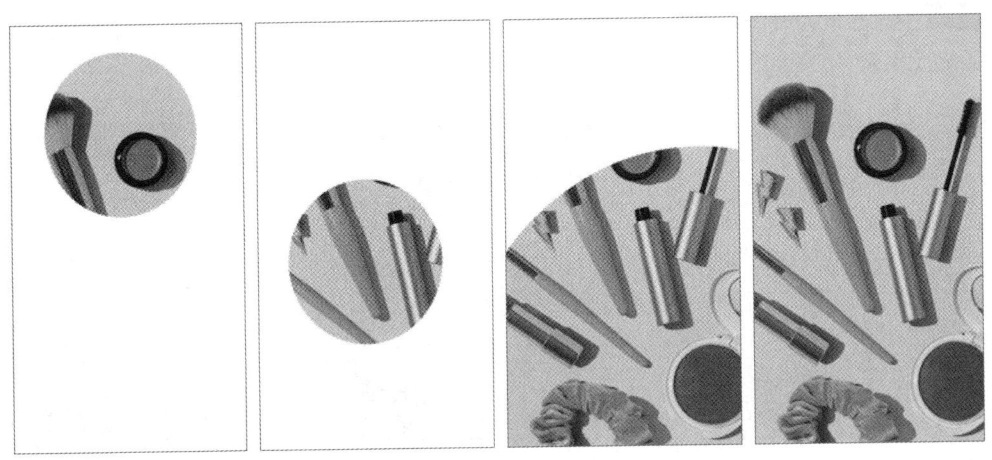

图8-43

STEP 08 在00:00:04:00和00:00:05:00处分别添加不透明度为“100.0%”“0.0%”的关键帧，

使画面逐渐消失。

STEP 09 新建V4轨道，依次拖曳“彩妆2.jpg”“彩妆3.jpg”素材分别至V3轨道和V4轨道的00:00:04:00和00:00:08:00处。在“效果控件”面板中单击“彩妆1.jpg”素材的“不透明度”栏，按【Ctrl+C】组合键复制，然后分别单击“效果控件”面板中其他彩妆素材的“不透明度”栏，按【Ctrl+V】组合键粘贴，画面效果如图8-44所示。再删除“彩妆3.jpg”素材中不透明度属性的关键帧，使其值保持为100%不变。

STEP 10 将时间指示器移至00:00:11:00处，使用“文字工具”T输入图8-45所示的文本，设置出点为“00:00:14:00”，然后在“基本图形”面板中分别设置字体为“汉仪晓波折纸体”和“方正黑体简体”，填充和描边的颜色为“#FF428C”、描边宽度为“10.0”和“2.0”，再适当调整文本的位置和大小。

图8-44

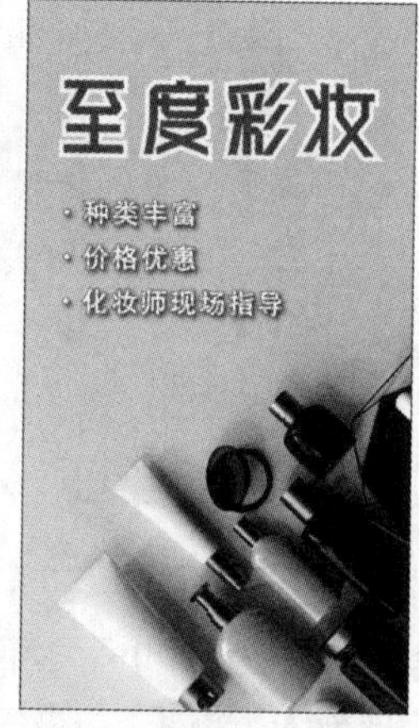

图8-45

STEP 11 选择文本素材，在“效果控件”面板的“不透明度”栏中选择“创建4点多边形蒙版”■，画面中将默认出现一个多边形蒙版，适当调整控制点的位置，使文本完全显示，如图8-46所示。

STEP 12 在00:00:11:00和00:00:12:00处分别添加蒙版路径属性的关键帧，然后将00:00:11:00处的蒙版调整为图8-47所示的形状，使文本能够从上至下逐渐显示。

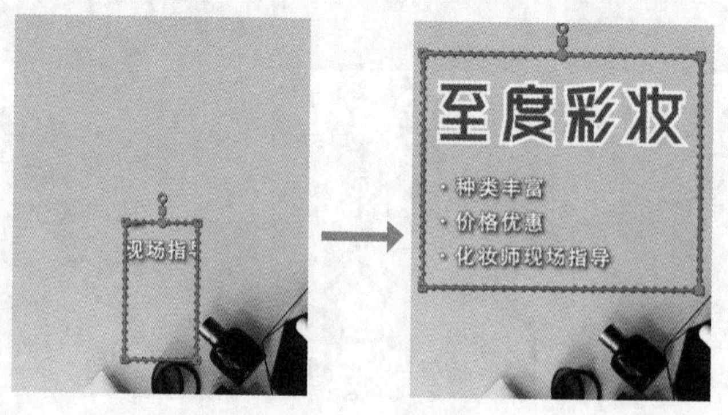

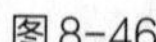

图8-46

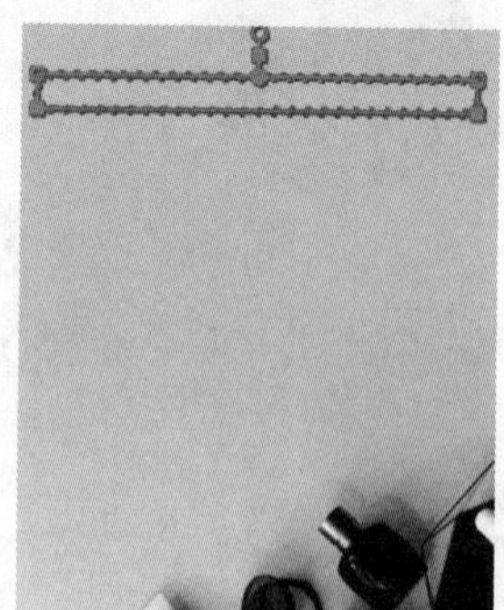

图8-47

STEP 13 预览视频画面效果，如图8-48所示。最后按【Ctrl+S】组合键保存项目。

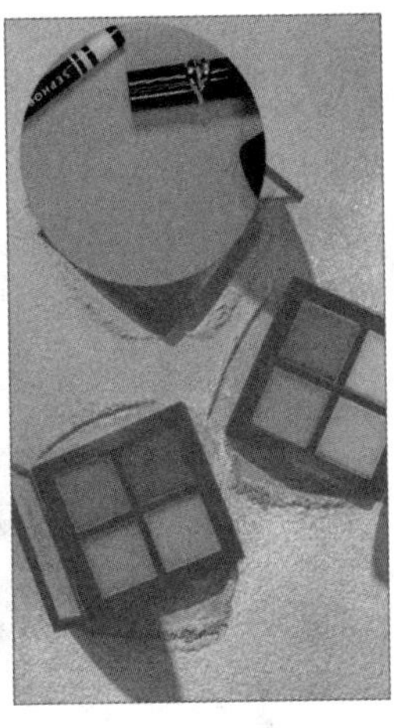
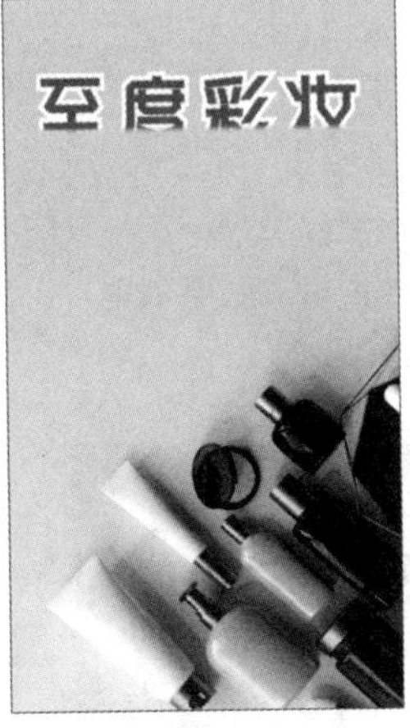

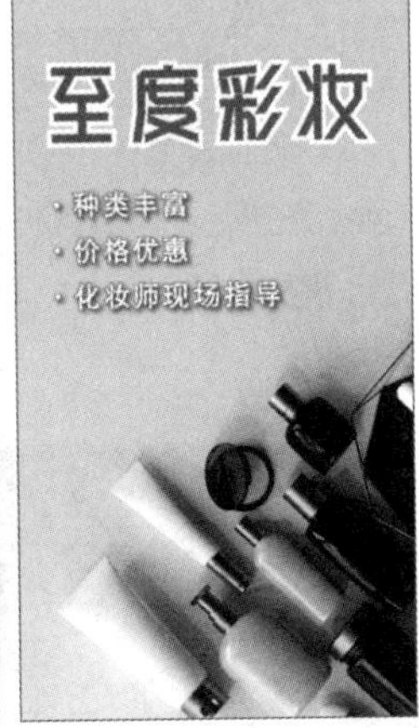

图8-48

8.2.2 使用蒙版合成

我们可以将蒙版简单地理解成一个特殊的区域。在视频画面中创建蒙版，可以使画面只显示蒙版所在的区域，从而混合不同轨道上的素材画面，而被隐藏的区域和原素材中的内容都不会受到任何操作的影响。

1. 创建蒙版

为素材应用视频效果或直接展开"效果控件"面板中的"不透明度"栏后，可看到"创建椭圆形蒙版"、"创建4点多边形蒙版"和"自由绘制贝塞尔曲线"3个工具。用户可以使用这些工具创建不同形状的蒙版，其分为创建规则形状的蒙版和自由形状的蒙版2种形式。

- 创建规则形状的蒙版：选择"创建椭圆形蒙版"或"创建4点多边形蒙版"工具后，"节目"面板中会自动创建椭圆形或4点多边形的规则形状的蒙版，如图8-49所示。

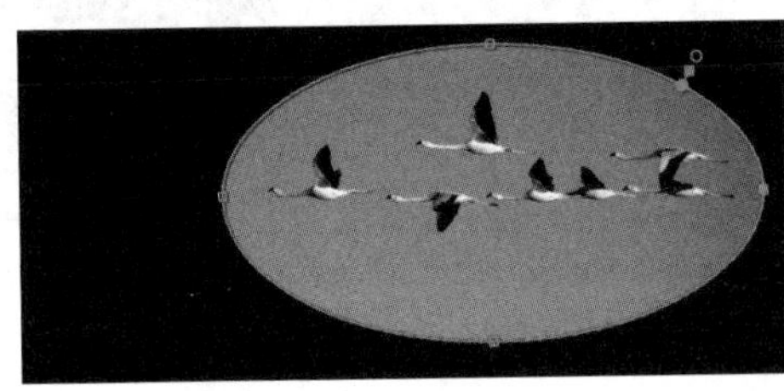

图8-49

- 创建自由形状的蒙版：选择"自由绘制贝塞尔曲线"工具，在"节目"面板中通过绘制直线或曲线可创建不同形状的蒙版，其使用方法与"钢笔工具"的使用方法相同，如图8-50所示。

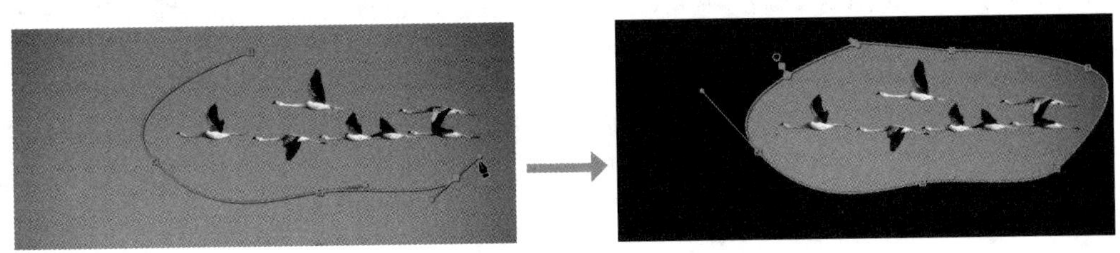

图8-50

2. 编辑蒙版

若创建的蒙版不符合制作需求，可通过以下几种方法进行编辑。

（1）调整蒙版大小

创建好蒙版后，蒙版四周会出现控制点。按住【Shift】键不放，将鼠标指针靠近蒙版边缘，当鼠标指针变成形状时，按住鼠标左键不放并拖曳，可等比例放大或缩小蒙版。图8-51所示为等比例放大蒙版的效果。

图8-51

（2）调整蒙版样式

在“效果控件”面板中，蒙版包含蒙版路径、蒙版羽化、蒙版不透明度和蒙版扩展4个属性。通过修改这4个属性，可以快速调整蒙版样式。

- 蒙版路径：用于调整蒙版的形状，从而改变图层的显示区域。单击选中正方形控制点（控制点变为实心为选中状态，空心为未选中状态），然后按住鼠标左键不放并拖曳，可改变蒙版形状，如图8-52所示。

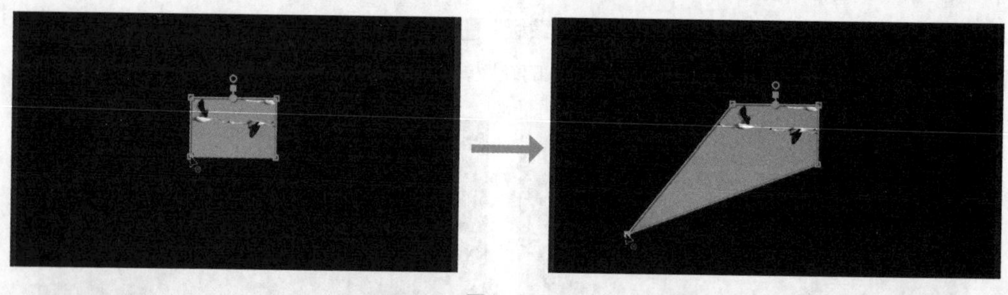

图8-52

> **提示**
>
> 若要选择多个控制点，则可按住鼠标左键不放并拖曳框选多个控制点；或者在按住【Shift】键的同时，单击选中多个控制点。若要取消选中单个控制点，则可直接单击已选中的控制点。若要取消选中所有控制点，则可在当前蒙版外的区域单击。

- 蒙版羽化：用于调整蒙版水平或垂直方向的羽化程度，为蒙版周围添加模糊效果，使其边缘的过渡更加自然。除了直接设置该参数外，还可以通过拖曳蒙版外侧的圆形控制点来调整蒙版的羽化程度，如图8-53所示。

图8-53

- 蒙版不透明度：用于调整蒙版的不透明度，而不会修改原始素材的不透明度。
- 蒙版扩展：用于控制蒙版的扩展或者收缩状态，从而调整蒙版的范围。当该参数为正数时，蒙版将向外扩展；当该参数为负数时，蒙版将向内收缩。除了直接设置参数外，还可以通过拖曳蒙版外侧的正方形控制点调整蒙版扩展，如图8-54所示。

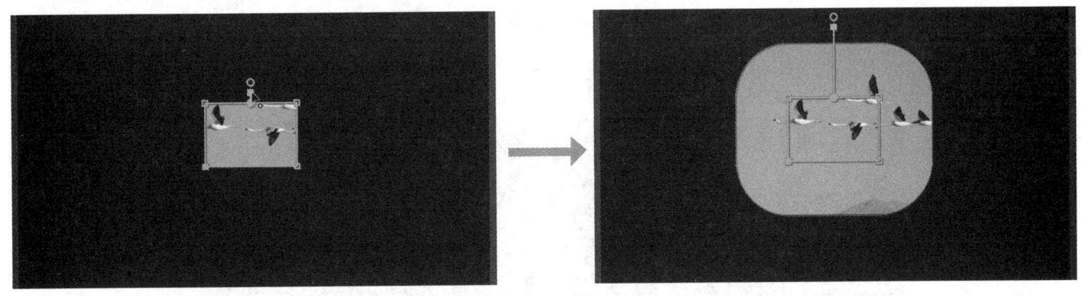

图8-54

（3）旋转蒙版

将鼠标指针移至蒙版边缘，当鼠标指针变为形状时，按住鼠标左键不放并拖曳可旋转蒙版，如图8-55所示。若在按住【Shift】键的同时旋转蒙版，则将以22.5°的倍数旋转蒙版。

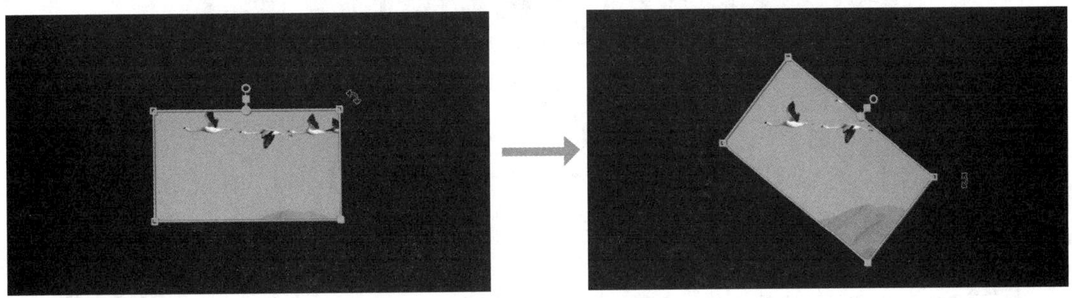

图8-55

（4）调整蒙版位置

将鼠标指针移至蒙版区域内部，当鼠标指针变成形状时，按住鼠标左键不放并拖曳，可调整蒙版的位置。

知识拓展

添加蒙版后，蒙版的位置通常是固定不变的，但使用蒙版的跟踪功能可以让蒙版跟随设置的对象从一帧移动到另一帧。例如，使用蒙版为画面中人物的面部添加马赛克后，Premiere 可自动使蒙版的位置跟随人物移动而移动，不用手动为每一帧的人物面部添加马赛克，从而有效提高工作效率。

8.2.3 课堂案例——制作中秋活动广告

【制作要求】为温启家居制作一个分辨率为“1280像素×720像素”的中秋活动广告，要求在画面中添加中秋节的元素，渲染氛围，然后在视频最后展现活动内容文本。

【操作要点】利用混合模式将背景与星光和孔明灯合成具有中秋氛围的画面，然后将其模糊化，再展现文本信息。参考效果如图8-56所示。

【素材位置】配套资源:\素材文件\第8章\课堂案例\中秋素材\

【效果位置】配套资源:\效果文件\第8章\课堂案例\中秋活动广告.prproj

图8-56

具体操作如下。

STEP 01 按【Ctrl+Alt+N】组合键打开“导入”界面，设置项目名称为“中秋活动广告”，选择“中秋素材”文件夹，在右侧取消选择“创建新序列”选项，然后单击创建按钮。

视频教学：制作中秋活动广告

STEP 02 拖曳“月亮背景.mp4”素材至“时间轴”面板中，将自动生成与其同名的序列，然后将序列重命名为“中秋活动广告”。

STEP 03 拖曳“星光.mp4”素材至V2轨道上。此时由于背景为黑色，会遮盖下方的画面，因此需要进行调整。打开“效果控件”面板，在“不透明度”栏中设置混合模式为“变亮”。画面前后的对比效果如图8-57所示。

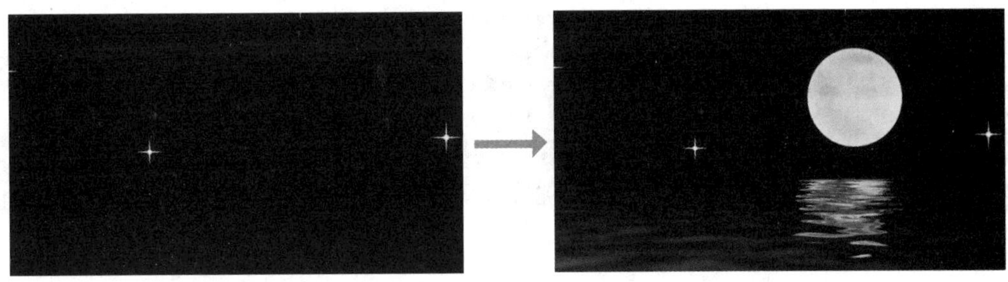

图8-57

STEP 04 在按住【Alt】键的同时向右拖曳“星光.mp4”素材进行复制，并使其出点与“月亮背景.mp4”素材的出点对齐。

STEP 05 拖曳“孔明灯.mp4”素材至V3轨道上，调整出点至00:00:20:00处，然后在“效果控件”面板中设置混合模式为“滤色”。画面前后的对比效果如图8-58所示。

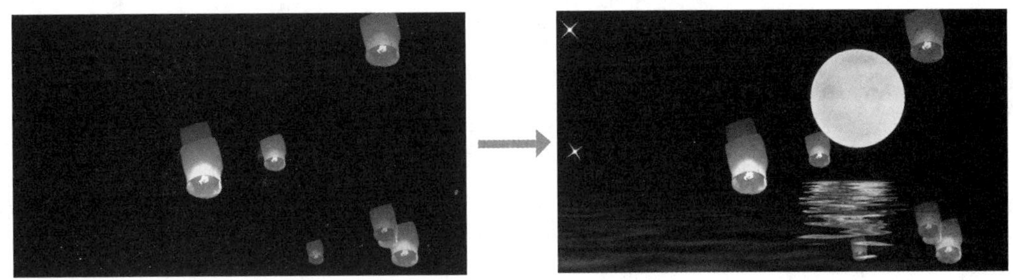

图8-58

STEP 06 选择“孔明灯.mp4”素材，在“效果控件”面板中选择“创建4点多边形蒙版”■，然后在“节目”面板中调整蒙版的大小和位置，使该素材只显示上半部分，如图8-59所示。

STEP 07 新建V4轨道，在按住【Alt】键的同时向上拖曳“孔明灯.mp4”素材进行复制。先为复制后的素材应用“垂直翻转”效果，然后修改不透明度为“40.0%”，制作出倒影效果，再调整蒙版的大小和位置，使该素材只显示下半部分，如图8-60所示。

图8-59

图8-60

STEP 08 预览背景画面效果，如图8-61所示。将所有轨道上的素材嵌套为“背景”嵌套素材，调整出点至00:00:15:00处，然后应用“高斯模糊”效果，在00:00:08:00和00:00:09:18处分别添加模糊度为“0.0”“40.0”的关键帧。画面的变化效果如图8-62所示。

图8-61

  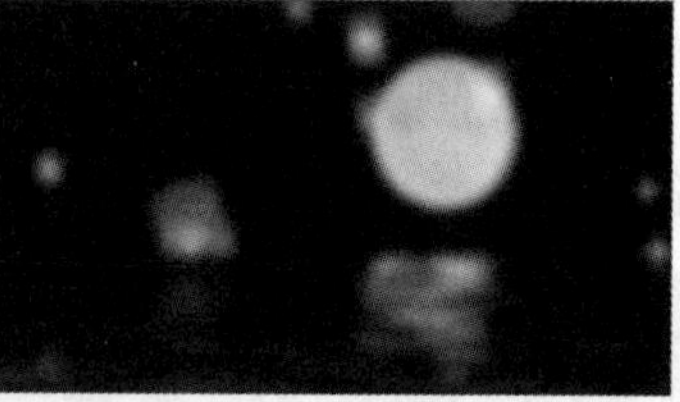

图8-62

STEP 09 拖曳“星光.mp4”素材至V2轨道的00:00:10:00处，设置出点为“00:00:15:00”，再设置混合模式为“颜色减淡”。

STEP 10 拖曳“浓情中秋.png”素材至V3轨道的00:00:10:00处，为其应用“四色渐变”“彩色浮雕”效果，设置参数如图8-63所示，其中“四色渐变”效果4个点的颜色分别为“#FFFF00”“#FF9000”“#FFFF00”“#FF9000”。效果如图8-64所示。

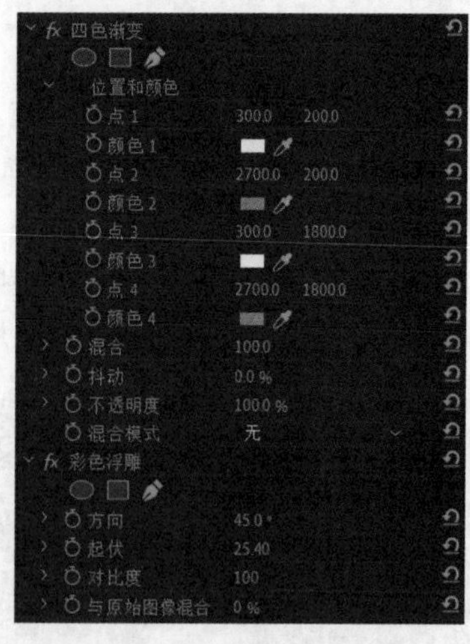

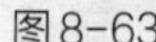

图8-63

图8-64

STEP 11 将时间指示器移至00:00:11:00处，使用“文字工具”T输入“9月26日至30日温启家居全场8折”文本，设置出点为“00:00:15:00”，然后在“基本图形”面板中设置参数，如图8-65所示。效果如图8-66所示。

STEP 12 展开“效果”面板中的“视频过渡”“擦除”文件夹，拖曳“Inset”过渡效果至“浓情中秋.png”素材的入点处。

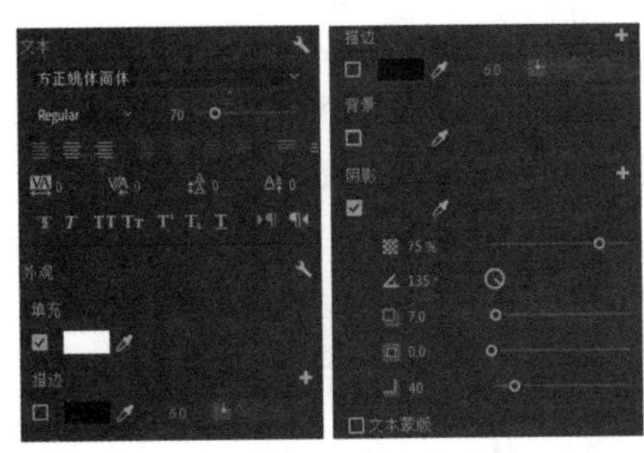

图8-65

图8-66

STEP 13 拖曳“内滑”过渡效果至V4轨道上素材的入点处，然后在“效果控件”面板中设置持续时间为“00:00:02:00”。画面显示效果如图8-67所示。最后按【Ctrl+S】组合键保存项目。

图8-67

8.2.4 使用混合模式合成画面

混合模式的原理是当多个视频画面叠加时，通过混合当前画面的像素和下方画面的像素，得到特殊的视觉效果。在Premiere的“效果控件”面板中，通过“混合模式”下拉列表可设置当前素材的混合模式，其中的混合模式一共有27种，可细分为6组（见图8-68），每组混合模式具有相似的效果。

（1）正常模式组

使用正常模式组时，只有降低当前视频画面的不透明度才能产生效果。该组包括正常、溶解2种混合模式，其中正常混合模式是视频画面混合模式的默认方式，表示不与其他视频画面发生任何混合。图8-69所示为在正常混合模式下的上下两层视频画面。

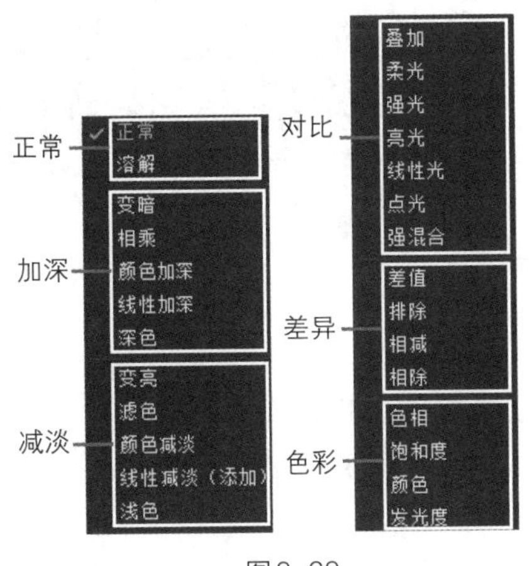

图8-68

上层视频画面

下层视频画面

图8-69

（2）加深模式组

使用加深模式组可使画面颜色变暗，并且当前视频画面中的白色将被较深的颜色所代替。该组包括变暗、相乘、颜色加深、线性加深和深色5种混合模式。图8-70所示为使用变暗混合模式的效果。

（3）减淡模式组

使用减淡模式组可使画面变亮，并且当前视频画面中的黑色将被较浅的颜色所代替。该组包括变亮、滤色、颜色减淡、线性减淡（添加）和浅色5种混合模式。图8-71所示为使用滤色混合模式的效果。

图8-70

图8-71

（4）对比模式组

使用对比模式组可增强画面的反差，并且当前视频画面中亮度为50%的灰色像素将会消失，亮度高于50%灰色的像素可加亮下方视频画面的颜色，亮度低于50%灰色的像素可减淡下方视频画面的颜色。该组包括叠加、柔光、强光、亮光、线性光、点光和强混合7种混合模式。图8-72所示为使用叠加混合模式的效果。

（5）差异模式组

使用差异模式组可比较当前视频画面和下方视频画面的颜色，利用源颜色和基础颜色的差异创建颜色。该组包括差值、排除、相减和相除4种混合模式。图8-73所示为使用差值混合模式的效果。

图8-72

图8-73

（6）色彩模式组

使用色彩模式组可将两个视频画面中的色彩划分为色相、饱和度和亮度3种成分，然后将其中的一种或两种成分互相混合。该组包括色相、饱和度、颜色和发光度4种混合模式。

8.3 综合实训

8.3.1 制作果蔬店铺广告

术鲜果蔬店铺以销售新鲜果蔬为主。由于竞争激烈，该店负责人准备制作一则广告，以提升店铺知名度，吸引更多消费者，从而提升销售业绩。表8-1所示为果蔬店铺广告制作任务单，其中明确给出了实训背景、制作要求、设计思路和参考效果等。

表 8-1 果蔬店铺广告制作任务单

实训背景	为在诸多的果蔬店铺中脱颖而出，为术鲜果蔬店铺制作一个能体现店铺特色的广告
尺寸要求	1920 像素 ×1080 像素
时长要求	8 秒左右
制作要求	1. 画面 视频画面需要突出展示店铺提供的新鲜果蔬图像，可以将排列整齐的果蔬作为背景，然后抠取出果蔬图像，使其作为画面的主体部分，让消费者能够快速注意到 2. 文本 通过简洁明了的文本描述，突出广告主题，依次展现店铺名称、商品优势和订购热线等文本，让消费者能够更加直观地获取有效信息
设计思路	先设计视频背景，抠取果蔬素材，然后输入文本信息，再利用关键帧动画和蒙版分别为画面中的内容设计显示动效
参考效果	果蔬店铺广告效果
素材位置	配套资源 :\ 素材文件 \ 第 8 章 \ 综合实训 \ 果蔬店铺素材 \
效果位置	配套资源 :\ 效果文件 \ 第 8 章 \ 综合实训 \ 果蔬店铺广告 .prproj

操作提示如下。

STEP 01 新建“果蔬店铺广告”项目，导入所有素材文件，创建名称为“果蔬店铺广告”的序列。

STEP 02 拖曳“背景.jpg”素材至“时间轴”面板中，在画面上方绘制一个半透明的白色矩形，再调整这两个素材的出点。

STEP 03 添加“果蔬1.jpg”素材，去除其中的蓝色背景，适当调整大小和位置，再为其添加投影效果。

STEP 04 在视频画面的右侧分别输入“店铺信息.txt”素材中的文本，并适当调整文本参数。

视频教学：制作果蔬店铺广告

STEP 05 添加“果蔬2.jpg”素材，去除其中的白色背景，适当调整大小、位置和旋转角度。

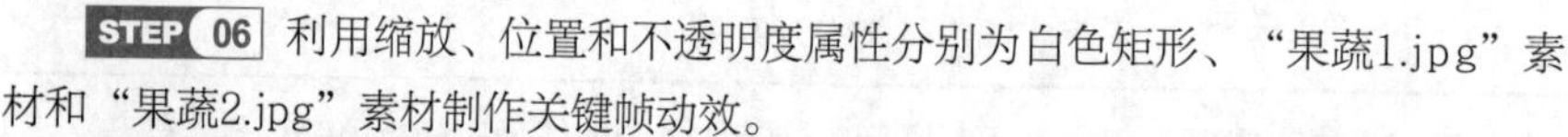

STEP 06 利用缩放、位置和不透明度属性分别为白色矩形、“果蔬1.jpg”素材和“果蔬2.jpg”素材制作关键帧动效。

STEP 07 利用蒙版分别为文本制作从上至下和从左至右逐渐显示的效果。

STEP 08 最后保存项目。

8.3.2 制作传统文化宣传视频

为了弘扬中华传统文化，激发人们对传统文化的兴趣，某文化传媒公司决定制作一个以传统文化元素为主要内容的宣传视频。表8-2所示为传统文化宣传视频制作任务单，其中明确给出了实训背景、制作要求、设计思路和参考效果等。

表 8-2 传统文化宣传视频制作任务单

实训背景	为弘扬中华传统文化，以琴、棋、书、画为主要介绍内容，制作一个宣传视频
尺寸要求	720 像素 ×1280 像素
时长要求	36 秒左右
制作要求	1. 画面 采用水墨风格展现出琴、棋、书、画的画面，营造出古朴、典雅的氛围，同时与传统文化的风格相呼应 2. 文本 通过制作从上至下依次显示的文本，简单介绍琴、棋、书、画的基本知识和文化内涵，启发观众对传统文化的思考和理解
设计思路	利用遮罩为每个画面制作渐显效果，再利用不透明度使其淡出，然后分别输入对应的文本，并利用蒙版使其从上至下逐渐显示

续 表

参考效果	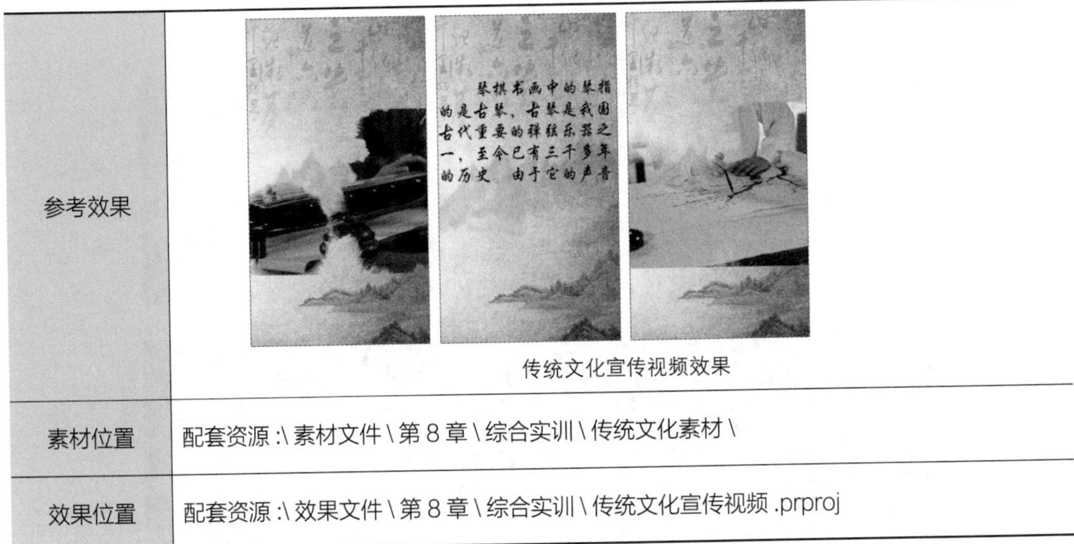 传统文化宣传视频效果
素材位置	配套资源 :\ 素材文件 \ 第 8 章 \ 综合实训 \ 传统文化素材 \
效果位置	配套资源 :\ 效果文件 \ 第 8 章 \ 综合实训 \ 传统文化宣传视频 .prproj

操作提示如下。

STEP 01 新建“传统文化宣传视频”项目，导入所有素材文件，创建名称为“传统文化宣传视频”的序列。

STEP 02 依次拖曳“水墨背景.jpg”“古琴.jpg”“水墨.mp4”素材至“时间轴”面板中，并分别调整其出点。

STEP 03 为“古琴.jpg”素材应用“轨道遮罩键”效果，再利用不透明度属性的关键帧使其逐渐淡出。

STEP 04 输入“琴棋书画.txt”素材中关于“琴”的文本，调整文本样式并利用蒙版路径制作显示动画。

STEP 05 复制3次V2和V3轨道上的3个素材，然后依次修改画面和文本内容。

STEP 06 添加“背景音乐.mp3”素材并调整其出点，最后保存项目。

视频教学：
制作传统文化宣传视频

8.4 课后练习

练习 1　制作“饮食指南”栏目包装

【制作要求】利用素材制作“饮食指南”栏目包装，要求采取比较有创意的方式依次展现出美食素材，以吸引观众视线，最后展示栏目名称文本。

【操作提示】结合笔刷图像素材调整美食素材的显示区域，然后利用蒙版制作出跟随笔刷运动轨迹逐渐显示画面的动态效果，并模糊背景，最后利用蒙版来显示栏目名称。参考效果如图8-74所示。

【素材位置】配套资源:\素材文件\第8章\课后练习\“饮食指南”素材\

【效果位置】配套资源:\效果文件\第8章\课后练习\“饮食指南”栏目包装.prproj

图8-74

练习 2 制作零食礼包主图视频

【制作要求】利用素材制作零食礼包主图视频，要求展现出零食商品的外观以及价格优势，以吸引潜在消费者的兴趣，提高商品的知名度和销售量。

【操作提示】在背景周围合成动态线条，抠取零食礼包素材并制作动效，合成装饰元素，最后输入文本并制作动效。参考效果如图8-75所示。

【素材位置】配套资源:\素材文件\第8章\课后练习\零食素材\

【效果位置】配套资源:\效果文件\第8章\课后练习\零食礼包主图视频.prproj

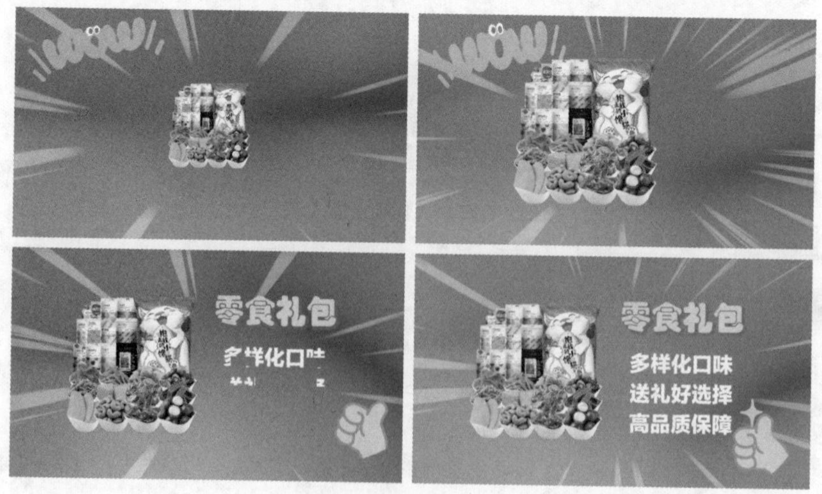

图8-75

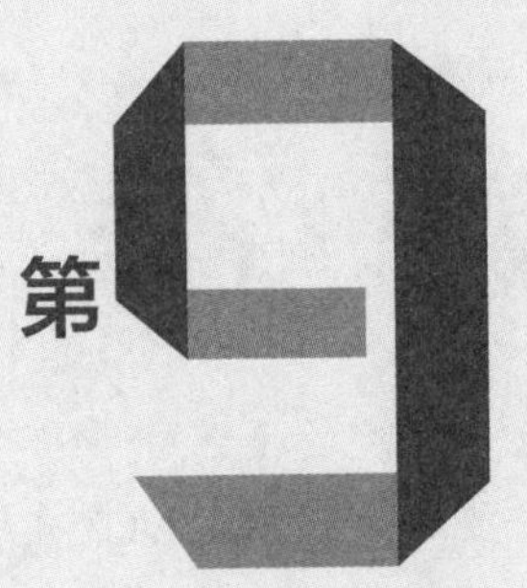

第9章 视频文件渲染与导出

在编辑与制作视频的过程中，渲染和导出视频文件是至关重要的环节。在查看视频效果时，通常需要先渲染视频，让视频播放得更加流畅，而将制作好的项目导出为不同格式的视频文件，可以方便用户查看效果，同时也便于传播。

学习要点

◎ 熟悉视频渲染的基础知识。
◎ 掌握导出不同格式视频文件的方法。
◎ 掌握打包视频文件的方法。

素养目标

◎ 时刻保持对视频行业的关注，能够根据不同视频平台调整视频的导出格式。
◎ 提高归纳与整理文件的能力。

扫码阅读

案例欣赏

课前预习

渲染视频文件

视频渲染是指运用计算机技术处理数字视频文件，通过算法转化出高质量的视频效果。

9.1.1 渲染的基础知识

用户在渲染视频之前，需要先了解渲染条颜色所表示的含义，再熟悉渲染视频的方法。

1. 渲染条

Premiere中的渲染条位于视频轨道与时间显示之间，如图9-1所示。渲染条主要有绿色、黄色和红色3种状态，其中，绿色渲染条表示已经渲染的部分，播放时会非常流畅；黄色渲染条表示无须渲染就能以全帧速率实时回放的未渲染部分，播放时会有些卡顿；红色渲染条表示需要渲染才能以全帧速率实时回放的未渲染部分，播放时会非常卡顿。

图9-1

2. 渲染命令

选择“序列”菜单命令，在其中可以看到不同的渲染命令，如图9-2所示。用户可根据具体需要选择合适的命令进行渲染。

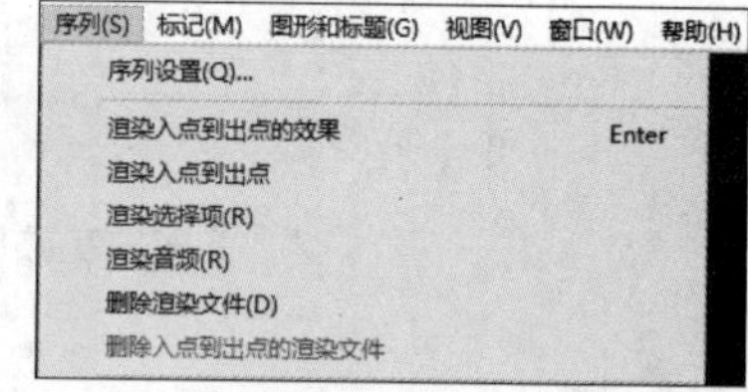

图9-2

- 渲染入点到出点的效果：将渲染包含红色渲染条的入点和出点内的视频轨道部分；常用于只渲染添加了效果的视频片段；适用于添加效果导致视频变卡顿的情况。
- 渲染入点到出点：将渲染包含红色渲染条或黄色渲染条的入点和出点内的视频轨道部分；常用于渲染入点到出点这一范围内的完整视频片段；渲染后整段视频的渲染条将变为绿色，表示已经生成了渲染文件。
- 渲染选择项：将渲染在“时间轴”面板中选中的轨道部分。
- 渲染音频：将渲染位于音频轨道部分的预览文件。
- 删除渲染文件：可删除一个序列中的所有渲染文件。
- 删除入点到出点的渲染文件：可删除入点到出点这一范围内关联的所有渲染文件。

渲染完成后，在“节目”面板中会自动播放渲染后的效果，渲染文件也会自动保存到暂存盘中。

9.1.2 提高渲染速度

若文件过大导致渲染速度较慢，则用户可选择【文件】/【项目设置】/【暂存盘】命令，在“项目设置”对话框中修改文件的暂存位置；或选择【文件】/【项目设置】/【常规】命令，在“项目设置”对话框中开启GPU加速；或选择【编辑】/【首选项】/【媒体缓存】命令，在“首选项”对话框中删除缓存文件。这些操作都能有效提高渲染速度。

9.2 导出视频文件

导出视频是指将制作好的视频导出为各种格式的视频文件，以便在其他设备或平台上进行播放或分享给他人查看。

9.2.1 课堂案例——制作并导出春节宣传片

【制作要求】为某旅行社制作一个分辨率为“1920像素×1080像素”的景点宣传视频，要求在画面中展现不同景点的风光，以吸引更多消费者前来咨询，并将视频导出为MP4格式的文件。

【操作要点】剪辑视频素材，然后利用“Lumetri颜色”面板中的不同功能调整各个视频素材的色彩，再添加文本和背景音乐。参考效果如图9-3所示。

【素材位置】配套资源:\素材文件\第9章\课堂案例\春节素材\

【效果位置】配套资源:\效果文件\第9章\课堂案例\春节宣传片.prproj、春节宣传片.mp4

图9-3

具体操作如下。

视频教学：
制作并导出春节宣传片

STEP 01 按【Ctrl+Alt+N】组合键打开“导入”界面，设置项目名称为“春节宣传片”，选择“春节素材”文件夹，在右侧取消选择“创建新序列”选项，然后单击创建按钮。

STEP 02 依次选择“灯笼.mp4”“挂饰.mp4”“红包.mp4”“剪福字.mp4”素材，然后拖曳至“时间轴”面板中，将基于这些素材新建序列，并修改序列名称为“春节宣传片”。

STEP 03 选择“灯笼.mp4”素材，打开“Lumetri颜色”面板，设置图9-4所示的参数。画面的前后对比效果如图9-5所示。

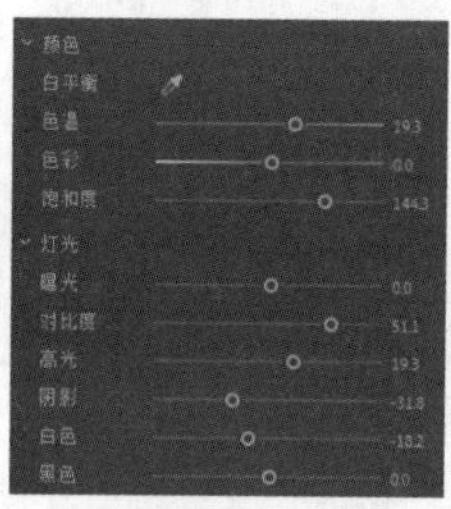

图9-4

图9-5

STEP 04 将时间指示器移至00:00:17:20处，选择“红包.mp4”素材，在“Lumetri颜色”面板中设置参数，如图9-6所示。画面的前后对比效果如图9-7所示。

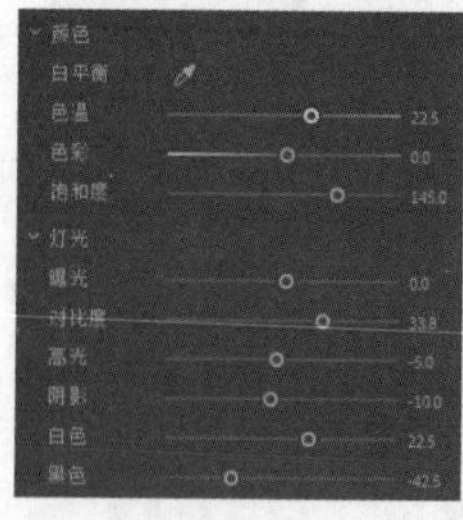

图9-6

图9-7

STEP 05 将时间指示器移至00:00:00:00处，利用“文本”面板添加“字幕.txt”素材中的文本，并根据文本长短调整时长，然后在“基本图形”面板中设置参数，如图9-8所示。字幕效果如图9-9所示。

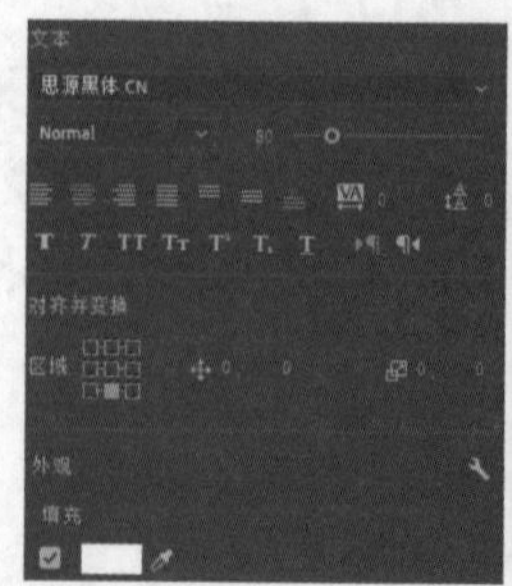

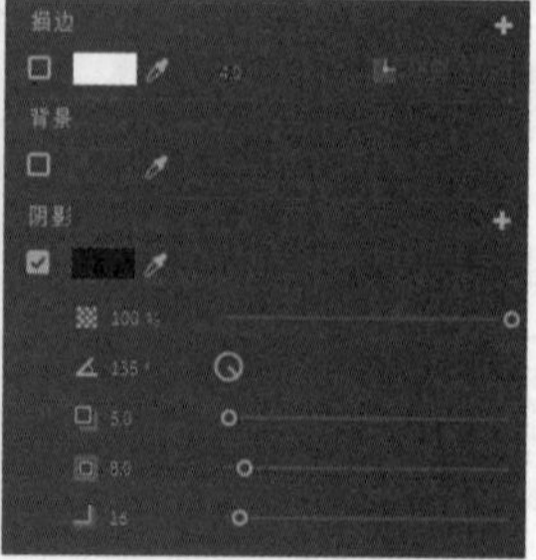

图9-8

图9-9

STEP 06 在“基本图形”面板中单击“推送至轨道或样式”按钮，以设置所有字幕样式。拖曳“背景音乐.wma”素材至A1轨道上，并适当调整出点。

STEP 07 按【Ctrl+M】组合键，切换到“导出”界面，先单击中间区域“位置”右侧的蓝色文本，打开“另存为”对话框，设置好存储位置后单击保存(S)按钮，然后设置预设为“高品质1080pHD”、格式为“H.264”，再单击下方的“字幕”栏，确保导出选项为“将字幕录制到视频”，以免单独生成字幕文件，如图9-10所示。

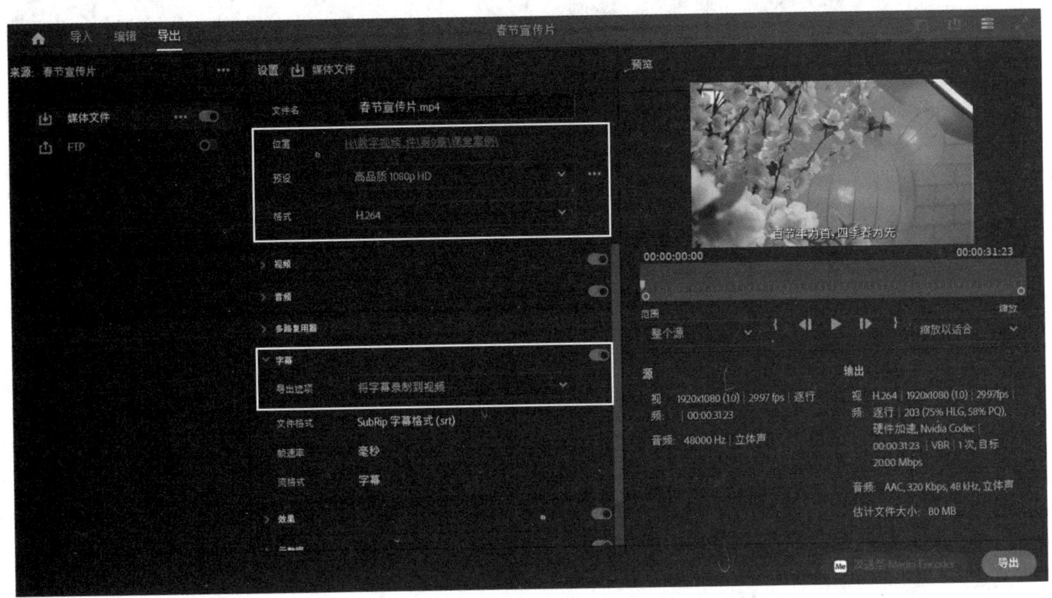

图9-10

STEP 08 参数设置完成后单击右下角的导出按钮，导出完成后在存储文件夹中可查看导出的文件，如图9-11所示。双击“春节宣传片.mp4”文件查看效果，如图9-12所示。

图9-11

图9-12

9.2.2 导出设置

选择要导出的序列，按【Ctrl+M】组合键，或单击“导出”选项卡，切换到“导出”界面，如图9-13所示。在其中可以设置导出文件的基本信息，设置完成后单击导出按钮。

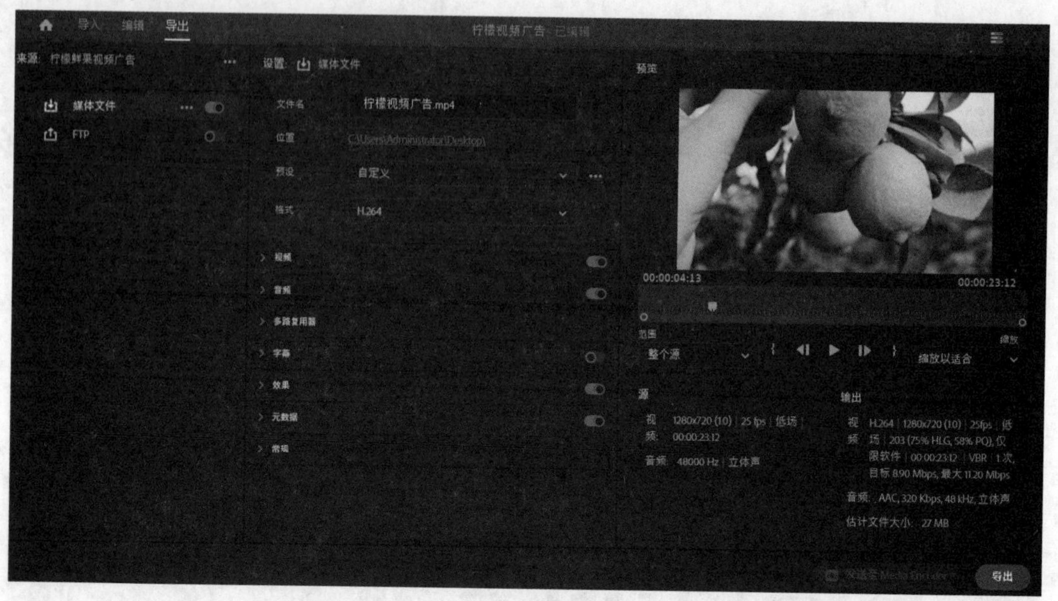

图9-13

“导出设置”界面可分为选择视频目标区、设置区和预览区，导出的工作流程从左至右依次进行。

1. 选择视频目标区

该区域包含2个视频目标选项，其中，“媒体文件”选项用于将视频导出到计算机中，“FTP”选项用于将视频上传到FTP站点（FTP全称为File Transfer Protocol，意思是文件传输协议。FTP站点则是利用该协议进行传输的网络平台）中。单击两个选项右侧的按钮，可使其呈激活状态。

2. 设置区

在该区域的上方可设置导出文件的文件名、位置、预设和格式。在该区域的下方可在不同的参数栏中进行更加详细的设置。

（1）“视频”栏

在该栏中单击匹配源按钮，可自动将导出设置与源设置相匹配；若是想单独修改帧大小、帧速率、场序、长宽比等参数，则需要先取消勾选对应参数右侧的复选框，以激活下拉列表框，再修改设置。

在该栏中单击更多按钮，可展开更多设置，比如编码设置、比特率设置、高级设置等。

（2）“音频”栏

在该栏中可设置音频格式、音频编解码器、采样率、声道和比特率等参数。

（3）“多路复用器”栏

当选择导出H.264、HEVC (H.265) 和 MPEG 等格式的文件时，将出现该栏。该栏用于设置视频和音频流多路复用的标准，以及指定要回放媒体的设备类型（仅限H.264）。若设置“多路复用器”下拉列表为“无”，则视频和音频流将分别导出为单独的文件。

（4）“字幕”栏

若要导出的序列中包含字幕轨道，则可在该栏中设置字幕导出的相关选项，具体参数与所添加的字幕样式有关。

（5）“效果”栏

在该栏中可为导出的文件添加各种效果，比如色调映射、Lumetri Look/LUT、SDR遵从情况、图像叠加、文本叠加等。

（6）“元数据”栏

元数据是指有关媒体文件的一组说明性信息，包含创建日期、文件格式和时间轴标记等信息。在该栏中单击元数据对话框按钮，可打开“元数据导出”对话框，设置相关参数后，再单击确定按钮。

（7）“常规”栏

在该栏中，“导入项目中”复选框用于将已导出的文件自动导入到Premiere的项目中；“使用预览”复选框用于使用之前为序列生成的预览文件进行导出，而不用再渲染一次序列，可以加快导出速度，但可能会影响质量；“使用代理”复选框用于使用之前为序列生成的代理文件进行导出，而不用再渲染一次序列，可以提高导出性能。

3. 预览区

在该区域可预览导出文件的效果，可通过“范围”下拉列表设置导出范围；可通过按钮组设置入点、出点，以及控制预览的画面；若序列的大小与导出文件的大小不同，则可通过“缩放”下拉列表调整序列的适应方式。

提示

在Premiere“编辑”界面右上角的快捷按钮组中，单击“快速导出”按钮，在弹出的面板中设置文件名和位置，选择某种预设后，再单击导出按钮，可快速导出项目文件。

9.2.3 打包文件

用户在编辑与制作视频时，通常会应用到来自不同文件夹的素材。若后期移动过这些素材的存储位置，则再次打开项目文件时，可能就会出现缺少素材的情况。因此，用户在完成编辑与制作后，可选择打包所有与之相关的文件。选择【文件】/【项目管理】命令，打开“项目管理器”对话框，如图9-14所示。在其中设置好参数后，单击确定按钮完成打包。

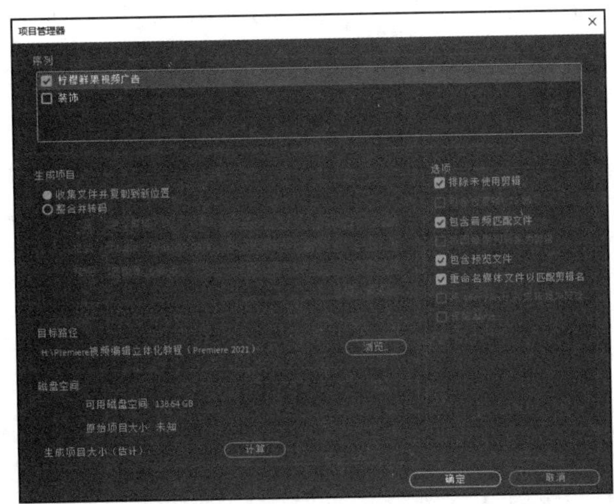

图9-14

（1）“序列”栏

在“序列”栏中可选择需要打包的序列。

（2）“生成项目”栏

在“生成项目”栏中可设置生成项目的方式，其中，“收集文件并复制到新位置”单选项用于收集和复制所选序列的素材到单个存储位置；“整合并转码”单选项用于整合在所选序列中使用的素材，并转码到单个编解码器以供存档。在“整合并转码”单选项下方可设置转码格式是取决于哪个文件，或固定某个格式，还是某种预设。

（3）“目标路径”栏

在“目标路径”栏中可设置打包文件的存储路径，单击右侧的浏览按钮，可打开“请选择生成项目的目标路径”对话框，选择存放路径后单击选择文件夹按钮，可重新回到“项目管理器”对话框。

（4）“磁盘空间”栏

在“磁盘空间”栏中可显示存放路径剩余的磁盘空间，以及当前项目文件大小、复制文件或整合文件的估计大小，单击计算按钮可更新估算值。

（5）“选项”栏

在“选项”栏中可设置打包文件的一些详细设置，其中包括以下8个参数。

- 排除未使用剪辑：勾选该复选框，打包文件将不包含或复制未在原始项目中使用的媒体。
- 包含过渡帧：勾选该复选框，可指定每个转码剪辑的入点之前和出点之后要保留的额外帧数（帧数范围为0～999帧）。
- 包含音频匹配文件：勾选该复选框，可确保在原始项目文件中匹配的音频仍在新项目文件中保持匹配。若取消勾选该复选框，则新项目文件将占用较少的磁盘空间，但Premiere会在打开项目文件时重新匹配音频。
- 将图像序列转换为剪辑：勾选该复选框，可将静止图像文件的序列转换为单个视频剪辑，以提高播放性能。
- 包含预览文件：勾选该复选框，可将原始项目文件中已渲染的效果在新项目文件中仍保持渲染。若取消勾选该复选框，则新项目文件将占用较少的磁盘空间，但不会渲染效果。
- 重命名媒体文件以匹配剪辑名：可使用剪辑的名称来重命名素材文件。
- 将After Effects合成转换为剪辑：勾选该复选框，可将项目文件中的任何After Effects合成转换为拼合视频剪辑。
- 保留Alpha：勾选该复选框，可保留视频中的Alpha通道。

9.3 综合实训

9.3.1 制作小番茄主图视频

某水果店铺即将上新一款小番茄。为吸引消费者查看商品详情，促使消费者下单，该水果店准备制作一则主图视频，希望通过视频展示出小番茄的外观和卖点。表9-1所示为小番茄主图视频制作任务单，其中明确给出了实训背景、制作要求、设计思路和参考效果等。

表 9-1 小番茄主图视频制作任务单

实训背景	为了提高新品小番茄的销售量，为该商品制作一则主图视频
尺寸要求	1920 像素 ×1080 像素
时长要求	12 秒左右
制作要求	1. 视频内容 通过剪辑只保留素材中的部分片段，然后在画面中添加描述小番茄特点的字幕（比如“色泽鲜亮，表面光滑亮洁”“香气清淡，味道浓郁”等），让消费者能够快速了解该商品的优势 2. 导出视频文件 要求主图视频的显示比例为 1：1、3：4 或 16：9，视频格式可以是 MP4、AVI 等常用格式
设计思路	剪辑多个视频素材，根据画面内容输入字幕文本，并适当进行优化，最后导出为符合制作要求的视频文件
参考效果	小番茄主图视频效果
素材位置	配套资源 :\ 素材文件 \ 第 9 章 \ 综合实训 \ 小番茄素材 \
效果位置	配套资源 :\ 效果文件 \ 第 9 章 \ 综合实训 \ 小番茄主图视频 .prproj、小番茄主图视频 .mp4

操作提示如下。

STEP 01 新建“小番茄主图视频”项目，导入所有素材文件。基于“小番茄1.mp4”素材创建序列并修改序列名称。

视频教学：制作小番茄主图视频

STEP 02 拖曳“小番茄2.mp4”素材至V1轨道上，删除音频。剪辑并删除部分素材，再调整所有素材的入点和出点，以及播放速度。

STEP 03 在画面中输入“广告文案.txt”素材中的文本，在“基本图形”面板中调整文本样式，并适当调整文本的时长。

STEP 04 保存项目，将其导出为MP4格式的视频文件。

9.3.2 制作新能源科普短视频

某宣传部门准备策划制作一系列的新能源科普短视频，以提升公众对新能源的认知，在第一期将介绍风能的相关知识。表9-2所示为新能源科普短视频制作任务单，其中明确给出了实训背景、制作要求、设计思路和参考效果等。

表 9-2 新能源科普短视频制作任务单

实训背景	为了提升公众对新能源——风能的认知，需要制作一个新能源科普短视频
尺寸要求	1920 像素 ×1080 像素
时长要求	40 秒左右
制作要求	1. 视频内容 将风能的科普内容以字幕的形式添加到视频画面中，让公众能够结合画面中的风力发电设备，对风能有更加清晰的认识 2. 导出视频文件 导出为常用视频格式的文件，使其能在大多数设备和平台上进行播放 3. 打包文件 打包所有与项目相关的文件，以便后续制作其他几期内容时进行编辑与替换
设计思路	剪辑多个视频素材，输入风能相关介绍的字幕并调整样式，再导出为 MP4 格式的视频文件，最后打包所有文件
参考效果	 新能源科普短视频效果
素材位置	配套资源 :\ 素材文件 \ 第 9 章 \ 综合实训 \ 新能源科普短视频素材 \
效果位置	配套资源 :\ 效果文件 \ 第 9 章 \ 综合实训 \ 新能源科普短视频 .mp4、已复制 _ 新能源科普短视频 \

操作提示如下。

STEP 01 新建“新能源科普短视频”项目，导入所有素材文件。基于“视频1.mp4”素材创建序列并修改序列名称。

STEP 02 依次拖曳“视频2.mp4”“视频3.mp4”素材至V1轨道上，删除音频，裁剪素材，再在素材之间添加视频过渡效果。

STEP 03 使用“文本”面板添加“风能.txt”素材中的文本作为字幕，然后在“基本图形”面板中调整文本样式。

STEP 04 保存项目，将其导出为MP4格式的视频文件，最后打包所有文件。

视频教学：
制作新能源科普短视频

9.4 课后练习

练习1 制作行李箱主图视频

【制作要求】利用素材制作行李箱主图视频，要求结合画面内容添加描述文本，突出行李箱的卖点，最后导出为符合上传需求的视频文件。

【操作提示】根据画面内容输入文本，并优化文本样式，最后导出为MP4格式的视频文件。参考效果如图9-15所示。

【素材位置】配套资源:\素材文件\第9章\课后练习\行李箱素材\

【效果位置】配套资源:\效果文件\第9章\课后练习\行李箱主图视频.prproj、行李箱主图视频.mp4

图9-15

练习2 制作颁奖典礼开场视频

【制作要求】利用素材为“云期莱”企业举办的“十周年员工/团队表彰大会”制作颁奖典礼开场视频，要求视频画面美观、具有冲击力，突出视频主题，添加节奏明快的背景音乐，并将最终效果导出为清晰的视频。

【操作提示】先制作视频背景动画，然后添加背景音乐以及文本，并利用视频过渡效果为其制作动画，再导出为MP4格式的视频文件，最后打包文件。参考效果如图9-16所示。

【素材位置】配套资源:\素材文件\第9章\课后练习\颁奖典礼素材\

【效果位置】配套资源:\效果文件\第9章\课后练习\颁奖典礼开场视频.mp4、已复制_颁奖典礼开场视频\

图9-16

第10章 AIGC视频辅助工具

人工智能是新一轮产业变革的核心驱动力，AIGC（Artificial Intelligence Generated Content，人工智能生成内容）作为这一领域的重要分支，在数字视频编辑与制作的各个环节中发挥着重要的作用，极大地拓宽了用户创作视频的可能性，使视频创作变得更加高效且富有创意。

学习要点

◎ 熟悉不同AIGC视频辅助工具的作用。
◎ 掌握不同AIGC视频辅助工具的使用方法。

素养目标

◎ 培养对新兴技术的敏锐洞察力和持续学习的心态，乐于接受并尝试新技术在数字视频创作中的应用。
◎ 遵守法律法规，树立版权意识，积极倡导尊重原创的价值观。

扫码阅读

案例欣赏

课前预习

视频前期——文心一言

文心一言是百度推出的全新一代知识增强大语言模型，能够与人对话互动、回答问题、协助创作，高效、便捷地获取信息和知识等。在数字视频编辑与制作方面，文心一言可以为用户提供视频制作灵感，通过用户输入相关关键词，可生成多样化的创意内容。此外，它还能生成视频脚本和字幕文案，帮助用户提高视频制作效率。

10.1.1 课堂案例——生成剧情短片脚本

【制作要求】为“毕业季”短片生成一个视频脚本，要求视频总时长不超过3分钟，除了突出视频主题外，还需要包含梦想、成长等内容，以引起观众共鸣。

【操作要点】使用文心一言生成视频脚本，并采用表格进行展示。参考效果如图10-1所示。

时间节点	场景描述	角色与动作	对话/旁白	背景音乐/音效	画面备注
00:00-00:10	校园全景，日出时分	镜头缓缓扫过校园	**旁白**：“在这个充满希望的清晨，毕业季悄然来临。”	轻柔的钢琴曲	展现清晨的宁静与美丽
00:10-00:25	图书馆内，学生埋头苦读	小李（男）坐在书桌前	**小李内心独白**：“这四年的努力，都是为了那个梦想。”	图书馆内翻书声、键盘敲击声	专注的眼神，体现追梦的决心
00:25-00:40	操场，毕业照拍摄	毕业生们穿着学士服	**摄影师**：“看这里，三、二、一，茄子！” **旁白**：“这一刻，定格了我们的青春与成长。”	欢快的快门声	笑容灿烂，青春洋溢
00:40-01:00	宿舍，整理行李	小李与室友们整理行李	**室友A**：“记得那次熬夜赶论文吗？” **小李**：“哈哈，还有那次运动会咱们班的团结。”	轻松的聊天氛围	互相打趣，回忆满满
01:00-01:30	教室，最后一次班会	班主任站在讲台上，学生们围坐一圈	**班主任**：“你们每个人都是我心中的骄傲，未来无论走到哪里，记得带着梦想前行。” **小李（站起）**：“老师，我们会的！”	轻柔的吉他曲	温馨而感伤，离别在即
01:30-02:00	校园小道，散步告别	小李与好友小张（男）并肩走在小道上	**小张**：“毕业后你打算去哪？” **小李**：“我想先去大城市闯闯，实现我的创业梦。” **小张**：“加油，兄弟！我也相信你能行。”	夕阳下的温暖光线	深情拥抱，展望未来
02:00-02:45	校门口，离别时刻	毕业生们在校门口拥抱告别，家长在旁等候	**小李（对家人）**：“放心吧，我会照顾好自己。”	略带伤感的背景音乐	泪水与笑容交织，不舍与期待并存
02:45-03:00	未来展望，画面渐暗	小李独自站在高楼前眺望远方	**旁白**：“毕业不是结束，而是新旅程的开始。愿每一位毕业生，都能在梦想的道路上，勇敢前行，不断成长。”	激昂的音乐渐起	自信的笑容，面向未来
画面结束	-	-	**字幕**：“致我们终将闪耀的青春”	-	字幕缓缓升起，画面渐暗

图10-1

具体操作如下。

STEP 01 进入“文心一言”官方网站，登录账号之后在主界面下方的对话框中输入需求，如“以‘毕业季’为主题生成一个剧情脚本，要求总时长不超过3分钟，关键词有‘梦想’‘成长’，目标群体是毕业生们，脚本需要使用表格来展示。”，如图10-2所示。

视频教学：生成剧情短片脚本

STEP 02 单击对话框右下角的按钮，等待文心一言的生成结果。

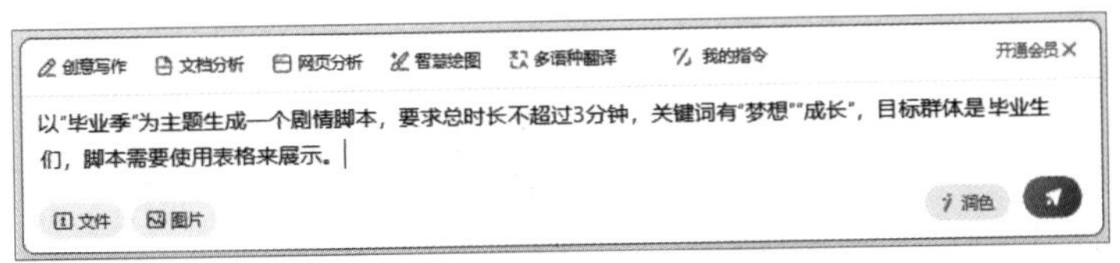

图 10-2

STEP 03 若是对生成的结果不满意，用户可以继续在对话框中输入更为细致的要求，对已生成的脚本进行进一步地优化完善；也可以输入不同的要求，重新生成一份不同的脚本。

10.1.2 获取视频制作灵感

文心一言可以为视频制作提供新颖、独特的想法和创意，使视频作品更具吸引力和创新性，还可以帮助用户打破思维局限，拓展思路，从多个角度和层面思考视频内容和形式。用户在使用文心一言获取视频制作灵感时，需要注意以下几点。

- 明确视频类型：向文心一言输入需求时，要明确指出想要制作的视频类型，如旅行视频、美食制作视频、产品介绍视频等。
- 描述目标受众和风格：说明目标受众的特点和喜好，以及期望的视频风格，如幽默、严肃等。
- 提供关键词和参考案例：输入与视频主题相关的关键词，或提供其他类似的视频作为参考案例，以便文心一言更准确地提供灵感。
- 图10-3所示为使用文心一言获取的“川剧”非遗宣传片的制作灵感。

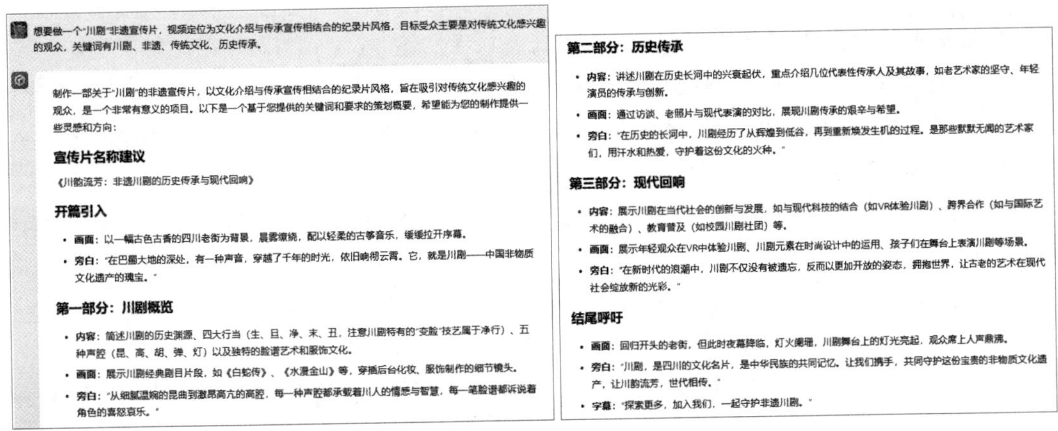
想要做一个"川剧"非遗宣传片，视频定位为文化介绍与传承宣传相结合的纪录片风格，目标受众主要是对传统文化感兴趣的观众，关键词有川剧、非遗、传统文化、历史传承。

制作一部关于"川剧"的非遗宣传片，以文化介绍与传承宣传相结合的纪录片风格，旨在吸引对传统文化感兴趣的观众，是一个非常有意义的项目。以下是一个基于您提供的关键词和要求的策划概要，希望能为您的制作提供一些灵感和方向：

宣传片名称建议

《川韵流芳：非遗川剧的历史传承与现代回响》

开篇引入

- **画面**：以一幅古色古香的四川老街为背景，晨雾缭绕，配以轻柔的古筝音乐，缓缓拉开序幕。
- **旁白**："在巴蜀大地的深处，有一种声音，穿越了千年的时光，依旧响彻云霄。它，就是川剧——中国非物质文化遗产的瑰宝。"

第一部分：川剧概览

- **内容**：简述川剧的历史渊源、四大行当（生、旦、净、末、丑，注意川剧特有的"变脸"技艺属于净行）、五种声腔（昆、高、胡、弹、灯）以及独特的脸谱艺术和服饰文化。
- **画面**：展示川剧经典剧目片段，如《白蛇传》、《水漫金山》等，穿插后台化妆、服饰制作的细节镜头。
- **旁白**："从细腻温婉的昆曲到激昂高亢的高腔，每一种声腔都承载着川人的情感与智慧，每一笔脸谱都诉说着角色的喜怒哀乐。"

第二部分：历史传承

- **内容**：讲述川剧在历史长河中的兴衰起伏，重点介绍几位代表性传承人及其故事，如老艺术家的坚守、年轻演员的传承与创新。
- **画面**：通过访谈、老照片与现代表演的对比，展现川剧传承的艰辛与希望。
- **旁白**："在历史的长河中，川剧经历了从辉煌到低谷，再到重新焕发生机的过程。是那些默默无闻的艺术家们，用汗水和热爱，守护着这份文化的火种。"

第三部分：现代回响

- **内容**：展示川剧在当代社会的创新与发展，如与现代科技的结合（如VR体验川剧）、跨界合作（如与国际艺术的融合）、教育普及（如校园川剧社团）等。
- **画面**：展示年轻观众在VR中体验川剧、川剧元素在时尚设计中的运用、孩子们在舞台上表演川剧等场景。
- **旁白**："在新时代的浪潮中，川剧不仅没有被遗忘，反而以更加开放的姿态，拥抱世界，让古老的艺术在现代社会绽放新的光彩。"

结尾呼吁

- **画面**：回归开头的老街，但此时夜幕降临，灯火阑珊，川剧舞台上的灯光亮起，观众席上人声鼎沸。
- **旁白**："川剧，是四川的文化名片，是中华民族的共同记忆。让我们携手，共同守护这份宝贵的非物质文化遗产，让川韵流芳，世代相传。"
- **字幕**："探索更多，加入我们，一起守护非遗川剧。"

图 10-3

10.1.3 生成字幕文案

文心一言可以根据视频内容生成相关的字幕文案，通过精练、生动的文字表达，增强视频的感染力和吸引力，帮助观众更好地理解视频内容和信息。用户在使用文心一言生成字幕文案时，需要注意以下几点。

- 明确视频主题：向文心一言明确说明视频的核心主题，如教育、娱乐、宣传等，以生成与主题紧密相关的字幕文案，确保文案内容与视频主题一致。

● 描述视频目的：清晰阐述视频想要传达的信息或要达到的效果，如提高品牌知名度、具有教育意义等，有助于生成更具针对性的字幕文案。

● 指定字幕风格和要求：说明期望的字幕风格，如正式、幽默、简洁等，并提供具体的要求，如字数限制、语法规范等。

图10-4所示为使用文心一言生成的护眼小知识科普短视频的字幕文案。

想要制作一个主题为"护眼小知识"的科普短视频，目的是提升公众护眼意识，关注眼部健康，纠正错误的用眼习惯，提高对眼睛保护的重视度。请为这个视频写相关的字幕，风格要简洁明了，易于理解。

【护眼小知识】科普短视频字幕文案

【开场白】

"早安，亲爱的眼睛！👀
在这个快节奏的数字时代，
眼睛是我们最宝贵的窗口。
欢迎来到'护眼小知识'，
让我们一起守护你的视界！"

【知识点1：认识眼睛的重要性】

"眼睛，心灵的窗户，
它由精密的结构组成，
每一部分都独一无二，
共同构成我们观察世界的窗口。
爱护眼睛，从了解开始！"

【知识点2：常见错误用眼习惯】

"警惕！这些习惯正在悄悄伤害你：
🚫长时间盯着屏幕
🚫在昏暗环境中阅读
🚫睡前卧床玩手机
是时候做出改变了！"

【知识点3：正确的护眼方法】

"简单护眼小贴士，轻松实践：
◆遵循20-20-20法则
◆定期做眼保健操
◆保持充足睡眠
小动作，大作用，让你的眼睛更健康！"

【知识点4：饮食与营养】

"吃出好视力，营养是关键：
🥕多吃富含抗氧化剂的食物
🫐蓝莓——护眼小能手
🐟Omega-3助力视网膜健康
美食护眼，一举两得！"

【知识点5：定期检查】

"别忘了，专业检查不可少！
每年至少一次眼科检查，
早发现，早预防，
为你的眼睛健康保驾护航！"

图10-4

10.1.4 生成视频脚本

文心一言可以为视频提供包含详细情节、角色、对话和场景规划，从而确保视频内容的连贯性和完整性，同时通过提高视频制作的效率和质量，减少拍摄和后期制作的修改和调整。用户在使用文心一言生成视频脚本时，需要注意以下几点。

● 明确视频主题：精准定位视频的核心议题或情感表达，如励志故事、产品介绍等，有助于脚本内容的聚焦和深化。

● 规划视频时长：根据目标平台的播放习惯、受众偏好以及视频内容的复杂性，合理规划视频的总时长。这有助于控制脚本的篇幅，确保视频内容的紧凑性和观众的注意力集中度。

● 确定关键词：选取与视频主题紧密相关的关键词，这些关键词将成为剧情发展和角色对话的重要线索，以增强脚本的针对性和吸引力。

10.2 视频编辑——腾讯智影

腾讯智影是腾讯推出的一款智能云端视频编辑工具，无须下载即可通过计算机端浏览器访问。在数字视频编辑与制作中，腾讯智影的文本配音、数字人播报等功能可以帮助用户快速创建高质量的视频内容。

10.2.1 课堂案例——生成数字人教学视频

【制作要求】为《望天门山》诗句生成一段数字人教学视频，要求视频比例为16∶9，数字人需要先朗读整首诗句，然后对诗句所描述的画面进行简单介绍。

【操作要点】在腾讯智影中选择合适的数字人模板，然后修改文本内容并生成播报语音。参考效果如图10-5所示。

【素材位置】配套资源:\素材文件\第10章\课堂案例\诗句.txt

【效果位置】配套资源:\效果文件\第10章\课堂案例\数字人教学视频.mp4

图10-5

具体操作如下。

STEP 01 进入"腾讯智影"官方网站，单击选择"数字人播报"版块，打开相应的创作界面，在左侧的"模板"栏中选择"知识课堂"选项，如图10-6所示，此时右侧的画面将自动变为模板内容。

视频教学：生成数字人教学视频

STEP 02 在界面左侧选择"PPT模式"选项，在第3页和第4页的右上角单击按钮删除页面。

STEP 03 在创作界面下方拖曳时间指示器，使画面中的文本完全显示，在界面右侧"样式编辑"选项卡的文本框中输入《望天门山》诗句，并单击"居中对齐"按钮，文字效果如图10-7所示。

图10-6

图10-7

STEP 04 单击除画面外的其他空白区域，在界面右侧“播报内容”栏的文本框中再次输入诗句，然后单击下方的保存并生成播报按钮，第1页中的视频时长将自动根据播报时长进行调整。

STEP 05 使用相同的方法将第2页中的字幕和播报内容修改为诗句的介绍文本，然后单击界面右上角的合成视频按钮，在打开的面板中设置视频名称并单击确定按钮。视频合成后在“我的资源”版块中的对应视频中单击下载按钮下载视频到计算机中。

10.2.2 生成数字人播报视频

数字人播报是一种基于人工智能的语音合成技术，利用计算机技术模拟真人的发声和表情，可以帮助用户快速将文本转换为视频内容。用户只需输入文本并选择数字人形象，便可以生成数字人播报视频，适用于新闻播报、教学课件制作等众多场景。在“腾讯智影”官方网站中单击选择“数字人播报”版块，进入“数字人播报”界面，如图10-8所示，在其中制作完成视频后单击合成视频按钮进行合成。

图10-8

- 工具选项：在该区域中可选择套用官方模板，增加新的页面，替换图片背景，上传插入媒体素材，添加音乐、贴纸、花字等元素，点击对应选项会在右侧的列表中显示相应内容。
- 主显示/预览区：用于预览画面，可以点击画面上的任一元素，在右侧编辑区中进行调整，包括画面内的字体、数字人、背景、其他元素位置，底部可编辑、调整画布比例和字幕开关。
- 轨道区：位于主显示/预览区底部，点击“展开轨道”可以对编辑的视频进行轨道精细化编辑。
- 编辑区：与主显示/预览区中点击的元素相关联，默认显示“数字人内容”编辑页面。

10.2.3 文本配音

腾讯智影提供了将文本直接转化为语音的文本配音功能，还提供有近百种仿真的声线，风格涵盖视频配音、新闻播报、内容朗诵等诸多场景。

在“腾讯智影”官方网站中单击选择“文本配音”版块，进入“文本配音”界面，如图10-9所示，在界面左侧可选择不同的音色并添加配乐，在界面右侧可选择使用AI生成或直接输入文章内容，然后根据制作需要调整配音的效果，最后单击按钮生成音频。

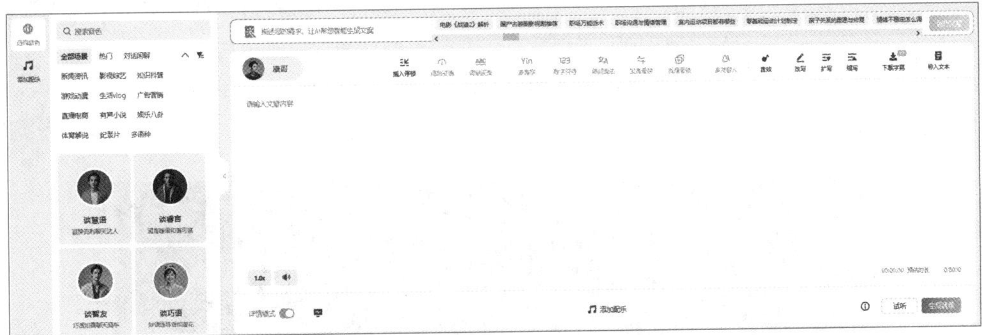

图10-9

10.3 视频创作——一帧秒创

一帧秒创是基于AIGC技术的智能视频创作平台，它利用先进的AI算法和大数据分析能力，实现了视频内容的快速、高效和高质量生成。在数字视频编辑与制作中，一帧秒创能够智能匹配文案，快速生成视频素材，并提供智能配音、智能字幕等编辑功能。

10.3.1 课堂案例——生成“交通安全”视频素材

【制作要求】为“交通安全”公益广告生成一段视频素材，要求视频比例为16：9，紧扣“交通安全”主题，字幕清晰，呼吁观众采取行动。

【操作要点】使用一帧秒创生成符合主题的视频素材，然后调整字幕样式。参考效果如图10-10所示。

【效果位置】配套资源:\效果文件\第10章\课堂案例\“交通安全”视频素材.mp4

图10-10

具体操作如下。

视频教学：
生成"交通安全"视频素材

STEP 01 进入"一帧秒创"官方网站，单击"图文转视频"选项，在打开界面的"正文"输入框中输入"每一次出行，都是对生命的尊重。红灯停，绿灯行，遵守交通规则，是对自己和对他人最好的保护。互相礼让，共创和谐交通，安全出行，你我共同的责任。"文本，然后在下方单击选中"在线素材"复选框，设置视频比例为横版（16：9），如图10-11所示。

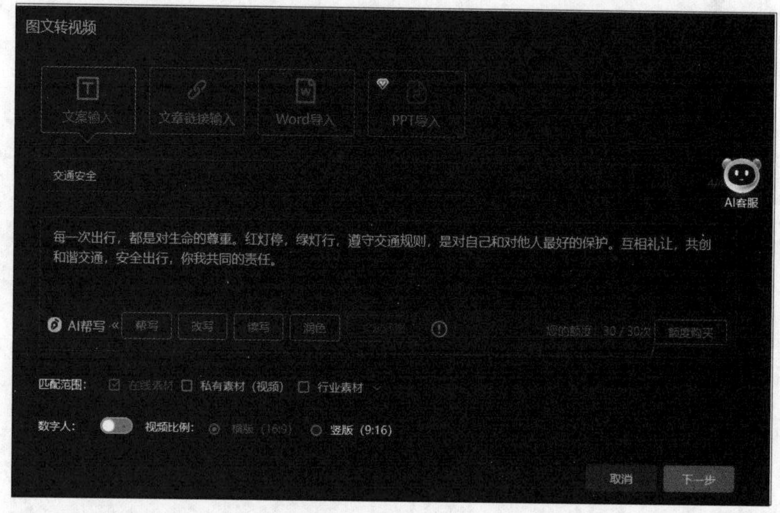

图10-11

STEP 02 单击下一步按钮生成视频素材，同时将打开编辑界面，若用户对生成的素材不满意，可在左侧相应的素材处单击替换按钮，在打开的面板中选择其他素材进行替换。

STEP 03 在界面的最左侧单击"配音"选项，在上方设置资费为"免费"、性别为"男声"，然后单击"臻飞扬"选项下方的使用按钮，单击后该按钮将变为已使用状态，如图10-12所示。

STEP 04 在界面的最左侧单击"字幕"选项，单击"自定义"选项卡，设置字体为"思源黑体"、字体大小为"60"，单击"字体颜色"按钮，在打开的面板中设置颜色为"#FFFFFF"，单击"背景颜色"按钮，在打开的面板中设置颜色，再单击保存按钮，如图10-13所示。

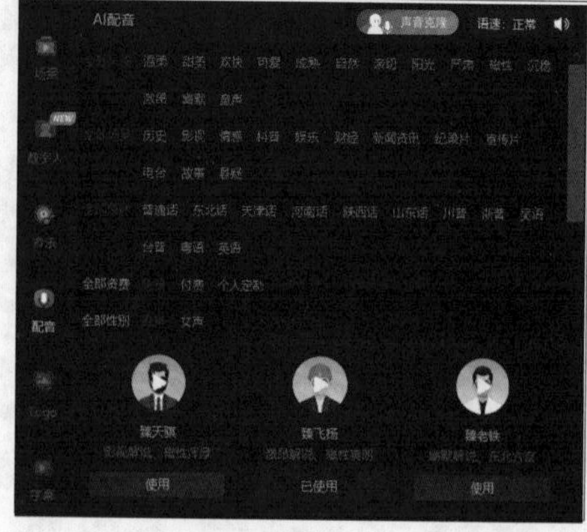

图10-12

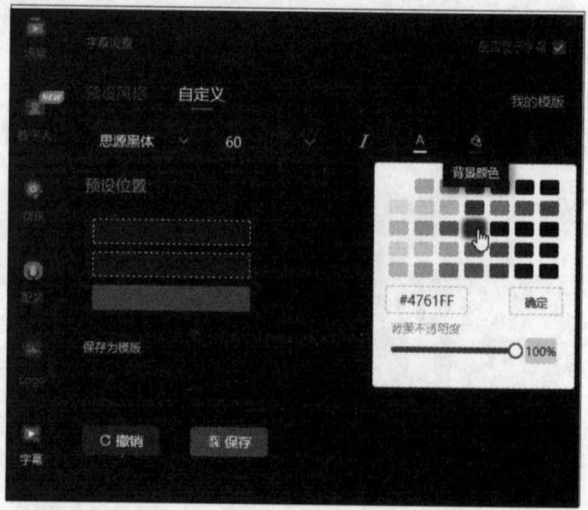

图10-13

STEP 05 预览视频效果，单击右上角的生成视频按钮，在打开的界面中设置视频标题为“‘交通安全’视频素材”，单击生成视频按钮合成视频。合成后将跳转到“我的作品”界面，将鼠标指针移至该作品上方，单击按钮下载视频文件。

10.3.2 图文转视频

一帧秒创的“图文转视频”功能可以根据用户提供文案的语义，智能匹配相应的视频画面、音频和字幕等素材。

进入一帧秒创的“图文转视频”界面后，可以从直接输入文案、输入文章链接（当前支持百度百家号、微信公众号、今日头条、微博文章、知乎专栏、搜狐号）、导入Word（体积不超过5M，字数小于5000字）、导入PPT（文件格式不超过1G，默认读取PPT备注作为视频文案，PPT备注内容不超过 5000字）这4种方式中任选一种导入想要生成视频的文案，然后在下方设置匹配范围、数字人和视频比例，再单击下一步按钮，即可智能生成视频素材。其中，匹配范围用于设置素材的来源，提供3个选项可供用户选择：在线素材是可以通过互联网直接获取的数字素材；私有素材（视频）是允许用户自己上传视频素材；行业素材主要指满足特定行业需求的素材。

10.3.3 编辑视频

生成视频素材后将进入编辑界面（见图10-14），用户可通过替换素材、调整配音等方法来优化视频素材的效果。

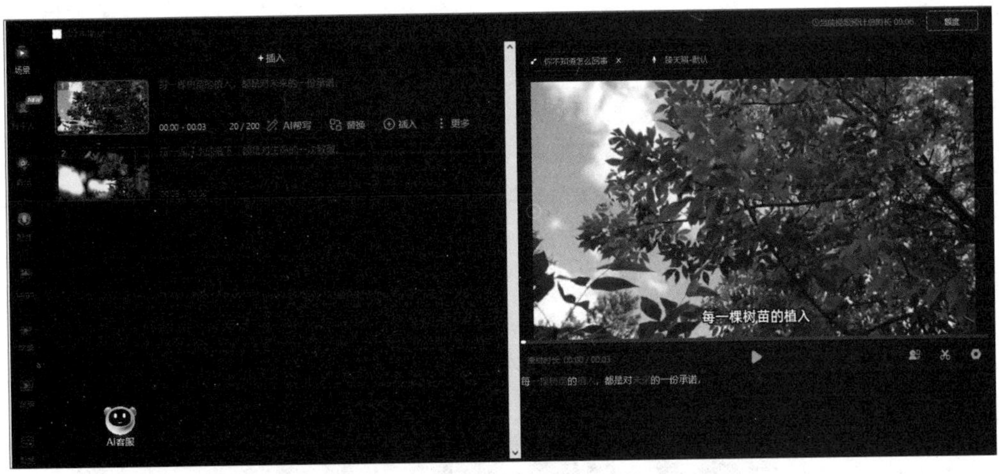

图10-14

编辑界面左侧的部分功能介绍如下。

- 场景：用于调整视频素材，在其中单击+插入或插入按钮可插入文本或素材；单击AI帮写按钮可在打开的对话框中修改文案内容；单击替换按钮可在打开的对话框中替换素材；单击更多按钮可选择调整读音或删除该素材。
- 数字人：用于选择数字人，提供有全身、半身和坐姿3种类型的数字人。
- 音乐：用于设置背景音乐，可选择在线音乐或本地上传的音乐。

- 配音：用于设置配音的风格和语速。
- Logo/字幕/背景：用于设置Logo/字幕/背景的样式。
- 配置：用于设置是否添加AI合成的标识。
- 编辑界面右侧的部分功能介绍如下。
- ▶按钮：用于预览该段视频素材的画面。
- 按钮：用于设置数字人的布局方式。
- 按钮：用于设置该视频素材的截取片段。

视频编辑完成后，单击右上角的生成视频按钮，在打开的界面中继续单击生成视频按钮合成视频，合成后将跳转到“我的作品”界面，用户可在该界面中进行下载或分享视频等操作。

10.4 综合实训——生成数字人科普短视频

为了提升大众对动物的认知，同时增强对动物的保护意识，某宣传部门准备制作一则以科普动物为主题的宣传短视频，从而激发观众对生物多样性保护的热情，现需以科普熊猫作为第一期的主题进行制作。表10-1所示为数字人科普短视频素材制作的任务单，任务单中明确给出了实训背景、制作要求、设计思路和参考效果等。

表 10-1 数字人科普短视频制作任务单

实训背景	为了促进公众对熊猫及生态保护的认识和支持，需制作一段数字人科普熊猫的短视频
尺寸要求	1920 像素 ×1080 像素
时长要求	9 秒左右
制作要求	画面内容要展示熊猫憨态可掬的形态，同时利用数字人技术让其在一旁进行讲解
设计思路	选取熊猫的图像作为背景，选择数字人后利用熊猫的科普文案生成播报音频
参考效果	大熊猫已在地球上生存了至少800万年 / 是世界生物多样性保护的旗舰物种
素材位置	配套资源 :\ 效果文件 \ 第 10 章 \ 综合实训 \ 熊猫知识 .txt、熊猫 .jpg
效果位置	配套资源 :\ 效果文件 \ 第 10 章 \ 综合实训 \ 数字人科普短视频 .mp4

操作提示如下。

STEP 01 进入腾讯智影的“数字人播报”界面，单击左侧的“背景”选项，上传熊猫图像作为背景。

STEP 02 选择合适的数字人，将其移至画面右侧，然后输入文本并生成播报，再调整字幕样式，最后合成视频并下载到计算机中。

视频教学：
生成数字人科普短视频

10.5 课后练习

练习1 生成“森林防火”宣传片文案

【制作要求】为“森林防火”宣传片生成字幕文案，要求语言简洁、富有感染力，紧扣主题，传达出森林火灾的危害、预防措施以及公众的责任和义务。

【操作提示】使用文心一言生成符合宣传片主题的文案，参考效果如图10-15所示。

1.【开场】

森林，地球的绿肺，生命的摇篮。

2.【危害篇】

一点火星，万木成灰。

森林火灾，自然的灾难，家园的伤痕。

生灵涂炭，生态失衡，悲剧无法挽回。

3.【警示篇】

勿让烟头成火种，一时疏忽毁家园。

野外用火需谨慎，心存侥幸灾难临。

4.【预防篇】

预防为主，警钟长鸣。

绿色守护，从我做起。

5.【责任篇】

森林防火，人人有责。

爱护自然，就是爱护我们自己。

教育子女，提醒亲友，防火意识代代传。

6.【行动篇】

发现火情，立即报警。

科学扑救，安全第一。

携手共建，绿色家园。

图10-15

练习2 生成“植树造林”视频素材

【制作要求】为“植树造林”公益广告生成一段视频素材，要求视频比例为16：9，紧扣主题，提高公众对植树造林重要性的认识。

【操作提示】使用一帧秒创生成符合主题的视频素材，然后调整配音和字幕样式，参考效果如图10-16所示。

【效果位置】配套资源:\第10章\课后练习\“植树造林”视频素材.mp4

图10-16

第11章 综合案例

本章将综合运用Premiere的各项功能和AIGC工具完成4个商业案例的制作，题材涉及宣传片、栏目包装、公益视频、城市短片和竖屏短视频，帮助读者进一步巩固前面所学的相关知识、熟练掌握Premiere的使用方法，进而积累视频编辑与制作的实战经验。

学习要点

◎ 熟悉Premiere的各项功能和操作方法。

◎ 掌握使用Premiere制作不同领域、不同类型商业案例的方法。

素养目标

◎ 提高综合运用Premiere制作视频的能力。

◎ 提高分析不同类型商业案例的能力。

扫码阅读

案例欣赏

课前预习

制作“人与自然”宣传片

随着气候变化和工业化进程的加速等问题的不断加剧，人们越来越意识到生态环境是人类生存和发展的根基，人与自然之间的关系对地球的可持续发展至关重要。党的二十大报告指出，尊重自然、顺应自然、保护自然，是全面建设社会主义现代化国家的内在要求。因此，为了加强人们对大自然的保护意识，某宣传部门准备制作一个以“人与自然”为主题的宣传片。

视频尺寸为“1280像素×720像素”，时长在40秒以内。契合“人与自然”的主题，通过生动、鲜明的画面展现人与自然和谐共生的美好状态。添加配音以及字幕，语言简洁明了、表达清晰，让观众产生情感共鸣。主题鲜明，在片尾处添加与主题相关的宣传标语，以引起观众的关注和思考。

本案例的参考效果如图11-1所示。

图11-1

【素材位置】配套资源:\素材文件\第11章\自然素材\

【效果位置】配套资源:\效果文件\第11章\“人与自然”宣传片.prproj、“人与自然”宣传片.mp4

11.1.1 使用文心一言生成文案

根据视频制作要求，使用文心一言生成符合主题的文案，具体操作如下。

STEP 01 进入“文心一言”官方网站，在下方的对话框中输入“为“人与自然”宣传片写字幕文案，要紧扣“人与自然”核心主题，强调人类与自然环境的和谐共生关系，明确表达保护自然、可持续发展等积极信息，总字数在150字左右。”文本。

STEP 02 单击对话框右下角的按钮，等待文心一言的生成结果。若是对生成效果不满意可以继续在对话框中输入更为细致的要求，在生成的文案中进一步优化完善。

11.1.2 使用腾讯智影生成配音

生成好文案后，接着再生成声音用作视频的配音，具体操作如下。

STEP 01 进入腾讯智影的“文本配音”界面，在右侧的文本框中输入“字幕.txt”的第一段文本内容，然后在“可持续发展。”文本后插入一个1秒的停顿。

STEP 02 在界面左侧选择“康哥升级版”音色，单击试听按钮试听配音效果。

STEP 03 单击生成音频按钮生成音频，在“我的资源”版块中将音频下载到计算机中。

11.1.3 剪辑并调色视频

具体操作如下。

视频教学：剪辑并调色视频

STEP 01 按【Ctrl+Alt+N】组合键打开“导入”界面，设置项目名称为“‘人与自然’宣传片”，选择“自然素材”文件夹，在右侧取消选择“创建新序列”选项，然后单击创建按钮。

STEP 02 拖曳“海鸥.mp4”素材至“时间轴”面板中。基于该素材新建序列，并修改序列名称为“‘人与自然’宣传片”。依次拖曳其他视频素材至V1轨道上，并适当调整入点和出点，如图11-2所示。

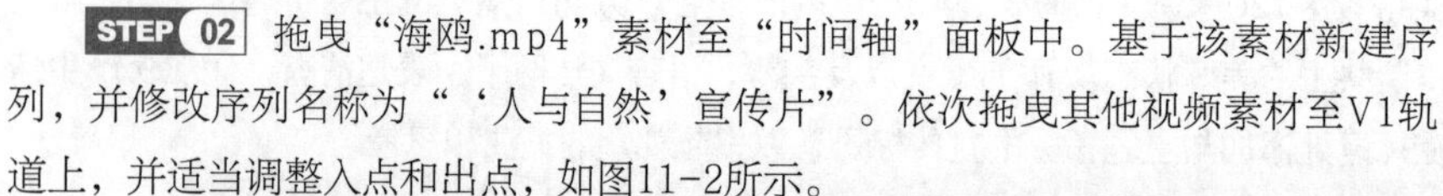

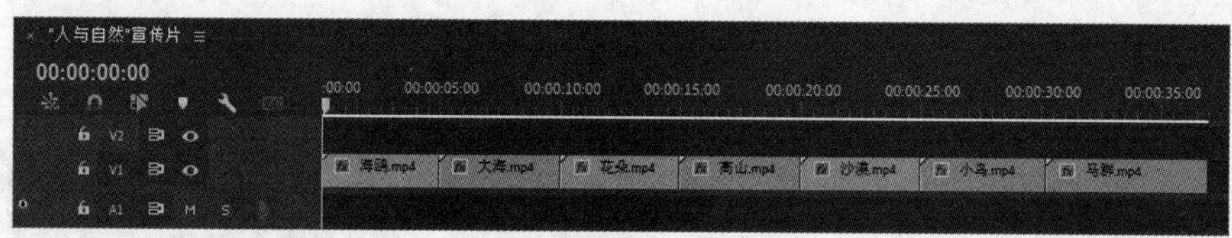

图11-2

STEP 03 选择“花朵.mp4”素材，在“Lumetri颜色”面板中设置参数，如图11-3所示。画面的前后对比效果如图11-4所示。

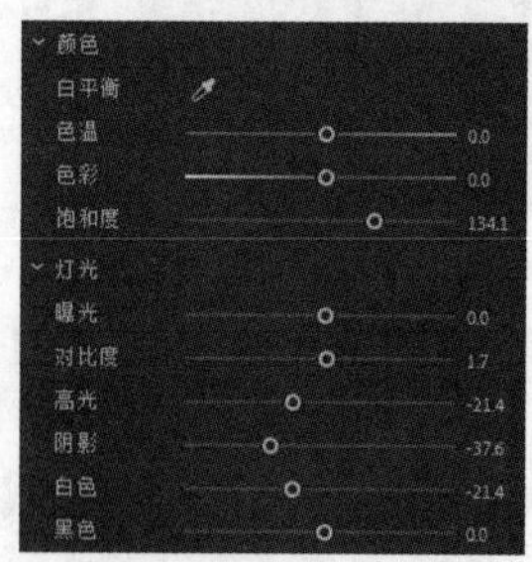

图11-3

图11-4

STEP 04 使用与步骤03相同的方法，通过“Lumetri颜色”面板优化“小鸟.mp4”“马群.mp4”素材的画面效果，使其色彩更具吸引力。“小鸟.mp4”素材画面的前后对比效果如图11-5所示。“马群.mp4”素材画面的前后对比效果如图11-6所示。

图11-5

图11-6

STEP 05 在所有的视频素材之间应用“交叉溶解”过渡效果，使画面切换更加流畅、自然，效果如

图11-7所示。

图11-7

11.1.4 转录文本并添加字幕

具体操作如下。

STEP 01 拖曳“配音.mp3”素材至“时间轴”面板中的A1轨道上，选择【窗口】/【文本】命令，打开“文本”面板，在“转录文本”选项卡中单击创建转录按钮，打开“创建转录文本”对话框，设置语言为“简体中文”，单击转录按钮，转录完成后的“文本面板”如图11-8所示。

STEP 02 单击“文本”面板上方的“创建说明性字幕”按钮，打开“创建字幕”对话框，设置相关参数，单击创建字幕按钮，创建的字幕将在“文本”面板的“字幕”选项卡中显示。

STEP 03 利用“拆分字幕”按钮和“合并字幕”按钮调整文本的显示状态，再使用“基本图形”面板调整字幕的样式，如图11-9所示。“时间轴”面板中添加字幕后的效果如图11-10所示。

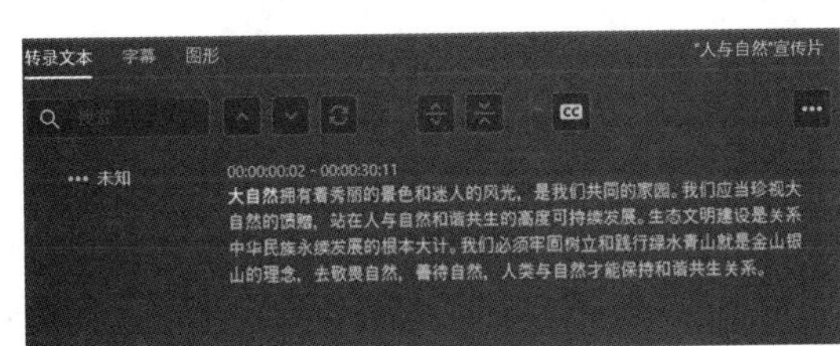

图11-8

图11-9

图11-10

11.1.5 制作宣传片片尾

最后制作宣传片的片尾，使其内容更加完整，具体操作如下。

STEP 01 选择“马群.mp4”素材，为其应用“高斯模糊”效果，并分别在00:00:32:06和00:00:33:06处添加模糊度为“0.0”“50.0”的关键帧，使画面逐渐模糊，效果如图11-11所示。

图11-11

STEP 02 拖曳“基本图形”面板中的“影片标题”动态图形模板至00:00:32:00处，删除下方的文本以及“效果控件”面板中的“快速颜色校正器”“Convolution Kernel”效果，然后按照如图11-12所示的参数修改文本的样式。片尾文本效果如图11-13所示。

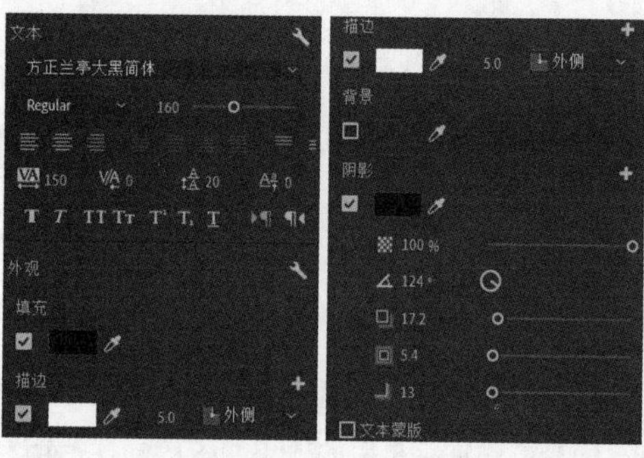

图11-12

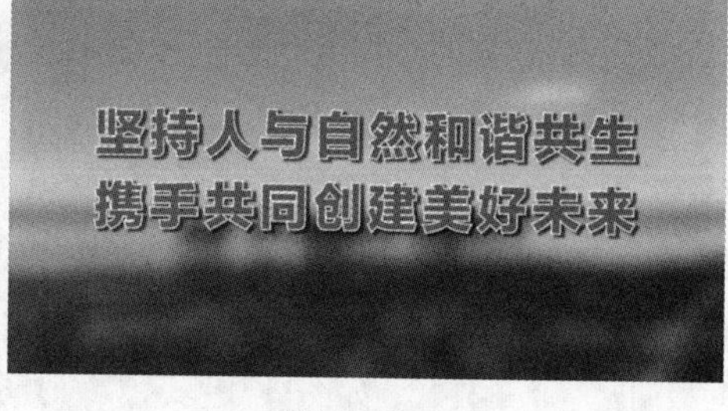

图11-13

STEP 03 片尾文本的显示效果如图11-14所示。最后按【Ctrl+S】组合键保存项目，并将其导出为MP4格式的视频文件。

图11-14

制作“探索云南”栏目包装

近年来，旅游类综艺栏目在电视和网络平台上备受欢迎。这类栏目以真实、亲近的内容，满足了观众对大自然、美食和文化的向往。某电视台准备策划并制作一档以云南省为主题的旅游探险类栏目——“探索云南”。该栏目旨在通过对云南省景点和美食的深度挖掘，向广大观众呈现云南省独特的地域文化、自然美景和美食。为了提升该栏目的观赏性和知名度，需要制作一个精美的栏目包装，展示云南省的山水美景和独特美食。

要求视频尺寸为“1920像素×1080像素”，时长在1分钟以内。依次展现云南的风景和特色美食，视频画面的色彩要鲜艳，具有吸引力，让观众获得愉悦的观看体验。在片尾处展现栏目名称“探索云南”和栏目主旨“揭开神秘面纱，体验多元文化”等文本。视频中的字幕要简洁明了，易于观众记忆和理解。

本案例的参考效果如图11-15所示。

图11-15

【素材位置】配套资源:\素材文件\第11章\云南素材\

【效果位置】配套资源:\效果文件\第11章\“探索云南”栏目包装.prproj、“探索云南”栏目包装.mp4

11.2.1 制作景点展示片段

先导入景点的相关素材，剪辑素材并调整素材的效果，添加转场以便展示主要景点，具体操作如下。

视频教学：
制作景点展示片段

STEP 01 按【Ctrl+Alt+N】组合键打开“导入”界面，设置项目名称为“‘探索云南’栏目包装”，选择“云南素材”文件夹，在右侧取消选择“创建新序列”选项，然后单击 创建 按钮。

STEP 02 拖曳“腾冲云峰山.mp4”素材至“时间轴”面板中。基于该素材新建序列，并修改序列名称为“‘探索云南’栏目包装”。拖曳其他视频素材至V1轨道上，适当调整所有视频素材的入点、出点和持续时间，如图11-16所示。

图11-16

STEP 03 综合利用“Lumetri颜色”面板和“颜色平衡”效果，调整前3个视频素材的色彩和明暗度。画面的前后对比效果分别如图11-17所示。

图11-17

STEP 04 在视频素材之间分别应用“交叉溶解”“圆划像”“渐变擦除”过渡效果，调整后的画面效果如图11-18所示。

图11-18

STEP 05 为视频画面分别添加景点名称文本，并设置文本样式，参数设置如图11-19所示。文本效果如图11-20所示。

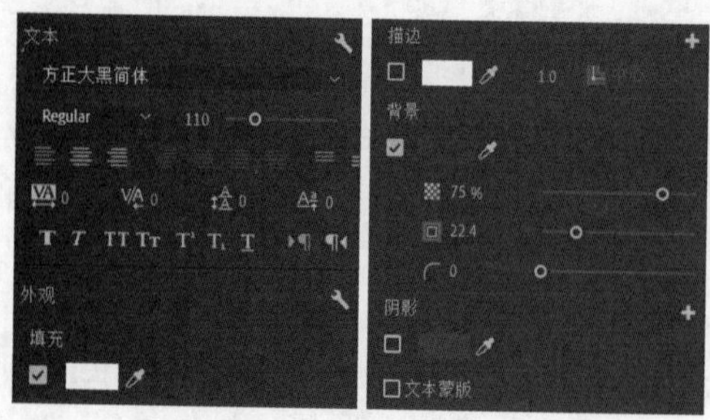

图11-19

图11-20

11.2.2 制作美食展示片段

视频教学：制作美食展示片段

具体操作如下。

STEP 01 新建白色的颜色遮罩，并在其入点处应用“交叉溶解”过渡效果。在画面中添加3幅美食图像素材并适当调整位置，然后在其下方输入美食名称文本并调整文本样式，再将画面中的图像和文本创建为“美食1”嵌套序列，重复操作创建“美食2”嵌套序列。两个嵌套序列的画面效果如图11-21所示。

图11-21

STEP 02 在画面中分别创建3个矩形蒙版，然后利用蒙版路径属性的关键帧，使嵌套序列中的内容依次从上至下逐渐显示。效果如图11-22所示。

图11-22

11.2.3 制作片尾动画

具体操作如下。

STEP 01 在片尾处输入“探索云南”文本，并设置文本样式，参数设置如图11-23所示。再输入“揭开神秘面纱，体验多元文化”文本，采用与美食名称文本相同的样式，如图11-24所示。

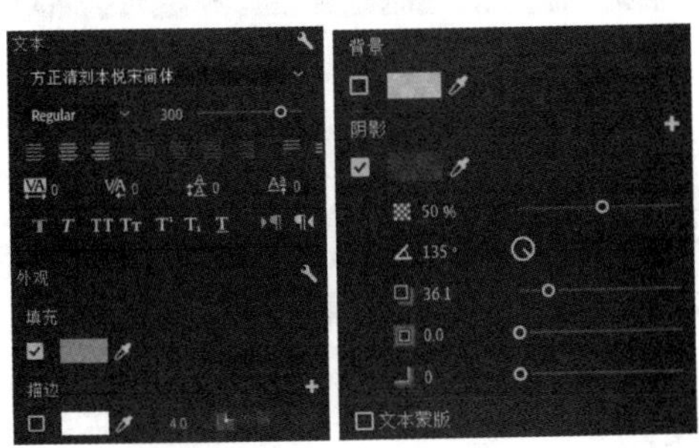

图11-23

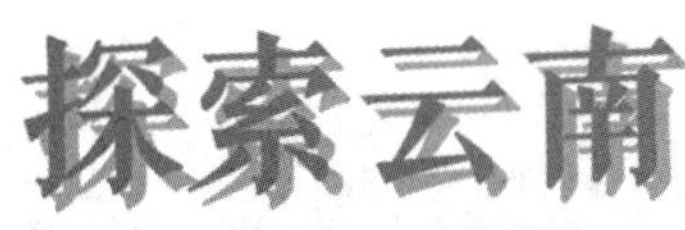

图11-24

STEP 02 利用“不透明度”和“位置”属性的关键帧，为片尾的文本制作从上至下移动，并逐渐显示的动效，如图11-25所示。添加“背景音乐.mp3”素材并调整出点。最后按【Ctrl+S】组合键保存项目，并将其导出为MP4格式的视频文件。

探索云南
揭开神秘面纱，体验多元文化

探索云南
揭开神秘面纱，体验多元文化

探索云南
揭开神秘面纱，体验多元文化

图11-25

11.3 制作“智慧城市”短片

智慧城市是指利用信息技术、物联网、大数据等先进技术手段，数字化、智能化改造城市的各个领域，以提升城市管理效率、优化公共服务，改善居民生活质量的城市发展模式。某城市宣传部准备制作一则以“智慧城市”为主题的短片，旨在引起人们的广泛关注和讨论，为智慧城市的发展献计献策，推动智慧城市的建设和发展。

要求视频尺寸为“1920像素×1080像素”，时长在30秒以内。短片为科技风格，将视频主题和关键词融入视频画面中，让观众能够从中获取到与智慧城市相关的信息。需要在短片结尾展示出短片的主题，以加深观众印象，让观众能够明白该短片的制作目的。

本案例的参考效果如图11-26所示。

图11-26

【素材位置】配套资源:\素材文件\第11章\智慧城市素材\

【效果位置】配套资源:\效果文件\第11章\“智慧城市”短片.prproj、“智慧城市”短片.mp4

11.3.1 融合城市素材和特效素材

视频教学：
融合城市素材和
特效素材

具体操作如下。

STEP 01 按【Ctrl+Alt+N】组合键打开“导入”界面，设置项目名称为“‘智慧城市’短片”，选择“智慧城市素材”文件夹，在右侧取消选择“创建新序列”选项，然后单击按钮。

STEP 02 拖曳“高楼.mp4”素材至“时间轴”面板中。基于该素材新建序列，并修改序列名称为“‘智慧城市’短片”。

STEP 03 依次拖曳“大桥.mp4”“建筑.mp4”素材至V1轨道上，拖曳“数据流1.mov”“数据流2.mov”素材至V2轨道上，并分别调整入点和出点，如图11-27所示。

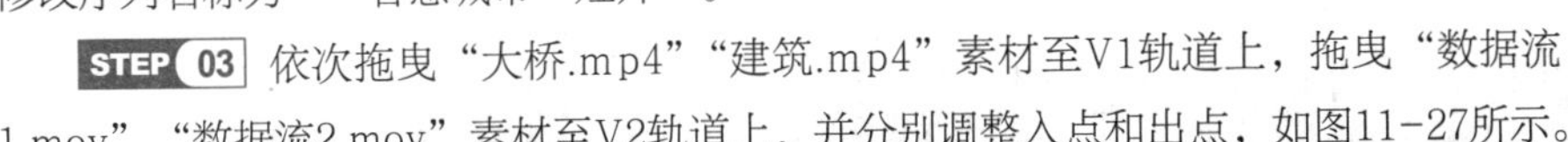

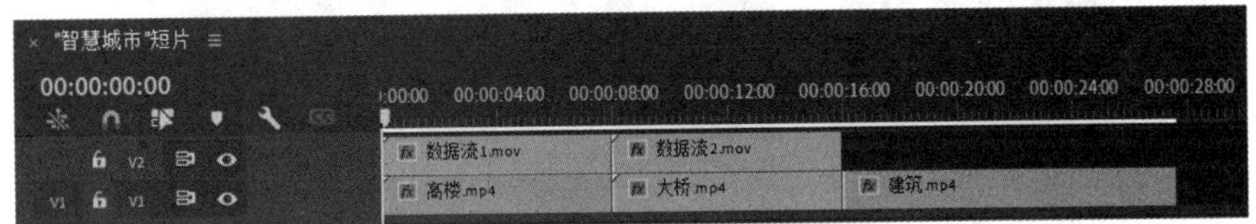

图11-27

STEP 04 选择“数据流1.mp4”素材，为其应用“更改为颜色”效果，然后在“效果控件”面板中设置“自”为“0BECF4”、“至”为“#68D6FF”、“更改”为“色相、亮度和饱和度”，使该素材的绿色变为蓝色。画面的前后对比效果如图11-28所示。

STEP 05 选择“数据流2.mov”素材，在“效果控件”面板中设置混合模式为“线性减淡（添加）”，使该素材与下方的素材相融合。画面的前后对比效果如图11-29所示。

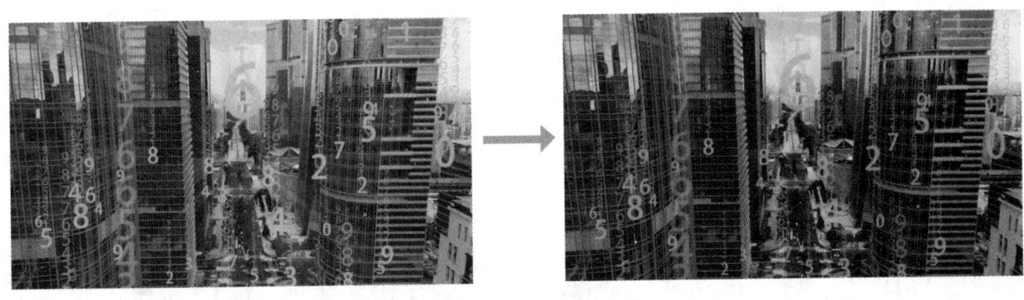

图11-28

图11-29

11.3.2 添加字幕、光效和背景音乐

视频教学：添加字幕、光效和背景音乐

具体操作如下。

STEP 01 在00:00:01:00处输入“智慧城市”文本，并调整出点至00:00:08:00处，设置文本样式，参数设置如图11-30所示。文本效果如图11-31所示。

STEP 02 为“智慧城市”文本创建一个矩形蒙版，并在00:00:01:00和00:00:03:00处分别添加关键帧，再适当调整蒙版的位置和形状，使文本从上至下逐渐显示。

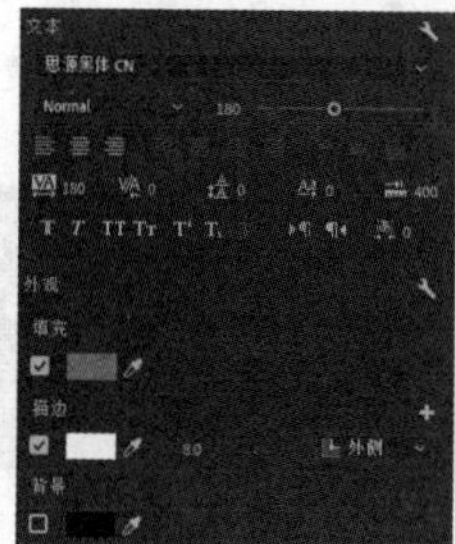

图11-30

图11-31

STEP 03 创建V4轨道，拖曳“光线拖尾粒子.mp4”素材至该轨道上，并调整出点至00:00:08:00处，然后设置混合模式为“滤色”，效果如图11-32所示。

STEP 04 分别在“大桥.mp4”“建筑.mp4”素材的画面中输入与智慧城市相关的关键词文本，并适当调整入点和出点，以及单个文本的大小和位置，效果如图11-33所示。

STEP 05 利用“不透明度”的关键帧，使画面中的文本依次显示，效果如图11-34所示。

STEP 06 在00:00:22:20处输入“共建新型智慧城市 助力实现美好生活”主题文本，调整好文本样式的参数后，先复制该文本至V2轨道上，然后取消复制文本的填充，并添加白色描边效果。

图11-32

图11-33

图11-34

STEP 07 选择V3轨道上的主题文本，应用“四色渐变”效果，适当调整4个点的颜色，如图11-35所示。文本效果如图11-36所示。然后将两个主题文本嵌套为“主题文本”嵌套序列。

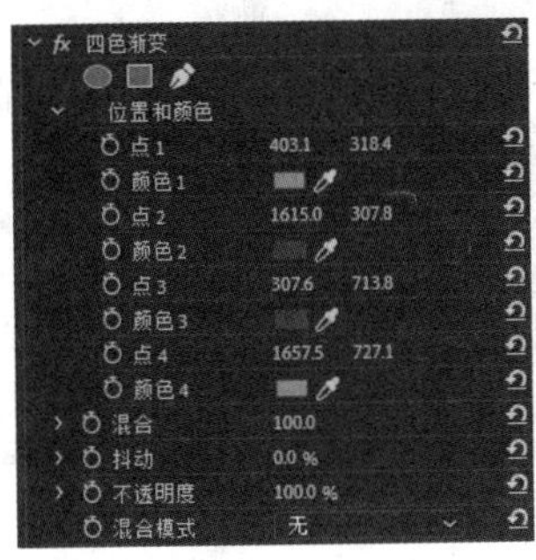

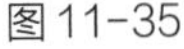
图11-35

图11-36

STEP 08 拖曳“蓝色粒子线条.mp4”素材至V4轨道上，并使其与“主题文本”嵌套序列对齐，然后设置混合模式为“滤色”。为“主题文本”嵌套序列创建一个矩形蒙版，根据粒子线条的变化，为蒙版路径属性添加两个关键帧，使文本能够跟随粒子的移动，从左至右逐渐显示，效果如图11-37所示。

图11-37

STEP 09 添加“背景音乐.mp3”素材，并调整其出点。最后按【Ctrl+S】组合键保存项目，并将其导出为MP4格式的视频文件。

11.4 制作中药科普短视频

中药作为中华传统文化的重要组成部分，从古至今一直扮演着重要的角色，拥有悠久的历史和深厚的理论基础。某中医药大学准备在短视频平台中制作一系列关于中药的科普短视频，旨在向广大网友传播和普及中药知识，同时吸引更多学生报考相关专业，为中药事业的发展注入新鲜血液。

要求视频尺寸为“720像素×1280像素”，时长在40秒以内。画面内容简洁明了，需展现中药的部分画面，以“中药小知识”为标题。字幕内容以科普中药为主，确保信息准确，以免误导观众信息。

本案例的参考效果如图11-38所示。

图11-38

【素材位置】配套资源:\素材文件\第11章\中药素材\

【效果位置】配套资源:\效果文件\第11章\中药科普短视频.prproj、中药科普短视频.mp4

11.4.1 剪辑素材并制作片头动画

具体操作如下。

视频教学：剪辑素材并制作片头动画

STEP 01 按【Ctrl+Alt+N】组合键打开“导入”界面，设置项目名称为“中药科普短视频”，选择“中药素材”文件夹，在右侧取消选择“创建新序列”选项，然后单击按钮。

STEP 02 新建名称为“中药科普短视频”、尺寸为“720像素×1280像素”、时基为“24.00帧/秒”的序列。依次拖曳视频素材至“时间轴”面板中，剪辑“中药.mp4”素材并删除部分内容，适当调整缩放、位置，以及入点、出点和播放速度，如图11-39所示。

图11-39

STEP 03 分别输入“中”“药”文本，设置文本样式，其参数设置如图11-40所示，然后输入“小知识”文本，并适当修改字体大小。

STEP 04 为所有文本应用“杂色”“画笔描边”效果，并设置图11-41所示的参数，再适当调整文本的位置，效果如图11-42所示。

图11-40

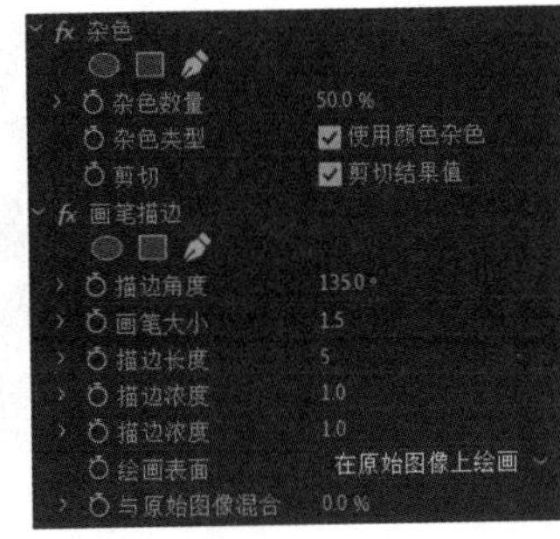

图11-41

图11-42

STEP 05 在文本的入点和出点处均应用“渐变擦除”过渡效果，并设置入点处的“渐变擦除”效果持续时间为“00:00:02:22”，使文本逐渐出现和消失，效果如图11-43所示。

图11-43

11.4.2 添加字幕并制作淡入淡出音频

视频教学：
添加字幕并制作
淡入淡出音频

具体操作如下。

STEP 01 利用“文本”面板依次添加“字幕.txt”素材中的文本作为字幕，并设置文本样式，参数设置如图11-44所示。文本效果如图11-45所示。

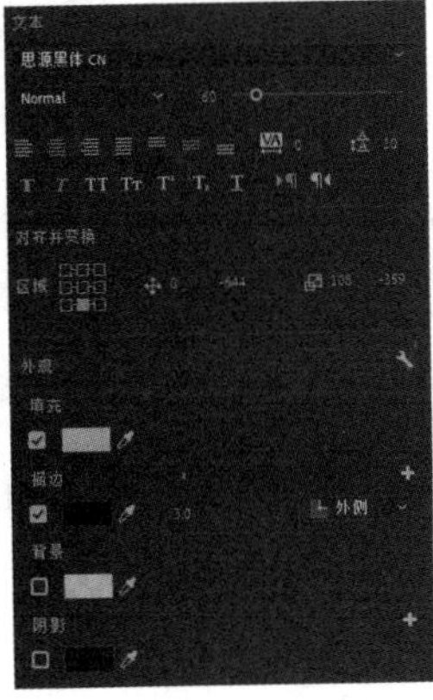

图11-44

图11-45

STEP 02 添加“背景音乐.mp3”素材，调整其出点位置，并在入点和出点处均应用“指数淡化”效果，如图11-46所示。最后按【Ctrl+S】组合键保存项目，并将其导出为MP4格式的视频文件。

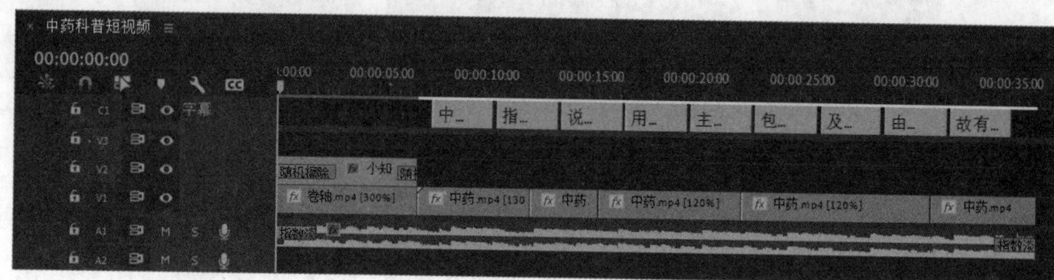

图11-46

11.5 课后练习

练习 1 制作黄山宣传片

【制作要求】利用素材制作黄山宣传片，要求画面明亮、清晰，同时添加字幕来介绍黄山的大概信息，以吸引更多游客前来游玩。

【操作提示】适当剪辑素材，添加视频过渡效果并优化视频画面的色彩，输入黄山介绍文本，并优化文本样式作为字幕，最后导出MP4格式的视频文件。参考效果如图11-47所示。

【素材位置】配套资源:\素材文件\第11章\课后练习\黄山素材\

【效果位置】配套资源:\效果文件\第11章\课后练习\黄山宣传片.prproj、黄山宣传片.mp4

图11-47

练习 2 制作新闻栏目包装

【制作要求】利用素材制作新闻栏目包装，要求在其中体现出栏目“客观”“公正”的定位，加深观众对该栏目的印象，最后显示栏目名称文本。

【操作提示】为文本素材分别制作关键帧动效，并利用关键帧插值优化动效，最后导出MP4格式的视频文件。参考效果如图11-48所示。

【素材位置】配套资源:\素材文件\第11章\课后练习\新闻栏目素材\

【效果位置】配套资源:\效果文件\第11章\课后练习\新闻栏目包装.prproj、新闻栏目包装.mp4

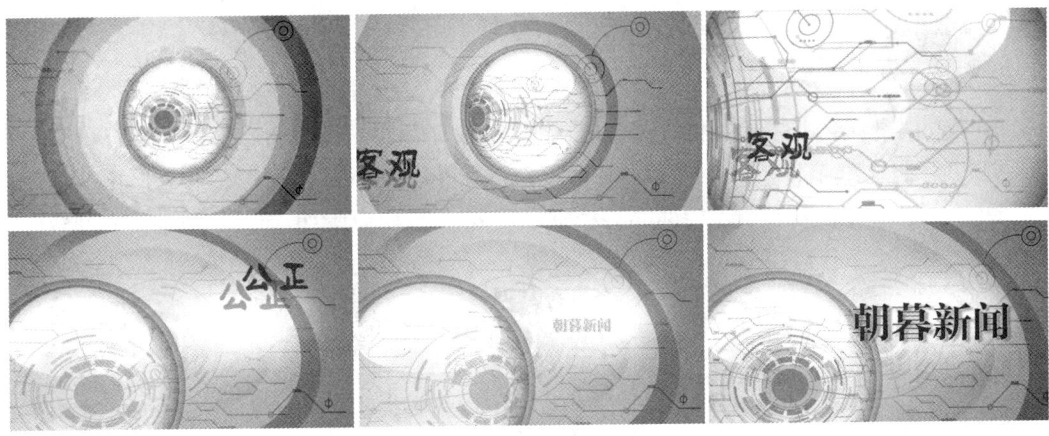

图11-48

附录A

视频编辑与制作是一门综合性学科，视频制作人员要想制作出具有吸引力的视频作品，需要掌握广泛的技术技能知识，并持续不断地实践。以下是整理的视频编辑与制作过程中的一些学习重点，读者可以扫码查看，以拓展自身的知识面、提升自己的综合能力。

1 知识拓展

一个成功的视频作品需要有独特的创意和故事讲述能力，因此，视频制作人员需要在编辑与制作视频的过程中学会构建情节、塑造角色、运用叙事手法等，从而有效地传达视频的主题信息，引起观众的共鸣。此外，视频制作人员还要不断学习和适应新的技术和发展趋势，以便创作出与时俱进的视频作品。

资源链接：视频脚本策划

资源链接：视频创意构思

资源链接：常见配色网站

资源链接：视频画面构图

资源链接：AI 视频生成

2 案例提升

视频广泛应用在各行各业，且不同应用领域的视频制作要求和效果不同。视频制作人员可以多练习制作一些优秀的视频作品，以提升自己的设计能力。

案例详情：制作宣传广告

案例详情：制作宣传片

案例详情：制作节目包装

案例详情：Vlog 制作

案例详情：制作特效

案例详情：制作主图视频

案例详情：制作教程视频

案例详情：制作卡点视频

案例详情：制作影视片头

案例详情：制作开场视频